# 裂陷盆地断裂控烃作用及<br>在复杂断块油气勘探中的应用

付晓飞　王海学　吕延防　孙同文等　著

科学出版社

北　京

# 内 容 简 介

　　本书以断裂控藏理论体系为指导，系统介绍断裂控藏机理及其在复杂断块油气勘探中的应用。通过物理模拟、野外解剖和实验分析，提出断层生长过程定量评价体系，构建断层分段生长差异控制"源–储"模型；明确不同类型断层圈闭形成机制，建立断层圈闭时–空有效性评价方法；形成断裂系统划分及控藏作用综合评价方法；研究油气沿断层垂向运移的机理及证据，建立油气沿断层优势输导通道刻画方法；明确断层封闭的机理和类型，建立具有普适性的断层侧向封闭性评价图版，构建断层–盖层共控油气富集评价体系。本书以渤海湾盆地歧口凹陷歧南地区为研究靶区，阐明断裂控藏理论体系在勘探实践中的应用，以断层圈闭有效性评价体系为主线，开展断层圈闭有效性综合评价，从而实现钻探风险性评价，降低油气勘探风险。

　　本书可供从事石油地质勘探的科学工作者和油气构造地质专业的师生参考使用。

审图号：GS（2022）1694 号

**图书在版编目（CIP）数据**

　　裂陷盆地断裂控烃作用及在复杂断块油气勘探中的应用/付晓飞等著.
—北京：科学出版社，2022.4
　　ISBN 978-7-03-071943-0

　　Ⅰ. ①裂⋯ Ⅱ. ①付⋯ Ⅲ. ①地质断层–断块油气藏–油气勘探–研究
Ⅳ. ①TE347

　　中国版本图书馆 CIP 数据核字（2022）第 049697 号

责任编辑：焦　健　李亚佩／责任校对：何艳萍
责任印制：赵　博／封面设计：北京图阅盛世

**科 学 出 版 社** 出版
北京东黄城根北街 16 号
邮政编码：100717
http://www.sciencep.com

涿州市般润文化传播有限公司印刷
科学出版社发行　各地新华书店经销

\*

2022 年 4 月第 一 版　　开本：787×1092　1/16
2025 年 4 月第二次印刷　　印张：16
字数：380 000

**定价：218.00 元**
（如有印装质量问题，我社负责调换）

# 序

    裂陷盆地是我国重要的含油气盆地类型。它以断层为盆地边界，经历多期构造变形，导致断层较发育，从而形成的复杂断块油气藏，一直是我国东部成熟探区最重要的资源领域。油气成藏是一个复杂的地质过程，断层贯穿于油气成藏的各个环节，石油地质学家已经认识到断裂在油气成藏中的关键作用及其在勘探风险性评价的重要性。

    断裂控藏理论是石油天然气地质学家与勘探家长期油气勘探和科学研究的成果，付晓飞教授及其团队多年来始终坚持断裂控藏研究方向，逐步丰富发展断裂控藏理论体系，不仅有效指导了油田勘探实践，也推动了石油地质学的发展。《裂陷盆地断裂控烃作用及在复杂断块油气勘探中的应用》一书系统地介绍了断裂对油气藏"控源–控储–控圈–控运–控保"五个方面的作用、断裂控藏机理及相应的评价方法和实际应用效果。将"系统论"应用到多期活动断层研究中，提出了应用断裂系统找油气的方法。以三维地震为基础，结合物理模拟、野外–取心井观察描述和数值模拟研究，形成了断层生长演化量化表征方法，研究了断层生长规律对洼槽和优势储层分布的控制作用。开展断层圈闭类型划分及形成机制研究，形成了以断层生长机制为指导的断层圈闭时–空有效性评价体系。针对我国叠合盆地多期油气运聚成藏的事实，建立了以断裂带内部结构和断面属性为基础的油气沿断层垂向优势运移评价方法，形成了适用于不同脆韧性盖层的断层垂向封闭性评价体系，构建了具有广泛适用性的断层侧向封闭性定量评价图版，为断层油气藏勘探风险性评价提供了有效的评价体系。

    该专著展现了断裂控藏理论的最新进展。这项理论成果已经广泛应用于渤海湾盆地、松辽盆地、海拉尔盆地和苏北盆地等油气勘探开发，对深化认识裂陷盆地油气富集规律和断层油气藏风险性评价具有重要的指导意义。

中国科学院院士 李承造

2022 年 3 月 6 日

# 前　言

我国裂陷盆地的断裂构造十分发育，断裂对盆地的成盆、成烃和成藏各个过程都有重要的影响，断裂在油气成藏中的作用也日益受到石油地质学家及石油勘探家的重视，对其研究的力度和深度都在不断增加，但对断裂控烃的本质和过程还缺乏系统研究。近年来，深入探讨了断裂控藏理论中的几个重点问题：①断裂变形对盆地演化和充填有怎样的控制作用；②如何划分断裂系统及油源断裂；③如何刻画油气沿断层垂向优势输导的通道；④在考虑多种影响断层封闭性因素的情况下，如何有效地进行断层相关圈闭封存油气能力的定量评价；⑤如何定量评价油气穿越盖层的垂向运移通道。

断层圈闭完整性评价一直是油田勘探实践关注的重点问题之一，它直接控制着油气勘探的风险性。本书以渤海湾盆地歧口凹陷歧南地区的典型断层型油气藏为研究靶区，明确断裂变形机制、封闭性机理及流体运移规律，建立完整的断裂控藏的框架模型，构建一套适用于裂陷盆地复杂断块油气藏的评价方法与技术，从而指导断层油气藏的勘探方案部署。

本书共分为 7 章，内容如下。

第 1 章结合前人认识、物理模拟和实际解剖，建立断层分段生长过程定量表征方法，提出主干边界断层强烈活动段控制洼槽结构，进而控制有效烃源岩分布，以及构造转换带控制着主体物源输入的位置和方向，讨论断层分段生长对"源-储"控制作用的思路和方法。

第 2 章从裂陷盆地演化动力学背景出发，将"系统论"引入断裂叠加变形研究，构建断裂系统划分的体系，提出应用断裂系统找油的方法。

第 3 章系统总结断层相关圈闭类型及划分依据，提出不同类型的断层相关圈闭的形成机制，从断层生长演化角度出发，厘定断层圈闭形成的时-空有效性。

第 4 章从岩石破裂条件、断裂周期性演化过程和断裂输导油气机制出发，系统总结断裂带不同演化阶段的输导特征，建立包括油气源断层垂向优势输导通道预测方法和流程的综合评价体系。

第 5 章总结盖层脆韧性变形影响因素和识别标志，建立盖层脆韧性转变定量评价方法；从断层在不同脆韧性盖层段变形机制出发，构建适用于不同脆韧性盖层的断层垂向封闭性评价体系。

第 6 章以野外和取心井观察描述为基础，从断裂变形机制和断裂带内部结构特征出发，探索不同类型的储层断层封闭机理、类型及评价方法，从而建立断层的侧向封闭能力定量评价标准和图版，从而有效指导断层油气藏风险性评价。

第 7 章以渤海湾盆地歧口凹陷歧南地区为研究靶区，以油气成藏条件分析为基础，以断裂控藏理论为指导，以断圈有效性评价体系为主线，开展断层圈闭有效性综合评价，实现钻探风险性预测，从而有效降低勘探开发风险。

　　本书是团队多年联合攻关的研究成果，团队始终坚持断裂控藏理论研究，注重理论基础与油田实际生产的高效结合。本书主要执笔人分工如下：第 1 章由王海学、孙永河编写；第 2 章由孙永河、王海学、谢昭涵编写；第 3 章由付晓飞、王海学、汪顺宇编写；第 4 章由孙同文编写；第 5 章由王海学、付晓飞、吴桐、王升编写；第 6 章由吕延防、付晓飞、孟令东、宋宪强编写；第 7 章由付晓飞、王海学、孙同文、宋宪强、王有功、汪顺宇编写，团队其他成员都在相关研究中做出了一定贡献。

　　感谢大港油田、渤海油田、大庆油田和海拉尔油田等石油企业的地质研究院相关领导及研究人员给予的充分支持和帮助。同时，感谢所有为本书顺利完成提供支撑的老师和学生。本书的研究成果得到了多个研究项目的支持，主要包括国家自然科学基金联合基金项目（编号：U1562214、U20A2093）、面上项目（编号：41972157）、青年科学基金项目（编号：41072163）、黑龙江省自然科学基金研究团队项目（编号：TD2019D001）和黑龙江省普通高等学校青年创新人才培养计划项目（UNPYSCT-2020142）等。

　　复杂断块油气藏是裂陷盆地的主要油气藏类型，储量和产量占比高，其剩余资源依然十分丰富，在成熟探区储量增长和资源战略中仍占重要地位。目前，在断裂变形与盆地充填、断层封堵与油气输导、断裂演化与油气成藏等方面不断提出新理论、新技术和新方法，大大促进了断裂控藏理论的迅速发展，但断裂控藏理论体系仍在不断完善，由于作者水平有限，书中难免存在纰漏和不妥之处，敬请广大读者批评指正。

2022 年 1 月 8 日

# 目　　录

序
前言
第1章　断层分段生长定量表征及其对"源–储"的控制作用 …………………………………… 1
　1.1　断层分段生长过程及定量表征 ……………………………………………………………… 1
　　1.1.1　断层分段生长定量表征 …………………………………………………………………… 3
　　1.1.2　断层分段时期定量表征 …………………………………………………………………… 9
　1.2　断层生长规律与洼槽迁移规律 …………………………………………………………… 10
　　1.2.1　断层生长机制及位移传播方式 ………………………………………………………… 11
　　1.2.2　洼槽迁移规律及对烃源岩分布的控制作用 …………………………………………… 20
　1.3　构造转换带类型及控砂规律 ……………………………………………………………… 25
　　1.3.1　构造转换带概念由来及沿革 …………………………………………………………… 25
　　1.3.2　构造转换带类型 ………………………………………………………………………… 27
　　1.3.3　构造转换带控砂规律 …………………………………………………………………… 29
　1.4　断层分段生长控"源–储"模式 …………………………………………………………… 33
第2章　断裂系统划分及在油气成藏中的应用 ………………………………………………… 35
　2.1　断裂系统划分与断裂活动期次 …………………………………………………………… 35
　　2.1.1　断裂系统的概念及划分方法 …………………………………………………………… 35
　　2.1.2　断裂活动期次及演化历史 ……………………………………………………………… 35
　　2.1.3　断层几何学特征及应力场变化规律 …………………………………………………… 44
　　2.1.4　断裂变形机制及变形叠加关系 ………………………………………………………… 45
　　2.1.5　断裂系统划分 …………………………………………………………………………… 52
　2.2　断裂系统在油气成藏中的作用 …………………………………………………………… 53
　　2.2.1　断裂活动时期与油气成藏时期的耦合关系 …………………………………………… 53
　　2.2.2　不同断裂系统在油气成藏中的作用 …………………………………………………… 54
第3章　断层圈闭类型、形成机制及时空有效性 ……………………………………………… 59
　3.1　断层圈闭概念、类型及划分依据 ………………………………………………………… 59
　　3.1.1　断层相关圈闭概念及类型 ……………………………………………………………… 59
　　3.1.2　断层相关圈闭类型的划分依据 ………………………………………………………… 61
　3.2　断层相关圈闭的形成机制 ………………………………………………………………… 62
　　3.2.1　分期异向叠加变形与交叉断层圈闭 …………………………………………………… 62
　　3.2.2　断层分段生长与同向和反向断层圈闭 ………………………………………………… 63
　3.3　断层圈闭时空有效性评价 ………………………………………………………………… 69
　　3.3.1　断层圈闭空间解释有效性评价 ………………………………………………………… 69

3.3.2　断层圈闭形成时间有效性评价 ……………………………………… 79

**第4章　油气沿断裂优势输导通道刻画** …………………………………………… 84
　4.1　岩石破裂条件及断裂周期性演化过程 ……………………………………… 84
　　4.1.1　岩石破裂及断裂活动的主要应力场条件 ……………………………… 84
　　4.1.2　断裂周期性演化过程 …………………………………………………… 86
　4.2　断裂输导油气的机制 ………………………………………………………… 88
　　4.2.1　幕式流动机制 …………………………………………………………… 88
　　4.2.2　稳态流动机制 …………………………………………………………… 93
　4.3　断裂带结构及不同演化阶段输导特征 ……………………………………… 94
　　4.3.1　断裂带内部结构及输导通道类型 ……………………………………… 94
　　4.3.2　断裂不同演化阶段的输导特征 ………………………………………… 95
　4.4　断裂优势输导通道及其示踪证据 …………………………………………… 97
　　4.4.1　垂向优势输导通道表征及优势运移路径预测 ………………………… 97
　　4.4.2　断裂带内水岩作用记录及示踪方法 …………………………………… 104

**第5章　断裂在盖层段变形机制及垂向封闭性定量评价** ………………………… 109
　5.1　盖层脆韧性变形的判别标志及定量评价 …………………………………… 109
　　5.1.1　盖层脆韧性变形特征及判别标志 ……………………………………… 110
　　5.1.2　盖层脆韧性变形的影响因素 …………………………………………… 113
　　5.1.3　盖层脆韧性转化过程定量评价 ………………………………………… 116
　5.2　断裂在不同脆韧性盖层段变形机制及评价方法 …………………………… 122
　　5.2.1　断裂在半固结–固结泥岩中的变形机制及定量评价 ………………… 123
　　5.2.2　断裂在固结脆性泥岩中的变形机制及定量评价 ……………………… 127
　　5.2.3　抬升阶段断裂在泥岩中的变形机制及定量评价 ……………………… 130
　　5.2.4　断裂在韧性膏盐岩中的变形机制及定量评价 ………………………… 135

**第6章　断层封闭性评价及与油气聚集** …………………………………………… 137
　6.1　断裂带内部结构特征、封闭机理及类型 …………………………………… 138
　　6.1.1　断裂带内部结构特征 …………………………………………………… 138
　　6.1.2　断层封闭机理及类型 …………………………………………………… 143
　6.2　断层封闭性定量评价 ………………………………………………………… 145
　　6.2.1　岩性对接封闭定量评价 ………………………………………………… 145
　　6.2.2　断层岩封闭定量评价 …………………………………………………… 149

**第7章　歧口凹陷歧南地区断层圈闭有效性综合评价** …………………………… 168
　7.1　歧口凹陷地质概况和石油地质条件 ………………………………………… 168
　　7.1.1　构造和断裂发育特征 …………………………………………………… 169
　　7.1.2　地层发育特征 …………………………………………………………… 170
　　7.1.3　构造演化及沉积充填规律 ……………………………………………… 173
　　7.1.4　烃源岩条件及储盖组合特征 …………………………………………… 175
　　7.1.5　油气藏分布规律及与断裂的关系 ……………………………………… 185

7.2　圈闭解释校正及时间有效性量化表征 ……………………………………… 190

　　7.2.1　断层圈闭形态有效性 ……………………………………………… 190

　　7.2.2　断层圈闭时间有效性定量评价 …………………………………… 195

7.3　油气沿断层优势输导通道定量评价 ……………………………………… 198

　　7.3.1　南大港断层活动演化特征 ………………………………………… 198

　　7.3.2　南大港断层三维地质建模 ………………………………………… 199

　　7.3.3　断层面属性分析及凹凸体刻画 …………………………………… 201

　　7.3.4　南大港断层垂向优势输导通道刻画 ……………………………… 201

7.4　断裂–盖层配置共控油气垂向富集层位 ………………………………… 205

　　7.4.1　区域性盖层脆韧性变形过程评价 ………………………………… 205

　　7.4.2　油气纵向富集差异性及垂向封闭性定量评价 …………………… 207

7.5　断层侧向封闭性决定油气富集程度 ……………………………………… 214

　　7.5.1　断层油藏精细解剖及相关参数的确定 …………………………… 214

　　7.5.2　断层侧向封闭性评价标准 ………………………………………… 216

　　7.5.3　断层侧向封闭性控制油气的富集程度 …………………………… 219

**参考文献** ……………………………………………………………………… 227

# 第1章 断层分段生长定量表征及其对 "源–储" 的控制作用

多年勘探实践证实，裂陷盆地主干边界断层具有典型分段生长特征（Peacock，1991；Kim and Sanderson，2005；Manzocchi et al.，2006；Fossen，2010；王有功等，2014；付晓飞等，2015），它是裂陷盆地重要的组成单元，是洼槽的重要边界，控制着烃源岩的分布范围（茹克，1990；Dawers and Underhill，2000）；同时，断层分段生长必然伴随着构造转换带的形成（王海学等，2013），并且构造转换带是砂体入盆的重要通道（王海学等，2013；王家豪等，2010；林海涛等，2010；刘恩涛等，2012）。近年来，国内外学者主要侧重于研究构造转换带的识别及其控砂规律，尚缺少构造转换带形成机制及演化过程定量表征方面的研究；同时，断层生长是一个动态过程，不同地质历史时期断层组合样式明显存在差异，即形成的洼槽结构明显不同（王有功等，2014；Gibbs，1984；Morley，1999）；因此，如何定量表征主干边界断层形成演化规律成为研究断层分段生长与 "源–储" 耦合关系的关键。

## 1.1 断层分段生长过程及定量表征

断层生长源于裂缝的递进变形（Scholz et al.，1993），断层最大位移（$D_{max}$）和长度（$L$）在双对数坐标下呈线性关系（Schlische et al.，1996；Watterson，1986；Scholz and Cowie，1990；Marrett and Allmendinger，1991；Walsh and Watterson，1991），其关系式为 $D_{max}=cL^n$。$n$ 的取值为 $1\sim2$（Marrett and Allmendinger，1991；Walsh and Watterson，1988；Cowie and Scholz，1992）。大多数断层呈现出这种幂指数或者双对数坐标下的线性关系。断层演化表现为多次滑动事件的累积，由地震事件引起的断层断距增长一般不超过 10m（Wells and Coppersmith，1994），断距与长度的比值为 $10^{-5}\sim10^{-4}$，而地质上断层断距与长度的比值为 $10^{-2}\sim10^{-1}$，表明断层要经历 $10^3$ 次滑动最终形成（图 1.1）（付晓飞等，2012）。从 $D_{max}$ 与 $L$ 的关系看，断层生长过程共有四种模式（Kim and Sanderson，2005）（图 1.2）：一是稳定的 $D_{max}/L$ 模式，伴随长度增加断距也在增大，但 $D_{max}/L$ 值保持不变；二是增加的 $D_{max}/L$ 模式，伴随长度增加断距快速增大；三是稳定的长度模式（Walsh et al.，2002），即断裂生长过程中，在早期阶段长度快速增长，然后长度保持不变，但断距快速增大；四是分段连接模式（Kim and Sanderson，2005；Peacock and Sanderson，1991；Cartwright et al.，1995），即大断裂均由小断裂连接而成（图 1.1、图 1.2）。

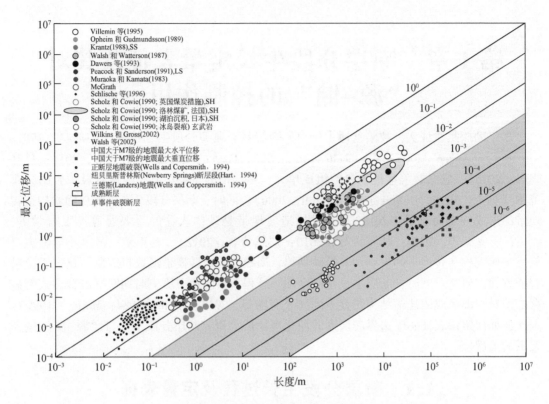

图 1.1　地震断层和天然断层最大位移与长度的关系图版

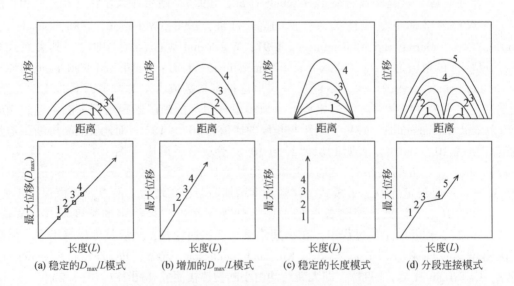

图 1.2　断层生长模式［据 Kim 和 Sanderson（2005）］

上图为位移-距离曲线图，下图为最大位移与长度关系图

## 1.1.1　断层分段生长定量表征

裂陷盆地断层分段生长具有普遍性（Peacock，1991；Trudgill and Cartwright，1994；Cartwright et al.，1995；Yang et al.，2008；王海学等，2013），分段生长经历三个阶段：孤立成核阶段、"软连接"阶段和"硬连接"阶段（图1.3）。分段生长过程得到了野外露头、砂箱物理模拟和地震资料解释的证实（Fossen，2010）。断层分段生长过程伴随着不同类型的构造转换带形成。孤立成核阶段：相当于两条完整的孤立断层形成同向趋近型转换带。"软连接"阶段：由于两条断层开始相互作用，岩桥区应变集中，易于形成大量裂缝和交织的小断裂，伴随着同向叠覆型转换带的形成（王海学等，2013）。"硬连接"阶段：随着断距的累积，二者相互作用增强，导致横断层的形成，最终"硬连接"形成一条完整的大断裂，即形成传递断层型转换带。

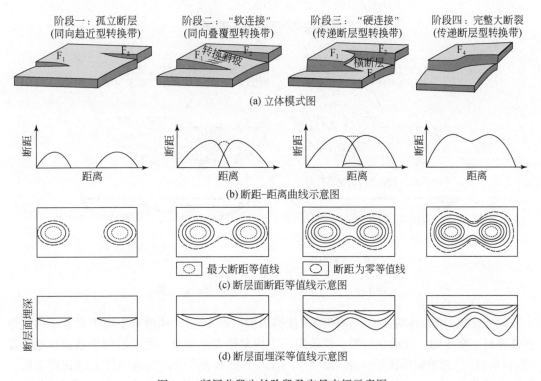

图 1.3　断层分段生长阶段及定量表征示意图

表征断层分段特征有两个方面：一是断裂的自身形态特征。孤立断层的断层面断距等值线示意图［图1.3（c）］整体呈椭圆形，中心断距最大，向四周断距逐渐减小，至端点处断距变为零（Barnett et al.，1987），断距–距离曲线［图1.3（b）］呈现半椭圆形态，由于一般位移与断距呈正相关关系，因此一般使用断距–距离曲线表征断层分段性。伴随两条孤立断层叠覆，二者开始相互作用，形成转换斜坡，由于能量消耗在转换斜坡上，断层断距增长缓慢，位移梯度明显增大，转换斜坡范围的断层总断距相对较小，断距–距离曲线［图 1.3 (b)］为"两高一低"形态，在断层面断距等值线示意图［图 1.3 (c)］上出现明显"鞍部"，在断层面埋深等值线示意图［图 1.3 (d)］上为"隆起区"。从"硬连接"到完整大断裂形成阶段曲线形态具有相似性。二是断层连接过程中地层弯曲变形的证据。由于沿着断层走向的位移变化，在断层上盘连接位置位移小，形成背斜构造，称为横向背斜（transverse fold）（Larsen，1988；Schlische，1995；Jackson et al.，2002），在平行断裂走向测线上表现明显（图 1.4）。因此，利用"两图（断距-距离曲线图、断层面断距等值线图）一线（沿断裂走向的地震剖面线）"方法可以有效表征断层的分段生长特征。

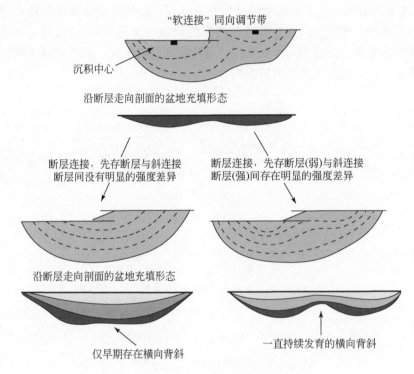

图 1.4　断层分段生长连接与横向背斜的关系

　　以海拉尔-塔木察格盆地塔南凹陷东洼槽为例（图 1.5），洼槽自下而上发育下白垩统铜钵庙组、南屯组、大磨拐河组、伊敏组，上白垩统青元岗组；主要经历了残留盆地阶段（铜钵庙组）、初始裂陷阶段（南一段中、下部）、强烈裂陷阶段（南一段上部和南二段）、断-拗转化阶段（大磨拐河组—伊敏组）和拗陷阶段（青元岗组）五期构造演化（图 1.6）；南一段上部和南二段沉积时期为强烈裂陷期，边界断裂 TN1 和 TN2 活动强烈。基于 TN1 和 TN2 断裂"两图一线"特征，可以明显看出其具有典型的分段生长特征（图 1.7、图 1.8），目前两条断层仍处于"软连接"阶段，形成典型转换斜坡构造。TN1 和 TN2 分别由多个小断层连接而成，TN1 由 4 段构成，分别为 TN1-1、TN1-2、TN1-3 和 TN1-4，地震剖面线显示，在该时期对应分段连接位置发育横向背斜［图 1.7 (c)、图 1.8 (c)］，沿着洼槽长轴方向，存在地层向横向背斜超覆现象。TN2 由 5 段构成，依次为 TN2-1、TN2-2、TN2-3、TN2-4 和 T2-5。

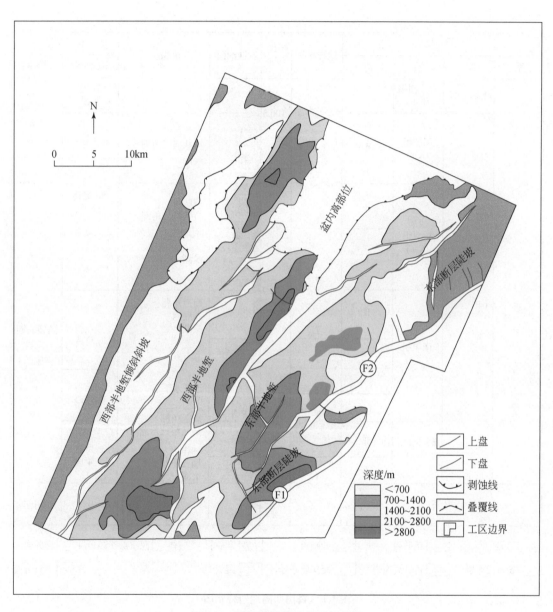

图 1.5　塔南凹陷构造单元划分图

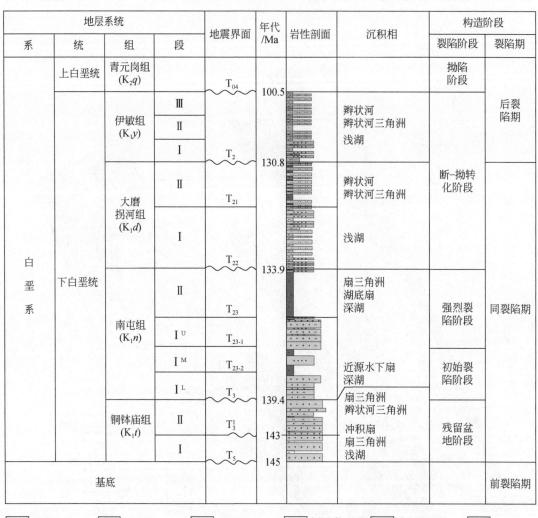

| 地层系统 | | | | 地震界面 | 年代/Ma | 岩性剖面 | 沉积相 | 构造阶段 | |
|---|---|---|---|---|---|---|---|---|---|
| 系 | 统 | 组 | 段 | | | | | 裂陷阶段 | 裂陷期 |
| 白垩系 | 上白垩统 | 青元岗组 ($K_2q$) | | $T_{04}$ | 100.5 | | | 拗陷阶段 | 后裂陷期 |
| | 下白垩统 | 伊敏组 ($K_1y$) | III | | | | 辫状河 辫状河三角洲 浅湖 | 断-拗转化阶段 | |
| | | | II | | | | | | |
| | | | I | $T_2$ | 130.8 | | | | |
| | | 大磨拐河组 ($K_1d$) | II | $T_{21}$ | | | 辫状河 辫状河三角洲 | | |
| | | | I | $T_{22}$ | 133.9 | | 浅湖 | | |
| | | 南屯组 ($K_1n$) | II | $T_{23}$ | | | 扇三角洲 湖底扇 深湖 | 强烈裂陷阶段 | 同裂陷期 |
| | | | $I^U$ | $T_{23-1}$ | | | | | |
| | | | $I^M$ | $T_{23-2}$ | | | 近源水下扇 深湖 | 初始裂陷阶段 | |
| | | | $I^L$ | $T_3$ | 139.4 | | 扇三角洲 辫状河三角洲 | | |
| | | 铜钵庙组 ($K_1t$) | II | $T_3^1$ | 143 | | 冲积扇 扇三角洲 浅湖 | 残留盆地阶段 | |
| | | | I | $T_5$ | 145 | | | | |
| 基底 | | | | | | | | | 前裂陷期 |

砾岩　粗砂岩　砂砾岩　细砂岩　泥质粉砂岩　粉砂岩
粉砂质泥岩　粉砂质泥岩　凝灰质砂砾岩　凝灰岩　泥岩　不整合面

图1.6 塔南凹陷地层柱状图

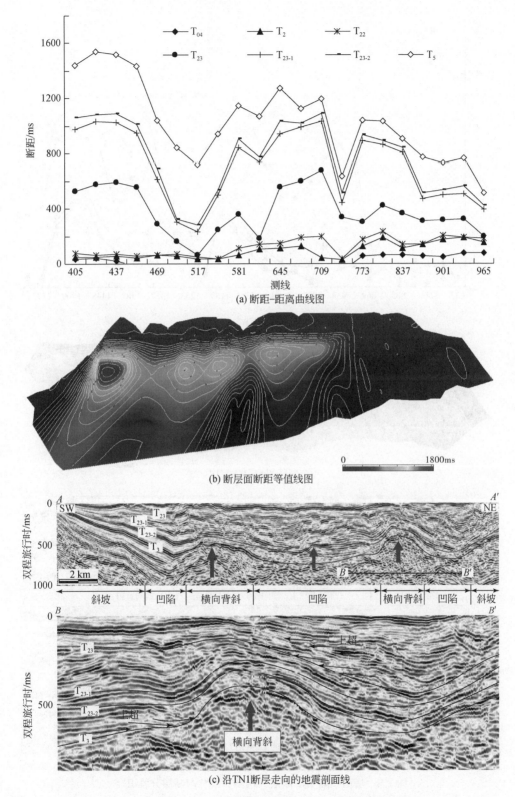

(a) 断距–距离曲线图

(b) 断层面断距等值线图

(c) 沿TN1断层走向的地震剖面线

图 1.7 　塔南凹陷 TN1 断层"两图一线"与断层分段识别

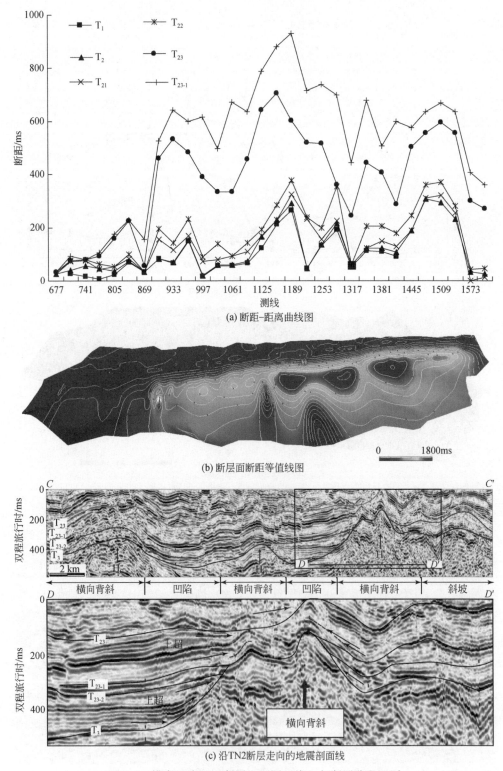

(a) 断距-距离曲线图

(b) 断层面断距等值线图

(c) 沿TN2断层走向的地震剖面线

图 1.8　塔南凹陷 TN2 断层 "两图一线" 与断层分段识别

$H_C$ 和 $H_E$ 为横向背斜

## 1.1.2　断层分段时期定量表征

断层分段生长是一个动态的过程,因此需要恢复不同地质历史时期古构造转换带的类型及分布规律;目前古断距恢复主要有两种方法(David and Bruce,2009):垂直或原始断距相减法(Chapman and Meneilly,1991;Childs et al.,1993)、最大断距相减法(Rowan et al.,1998)。垂直断距相减法是指沿断层延伸方向从下部层位断距减去其上部层位相应测线位置的断距,该法仅适用于"稳定长度"的断层生长模式,具有一定的局限性。最大断距相减法是指沿断层延伸方向从下部层位断距减去其上部层位各断层段相应的最大断距(图 1.9)。从国内外断层数据统计来看,断层分段生长过程中,最大位移与长度呈幂指数关系(Watterson,1986;Walsh and Watterson,1988;Cowie and Scholz,1992)。Xu 等(2004)提出构造成因断裂(关系式为 $D_{max}=cL^n$)的幂指数 $n$ 取 1,所以断层分段生长过程中最大位移与长度呈线性递增,即断层位移累积过程中,断层长度也相应增长。因此,最大断距相减法更能真实反映断层分段生长演化历史。

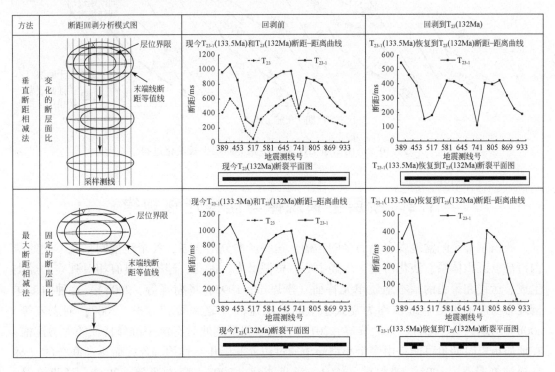

图 1.9　古断距恢复方法及典型断层应用效果对比 [据 David and Bruce(2009)修改]

通过最大断距相减法恢复断层形成演化规律表明,南一段上部沉积后,TN1-1 断层表现为孤立断层,TN1-2 和 TN1-3 断层"硬连接"形成传递断层型转换带,TN1-3 和 TN1-4 断层以同向趋近型转换带调节应变;TN2 断层由 TN2-1、TN2-2、TN2-3、TN2-4 和 TN2-5 断层构成,彼此表现为孤立生长特征。南二段沉积时期,TN1-1 断层逐渐向 TN1-2 断层生长扩展,二者之间以转换带调节应变,且 TN1-2 和 TN1-3 断层间传递断层型转换带继承性发育，TN1-3 与 TN1-4 断层在 L714 测线附近发生"硬连接"，形成传递断层型转换带（图 1.10）；TN2-1 断层开始发育，TN2-4 和 TN2-5 断层在 L1413 测线处形成传递断层型转换带，其余各段之间以"软连接"型转换带调节应变（图 1.10）。

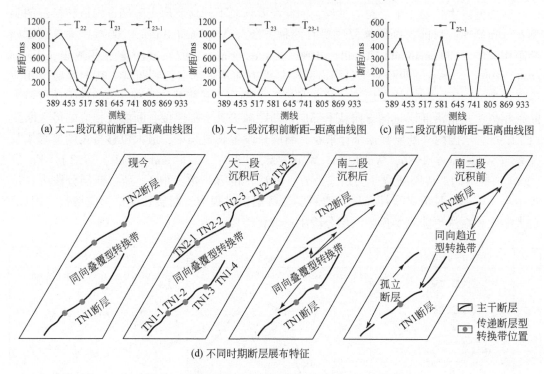

(a) 大二段沉积前断距–距离曲线图　　(b) 大一段沉积前断距–距离曲线图　　(c) 南二段沉积前断距–距离曲线图

(d) 不同时期断层展布特征

图 1.10　塔南凹陷 TN1 和 TN2 边界断层生长演化过程

## 1.2　断层生长规律与洼槽迁移规律

我国东部裂陷盆地发育小而多的洼槽，这些洼槽分割性强，各个洼槽间具有不同的结构特征、沉积体系、演化历史、生烃中心、资源潜力，因此，洼槽间具有相对独立的烃类生成、运移和聚集的基本地质单元特征（李思田，1995；杨树锋等，2005），这种由多洼槽复合而成的裂陷盆地被称为复式小型断陷湖盆群（赵文智和方杰，2007；刘志宏等，2008；冯志强等，2011；蒙启安等，2012）。现今观察到的具有统一沉降特征的大型洼槽，在地质历史时期也可能是由多个小型洼槽通过边界断层相互作用和连接而逐渐联合的（林畅松和刘景彦，1998；刘和甫，1993；汤良杰等，2003；李本亮等，2003；葛荣峰等，2010；于福生等，2012）。因此，与松辽盆地、渤海湾盆地断陷层发育的大型箕状半地堑结构、大套烃源岩地层、整装油气分布特征（漆家福等，1995；陈书平等，1999；高先志等，2003）截然不同的是，复式小型断陷湖盆群的油气资源主要受洼槽控制而呈现零散分布的特征。近年来对海拉尔-塔木察格盆地和二连盆地的勘探实践已经发现了众多"小而肥"的富油洼槽。以海拉尔-塔木察格盆地为例，虽然乌南次洼、贝中次洼和塔南中部次洼都是富油洼槽，但目前较高的资源潜力与较低的钻探成功率（钻探成功率 35.2%）形成了鲜明的对比，其根本原因之一是对复式小型断陷湖盆群独有的洼槽控油机理认识不深入。因此，系统开展洼槽的生长演化过程与油气富集关系研究对揭示复式小型断陷湖盆群的有效油气资源潜力和油气分布规律，以及加快裂陷盆地油气勘探步伐具有重要的实际意义。

目前，国内外关于洼槽的研究，主要集中于现今洼槽结构、组合样式与叠加关系及与油气运聚关系方面（Jackson and McKenzie，1983；King，1990；Anders and Schlische，1994；费宝生，1985；戴俊生，2000；茹克，1990；陈发景等，1992；杨树锋等，2002；陈书平等，2007a；李本亮等，2007；解习农等，2012；吴根耀等，2013）。随着复式小型断陷湖盆群勘探的不断深入，人们逐渐认识到洼槽形成机制和构造演化过程对油气资源分布和油气富集规律均具有重要的控制作用，但关于洼槽这方面的研究尚未形成系统深入的认识，主要原因为受三方面的制约：①国内外学者的大量研究证实洼槽主干边界断层的位移传播和断层连接过程以及由此产生的位移累积的空间分布，控制了洼槽的结构及其形成演化（Schlische，1991；Gawthorpe and Hurst，1993；Schlische et al.，1996；Gupta et al.，1998；Dawers and Underhill，2000；Morley，1999），但对于主干边界断层的位移传播方式、生长模式及古断层段分布等的研究并没有明确的结论。②洼槽结构以半地堑为基本要素，对其组合样式、叠加演化模式等也做了大量研究，但是针对我国的陆相复式小型断陷湖盆群的洼槽组合模式及演化模式尚缺乏定性和定量指标的表征。③对于不同成因的洼槽对油气资源分布和油气藏分布规律的影响还缺乏系统研究。总之，对洼槽构造方面基础性认识的不够深入是复式小型断陷湖盆群油气勘探一直没有重大突破的直接原因。本次研究在调研国内洼槽研究认识的基础上，围绕靶区从控洼主干断层生长机制着手，深入研究古控洼断层及古洼槽分布，通过构建洼槽的生长演化过程揭示洼槽的形成机制，在此基础上结合古洼槽沉积-沉降中心迁移规律和洼槽组合模式、洼槽构造转换带分布确定有效烃源岩优质储层的分布，进而指出油气资源潜力区和油气分布有利区。这对完善裂陷盆地洼槽控油理论（赵贤正等，2009）及丰富裂陷盆地断裂控藏理论（罗群，2002；付晓飞等，2008）均具有重要的理论意义。

## 1.2.1　断层生长机制及位移传播方式

洼槽是凹陷（与凸起对应）级构造单元内次级负向构造单元，属于中小尺度构造地质学范畴术语（贾承造等，2014）。也有不同学者将洼槽称为次盆、半地堑或沉积中心（Schlische，1991；Gupta et al.，1998；Dawers and Underhill，2000）。凹陷内可以发育单个或多个洼槽。大多数洼槽具有不对称的特征，一端为主干边界断层系统，另一端为倾向于主干边界断层的较缓斜坡（Bally，1982；Wernicke and Burchfiel，1982；Anderson et al.，1983；Jackson and McKenzie，1983；Gibbs，1984；Leeder and Gawthorpe，1987；Rosendahl et al.，1987；Schlische，1993）。近年来，随着研究的不断深入，越来越多的学者认识到，洼槽的形成演化过程源自主干边界断层的位移不断扩展，而且控洼断层的位移传播方式又以分段生长机制较为普遍（Gawthorpe and Hurst，1993；Bosworth，1985；Ebinger，1989；Gibson et al.，1989；Morley et al.，1990；Schlische，1991；1992；1993；Nelson et al.，

1992；Anders and Schlische，1994）。无论是孤立断层还是分段连接断层，其在生长过程中均伴随着沿走向断层末端位移的传播。

**1. 断层生长机制**

断层的持续生长主要有两种生长机制，即孤立断层生长机制和分段断层连接生长机制。孤立断层生长机制：孤立断层生长过程中断层位移一般在中部最大，向着两端减小（Barnett et al.，1987；Chapman and Meneilly，1991；Muraoka and Kamata，1983），断层最大位移和长度在双对数坐标下呈现线性关系（Schlische et al.，1996；Watterson，1986；Scholz and Cowie，1990；Marrett and Allmendinger，1991；Walsh and Watterson，1991），其关系式为 $D_{max}=cL^n$，其中，$D_{max}$ 为断层最大位移；$L$ 为断层的最大规模（长度）；$c$ 为常数；$n$ 的取值为 1~2（Walsh and Watterson，1988；Gibson et al.，1989；Marrett and Allmendinger，1991；Cowie and Scholz，1992）。大多数断层呈现出这种幂指数或者线性关系，并且一般最小比例（长度/位移）为 10/1~20/1（Cowie and Scholz，1992；Dawers et al.，1993；Davison，1994；Schlische et al.，1996）。分段断层连接生长机制：分段生长连接形成的断层，最大位移和长度在双对数坐标下呈偏离线性关系。

**2. 断层末端生长模式**

地层破裂初始阶段集中于一个点，之后双边生长。断层沿着走向的传播可能是一个混合的过程，当断层侧向长度递增时伴随着位移缓慢增加，或者当两条（多条）断层连接时，断层长度发生突然的跳跃性增加。断层位移沿着断层走向的传播方式不同归纳起来主要有以下四种模式（图 1.11）。

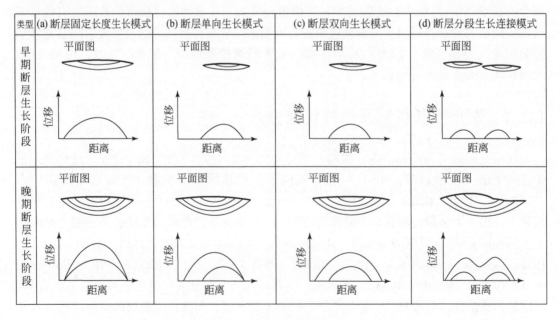

图 1.11　断层末端生长模式

断层固定长度生长模式：断层迅速侧向生长到一定长度后，两端固定，长度不再增加，仅仅增加垂向位移。这种模式意味着边界断层侧向传播接近它的最大长度是在沉降和沉积之前，暗示着大量的小型断层迅速地侧向连接，成为一个相对位移较小的长断层，在之后位移增加的大部分地质时期内保持这个长度不变。最大位移位于断层中部，且位移-距离曲线形状对称［图1.11（a）］。

断层单向生长模式：断层生长到一定阶段，受地层性质、其他构造、应力场分布等影响，断层的一个末端保持固定，另一端随着位移的增加不侧向发生错断，使断层长度增加，断层长度与最大位移的关系一般也符合 $D_{max}=cL^n$ 的规律。位移最大值保持在新形成的断层中部，随着断层单侧生长，位移最大值向活动断层端迁移，位移-距离曲线形状不对称［图1.11（b）］。

断层双向生长模式：断层的末端不受限制，两端都不断破裂伸长，断层长度和位移都增加，且断层长度与最大位移的关系一般符合 $D_{max}=cL^n$ 的规律。最大位移位于断层中部，向着断层两端位移逐渐减小。其走向增长速率/垂直位移速率为10/1～20/1（Cowie and Scholz，1992；Dawers et al.，1993；Davison，1994；Pickering et al.，1996；Sanderson and Kim，2005），具有一个位移最大值，位移-距离曲线形状对称［图1.11（c）］。

断层分段生长连接模式：断层的生长经历了多个阶段（Schlische，1991；Schlische et al.，1996；Morley，1999；Soliva and Benedicto，2004），初始为孤立断层段，之后发生断层之间的相互作用和连接（"软连接"和"硬连接"）。相互作用阶段，各个断层段叠置的末端受到约束，导致断层长度受限，断层只能通过增加垂向位移来调节伸展量，所以这个阶段断层长度/位移值较小。当断层发生连接，断层长度/位移值突然增加，在断层沿着走向长度显著增加之前，断层仅仅通过增加剖面位移进行生长，直到长度/位移值减小到10/1～20/1。连接初期阶段，一般连接处位移不足；强烈连接后，连接处位移增加。所以断层连接初期位移-距离曲线出现多个极大值和极小值，而强烈连接后的位移-距离曲线为钟形曲线［图1.11（d）］。连接导致了在古断层段的边界处断层轨迹的弯曲和位移再分布（Morley and Wonganan，2000），连接后维持一个孤立断层的长度/位移值（Cartwright et al.，1995；Scholz et al.，1993）。

### 3. 洼槽生长演化模式

控洼断层的位移传播方式直接决定着上盘地层变形及洼槽的形成与发展过程，其活动历史是构造沉降和沉积中心发育的首要控制因素（Gupta et al.，1999；Gupta and Scholz，2000；肖安成等，2001；祖辅平等，2012）。裂谷作用的早期阶段，控洼断层累积位移的空间分布决定了洼槽的形状和尺寸（Schlische，1991）。控洼断层的生长过程和产生的累积位移，控制了洼槽的演化（Gupta et al.，1998；Dawers and Underhill，2000）。断层空间连续性和断层段连接影响了洼槽内沉积充填格架、地层厚度变化以及同生裂谷层序的内部特征（Dawers and Underhill，2000；Gawthorpe and Leeder，2000）。基于断裂生长机制和位移传播方式，结合洼槽内层序界面接触关系特征、垂向沉积层序对比特征及沉积中心迁移规律，洼槽的生长演化模式主要有7种（图1.12）。

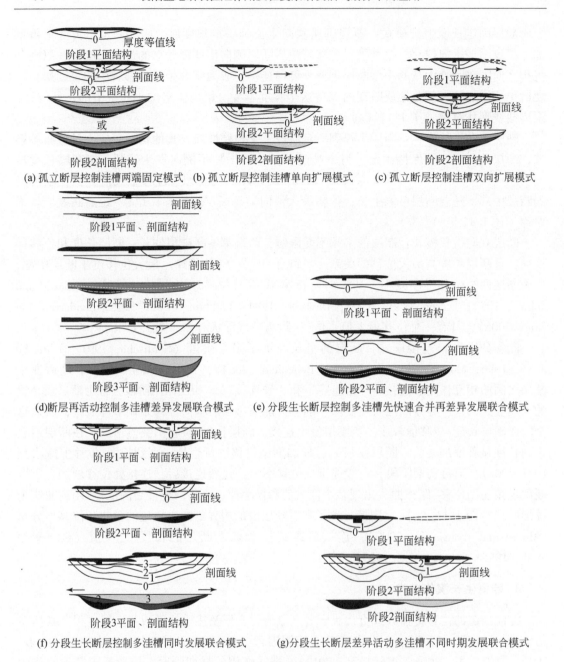

(a) 孤立断层控制洼槽两端固定模式　(b) 孤立断层控制洼槽单向扩展模式　(c) 孤立断层控制洼槽双向扩展模式

(d) 断层再活动控制多洼槽差异发展联合模式　(e) 分段生长断层控制多洼槽先快速合并再差异发展联合模式

(f) 分段生长断层控制多洼槽同时发展联合模式　(g) 分段生长断层差异活动多洼槽不同时期发展联合模式

图 1.12　洼槽的生长演化模式

（1）孤立断层控制洼槽两端固定模式：洼槽主干边界断层为固定长度且仅位移增加 [图 1.12（a）]。边界断层不是以简单的几何学方式逐渐地缓慢生长，而是快速地侧向传播，可能通过很多断层的相互连接之后停止侧向生长且仅发生位移增加，并在盆地发育的很长时期内保持这个长度不变（Schlische et al., 1996）。各时期洼槽最大宽度、最大厚度区（沉积中心、沉降中心）都紧邻控洼断层中部，随着断层演化洼槽平面的长度不变甚至缩短，但洼槽宽度增大；短轴横剖面具有经典的"楔形"样式，向着控洼断层呈发散状增厚，随着断层剖面位移增加，洼槽变得越来越陡且深。长轴横剖面为对称的洼槽形态，但是洼槽剖面范围由深到浅保持不变，甚至缩短，所以洼槽内的充填物向着断层末端减薄（Morley，1999，2002）。

典型实例是东非裂谷坦噶尼喀湖（Tanganyika Lake）和东基戈马（East Kigoma）断层控制的洼槽。从平行于主干边界断层的剖面上可以看出，洼槽内的充填物向着断层末端减薄和汇聚，并没有超覆到前裂谷期的地层之上。这说明边界断层长度并没有增加，只发生了位移的递增（图 1.13）。

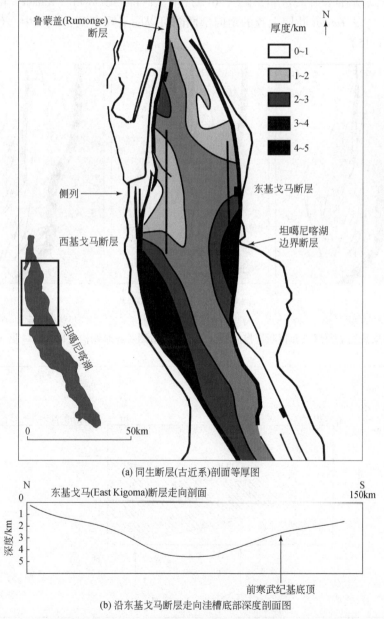

(a) 同生断层(古近系)剖面等厚图

(b) 沿东基戈马断层走向洼槽底部深度剖面图

图 1.13　东非裂谷坦噶尼喀湖和东基戈马断层控制洼槽模式［据 Morley（1999）］

（2）孤立断层控制洼槽单向扩展模式：洼槽主干边界断层位移为单向生长模式，即一端固定，另一端放射状传播［图 1.12（b）］。各个时期洼槽的最大宽度、最大厚度区（沉积中心、沉降中心）都紧邻控洼断层中部。洼槽宽度增大，长度向着断层活动端增长，断层长度控制了洼槽长度（陈书平等，1999）。短轴横剖面具有"楔形"样式，向着控洼断层呈发散状增厚。长轴横剖面为不对称的洼槽形态。洼槽范围由深层到浅层向着断层活动端逐渐增大，沉积中心也向着断层活动端迁移。当断层一端生长十分迅速时，可能使沿着洼槽长轴方向整体保持等厚，活动的断层末端的地层超覆到裂谷前地层上。

典型实例是东非裂谷的东非安萨（Anza）地堑西部的凯苏特（Kaisut）断层控制的洼槽（图 1.14）。从 Kaisut 断层上盘的走向剖面图可以明显观察到，沉积中心位置随时间向南迁移（图 1.15）。

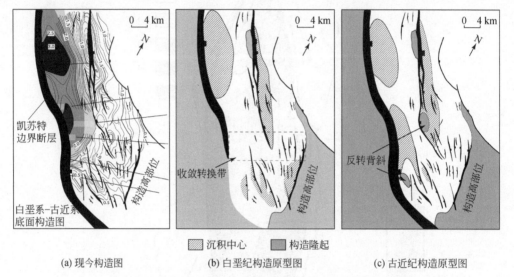

（a）现今构造图　　　　（b）白垩纪构造原型图　　　　（c）古近纪构造原型图

图 1.14　东非安萨地堑西部凯苏特断层控制的洼槽现今构造图及各时期构造原型图［据 Morley（1999）］

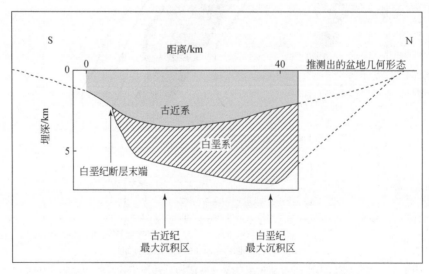

图 1.15　凯苏特断层上盘的走向剖面图［据 Morley（1999）］

（3）孤立断层控制洼槽双向扩展模式：洼槽主干边界断层为双侧生长模式，即断层侧向长度不受约束，呈放射状双向传播，同时剖面断距增大［图 1.12（c）］。各个时期洼槽的最大宽度、最大厚度区（沉积中心、沉降中心）都紧邻控洼断层中部，断层长度控制了洼槽长度。随着控洼断层侧向生长，洼槽各时期平面规模随时间演化而逐渐增大。短轴横剖面具有"楔形"样式，向着控洼断层呈发散状增厚。长轴横剖面为对称的洼槽形态，洼槽内的地层在断层中部最厚，向着断层末端减薄，洼槽范围由深层到浅层逐渐增大，超覆到裂谷前地层上。沉积中心垂向重叠，不发生侧向迁移。

（4）断层再活动控制多洼槽差异发展联合模式：裂谷作用早期，洼槽主干边界断层快速传播发育成一条大型断层，但后期可能断层一部分在活动，其他部分保持静止［图 1.12（d）］。深层可见由断层活动形成的大型洼槽，之后由于断层复活时只有部分保持活动，故浅层洼槽长度限制在活动的断层段。洼槽长轴剖面中，深层洼槽沉积中心位于断层中部，洼槽长度与早期断层长度一致。浅层洼槽范围缩小，限制在活动断层段，沉积中心也向着活动断层段的中部发生迁移。洼槽短轴横剖面样式复杂多样，早期控洼断层中部的剖面显示"楔形"样式，向着控洼断层呈发散状增厚。断层连接处一般不发育横向背斜。典型实例为东非裂谷鲁夸湖（Rukwa Lake）卢帕（Lupa）断层控制的洼槽（图 1.16），从沿断层走向地震剖面上可以明显看出，横向背斜分割洼槽（图 1.17）。

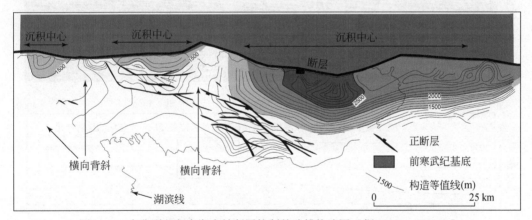

图 1.16　东非裂谷鲁夸湖卢帕断层控制的洼槽构造图［据 Morley（2002）］

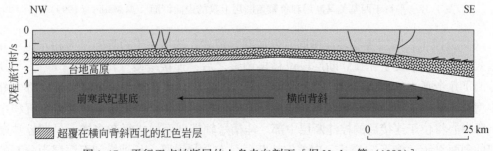

图 1.17　平行于卢帕断层的上盘走向剖面［据 Morley 等（1990）］

（5）分段生长断层控制多洼槽先快速合并再差异发展联合模式：洼槽主干边界断层为相互作用和连接模式，早期孤立的两条（或多条）断层迅速连接成一条大型断层，连接后的大断层位移累积增加，延伸长度基本不发生变化［图 1.12（e）］。早期孤立断层段发生了迅速的连接，使孤立断层阶段形成的位移没有对应的沉积记录，在浅层发育的是早期连接之后形成的窄且长的洼槽，洼槽长度与断层长度保持一致，厚度一般较小。随着断层生长，逐渐形成中部厚两端薄的洼槽形态。洼槽短轴横剖面样式复杂多样，早期控洼断层中部的剖面显示"楔形"样式，向着控洼断层呈发散状增厚。断层连接处一般不发育横向背斜。

典型实例是东非裂谷的西基戈马断层和鲁蒙盖断层控制的洼槽。在平行于主干断层的剖面上，明显发育横向背斜。在同一裂谷期沉积地层中，地震反射单元向着横向背斜的位置发育减薄和尖灭现象（图 1.18）。而且在裂谷期地层底部可以观察到一套厚度变化不大的同沉积地层，表明边界断层在早期已经发生了"硬连接"。

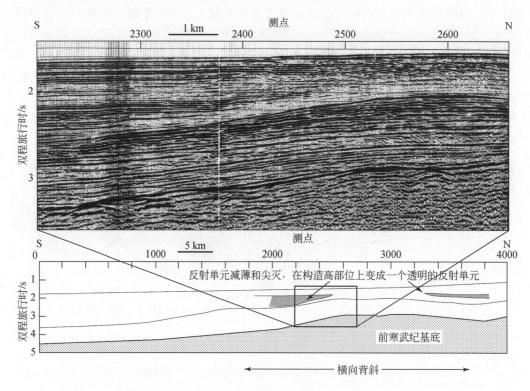

图 1.18　平行于西基戈马断层和鲁蒙盖断层上盘的走向剖面［据 Morley（1999）］

（6）分段生长断层控制多洼槽同时发展联合模式：洼槽主干边界断层为相互作用和连接模式，断层连接发生在孤立断层段位移再调整之后，连接缓慢［图 1.12（f）］。早期断层控制了几个孤立的小型洼槽，最大宽度、最大厚度区（沉积中心、沉降中心）都紧邻各个小型控洼断层中部，随着断层逐渐连接，洼槽也发生合并，当断层连接强烈，沉积中心与沉降中心将位于连接后的控洼断层中部。洼槽短轴横剖面样式复杂多样，早期控洼断层中部的剖面显示"楔形"样式，向着控洼断层呈发散状增厚。长轴横剖面深层为分开的小型洼槽，浅层为逐渐合并的宽缓的大型洼槽，沉积中心和沉降中心也逐渐向着连接后的控洼断层中部发生迁移。

典型实例是北海北部的默奇森（Murchison）断层控制的洼槽（图 1.19），经历了断层分段生长和连接，从平行于断层的上盘剖面中可以观察到横向背斜上的超覆现象（图 1.20），可以看到两套地层单元发育多个小洼槽。

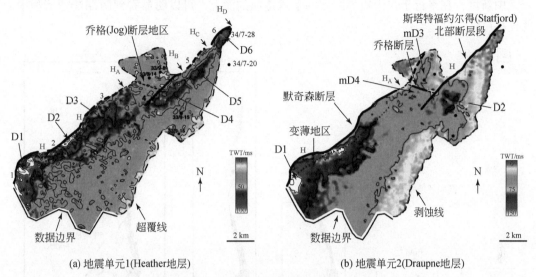

(a) 地震单元1(Heather地层)　　　　　(b) 地震单元2(Draupne地层)

图 1.19　北海北部默奇森断层及各时期厚度图（Young et al., 2001）

D1~D6 代表沉积中心；H、H_A 等为横向背斜；TWT 为双程旅行时

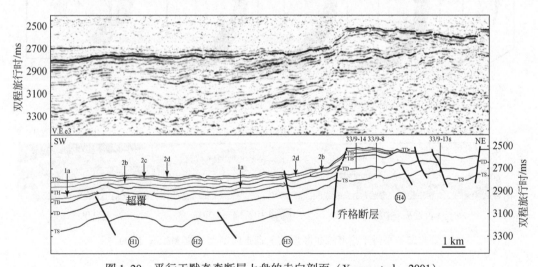

图 1.20　平行于默奇森断层上盘的走向剖面（Young et al., 2001）

（7）分段生长断层差异活动多洼槽不同时期发展联合模式：洼槽主干边界断层为两条（或多条）不同时期活动的断层相互作用和连接模式［图 1.12（g）］。早期一条断层发育，之后停止生长，保持静止。之后另一条断层活动，最终与这条断层发生连接。两个（或多个）洼槽发育于不同时期，洼槽紧邻控洼断裂分布。洼槽短轴剖面显示的各断层控制的洼槽形态不同，地层充填特征也不同。洼槽长轴剖面中明显可见早期和晚期不同沉积中心的独立洼槽。

典型实例是东非裂谷肯尼亚北部洛基查尔（Lokichar）断层控制形成的洼槽，属于不同时期的洼槽合并模式（图1.21）。南部洼槽形成于古近纪至早中新世，而北部洼槽形成于晚中新世。在平行于主干边界断层的上盘走向剖面上，可以明显看到两期洼槽沉积中心的迁移（图1.22）。

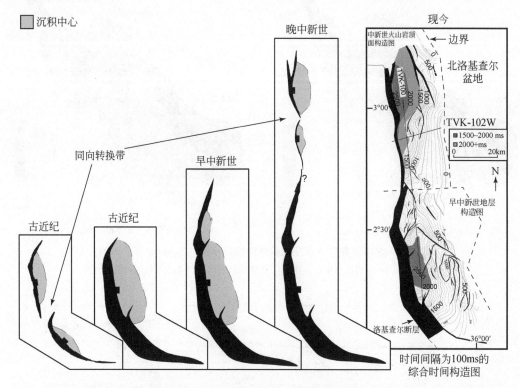

图1.21　洛基查尔断层的演化模式与现今构造图［据 Morley（2002）］

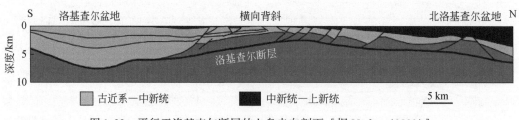

图1.22　平行于洛基查尔断层的上盘走向剖面［据 Morley（2002）］

## 1.2.2　洼槽迁移规律及对烃源岩分布的控制作用

大型分段连接的控洼断层系统对洼槽的形成具有控制作用，断层的生长过程和产生的累积位移，控制了洼槽的演化（Gupta et al.，1998；Dawers and Underhill，2000），也是构造沉降和沉积中心发育的首要控制因素（Cowie et al.，2000）。

海拉尔–塔木察格盆地塔南凹陷属于典型裂陷盆地，主干边界断层控制洼槽的形成演化，从垂直主干边界断层地震剖面图可以看出（图1.23），具有典型的楔形结构，同时不同段洼槽发育层位存在明显差异。塔南凹陷的东次凹发育南洼槽和北洼槽，其属于典型的分段生长断层控制多洼槽同时发展联合模式 ［图 1.12 (f)］。断层带由 2 个主要的断层段组成，每段长度大于 20km，中间被一个转换斜坡分开。

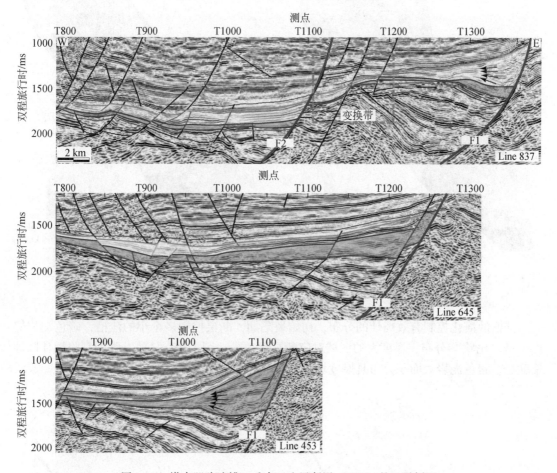

图 1.23　塔南凹陷洼槽 1 垂直于边界断层 (TN1) 的地震剖面

　　裂陷初期，TN1 断裂带为 3 条孤立断层，每段长度小于 11km，形成 3 个小型洼槽 ($D_1$、$D_2$ 和 $D_3$) ［图 1.24 (a)］，沉降中心靠近断层，同沉积的地层单元受限于洼槽，洼槽长轴方向地层厚度由边缘向中心增大 (图 1.24)，短轴方向地层厚度靠近断层增厚。洼槽之间发育两个横向背斜 ［图 1.24 (a)、图 1.7］，沉积较薄的地层，地震剖面上可见明显的超覆现象 (图 1.7)。强烈裂陷期，孤立断层段的位移增加，并且侧向传播，3 条断层发生了连接，先存的 3 个孤立洼槽发生了 “合并”，形成了较统一的沉降中心 (D1)，地震剖面中仅横向背斜的北东翼可见明显的超覆现象。

　　裂陷初期，TN2 断裂带为 4 条孤立断层，形成 4 个孤立的小型洼槽 ($D_4$、$D_5$、$D_6$ 和 $D_7$)，其中 $D_4$、$D_5$、$D_6$ 的沉降中心靠近断层，但是 $D_7$ 沉降中心远离控陷断层。洼槽之间发育 3 个横向背斜 (图 1.24)。强烈裂陷期，孤立断层段的位移增加，4 条断层发生了连接，形成了 2 个沉降中心 (D2 和 D3)，横向背斜发育 ［图 1.24 (b)］，地震剖面中仅横向背斜的北东翼可见明显的超覆现象。先期不受断层控制的沉降中心依然存在。

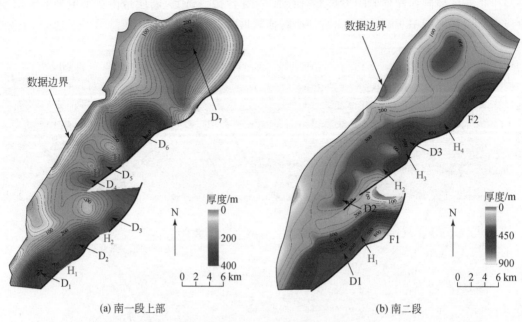

(a) 南一段上部　　　　　　　　　　　　(b) 南二段

图 1.24　塔南凹陷古断层与古洼槽分布规律

　　洼槽的演化控制有效烃灶的分布，初始裂陷期，断层控制多个小的洼槽，暗色泥岩厚度也呈"坨状"分布，厚度大的区域对应断层活动段［图 1.25（a）］。强烈裂陷期伴随洼槽联合，暗色泥岩大面积分布且厚度均匀变化［图 1.25（b）］。

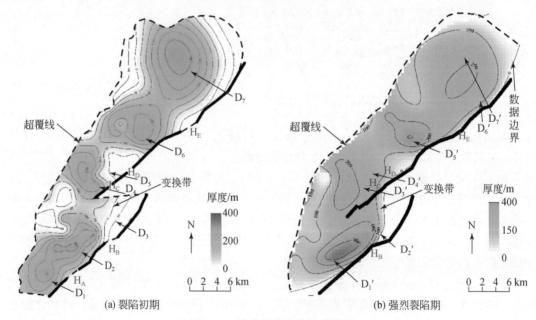

(a) 裂陷初期　　　　　　　　　　　　(b) 强烈裂陷期

图 1.25　塔南凹陷有效烃灶分布

　　最终，基于厚度图与古断层段分布图，明确了海拉尔–塔木察格盆地中部断陷带主动裂陷幕南一段上部沉积时期和南二段沉积时期的洼槽平面分布图（图1.26、图1.27）。整体来看，南一段上部沉积时期洼槽分割性强，洼槽范围受控于古控洼断层的长度，洼槽横向厚度变化大，沉降中心一般位于古断层段中部，部分洼槽呈串珠状分布（图1.26）。南

图 1.26　海拉尔–塔木察格盆地南一段上部沉积时期洼槽平面分布图

二段沉积时期控洼断层段和洼槽范围都增大，部分早期呈串珠状分布的小型洼槽发生了连接，整体沉降中心较南一段上部沉积时期更加一致（图 1.27），同时也有部分洼槽分布规律没有明显变化（图 1.27）。

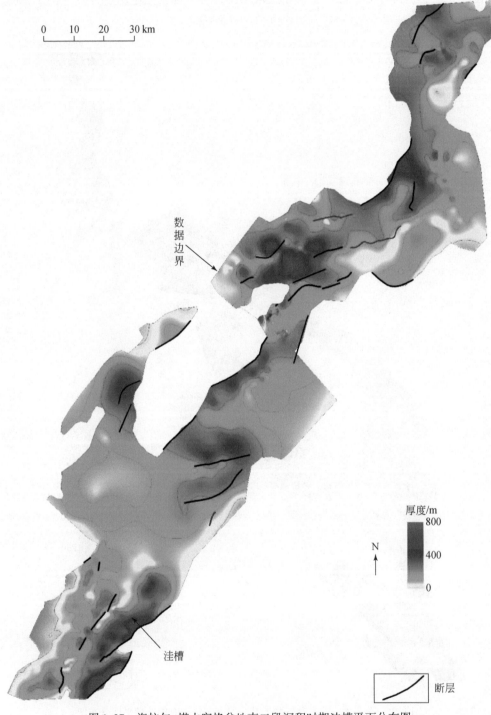

图 1.27　海拉尔–塔木察格盆地南二段沉积时期洼槽平面分布图

# 1.3　构造转换带类型及控砂规律

断层分段生长连接过程中，必然伴随着构造转换带的形成演化。构造转换带是断层发育过程中的必然产物，发育于断层段相互作用区域，是一种伴随断层活动而形成的构造样式。由于断层差异活动，转换构造部位为相对低势区，控制着物源入盆的位置。

## 1.3.1　构造转换带概念由来及沿革

传递带（transfer zone）的概念最早是由 Dahlstrom（1970）在研究挤压逆冲构造时提出，他将首尾主逆冲断层之间的构造带称为传递带（图 1.28）；同时提出了撕裂断层（tear fault）的概念，是指向上向下终止于活动面的一种走滑断层，活动面可能是拆离断层或逆冲断层或低角度正断层（Dahlstrom，1970）；尽管挤压构造带中应变和位移在区域上是守恒的，但逆冲断层带中单个构造是变化的。后来传递带逐渐广泛应用到裂陷盆地中，国内外学者相继提出了不同的概念，如横推断层（transcurrent fault）（Fossen，2010）、枢纽带（hinge zones）（Moustafa，1976）、斜断层（oblique fault）（Mann et al.，1983）、传递断层（transfer fault）（Fossen，2010；Gibbs，1984；Fauld and Varga，1998）、调节带（accommodation zone）（Fossen，2010；Reynolds and Rosendahl，1984；Bosworth，1985；Rosendahl et al.，1987；Scott and Rosendahl，1989）、转换构造（relay structure）（Larsen，1988）、转换带（relay zone）（Larsen，1988；刘德来等，1994；周心怀等，2008；余一欣等，2009）、构造变换带、构造调节带（邬光辉和漆家福，1999；漆家福，2007）和变换构造（胡望水和王燮培，1994；陈书平等，2007b）等；其中，传递断层与挤压盆地中作为变形席边界整体的撕裂断层（Dahlstrom，1970）类似，但本节描述的撕裂断层和传递断层具有明显差异。传递断层典型特征是受两侧主干断层约束，不能自由生长；而撕裂断层可以自由生长，具有自由末端（图 1.28）。

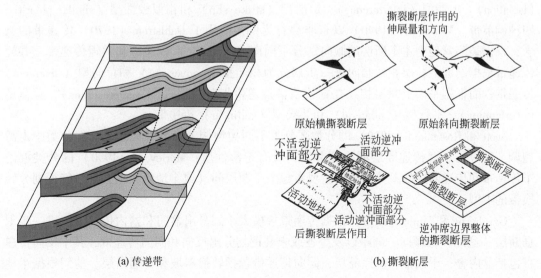

(a) 传递带　　　　　　　　　　　　　(b) 撕裂断层

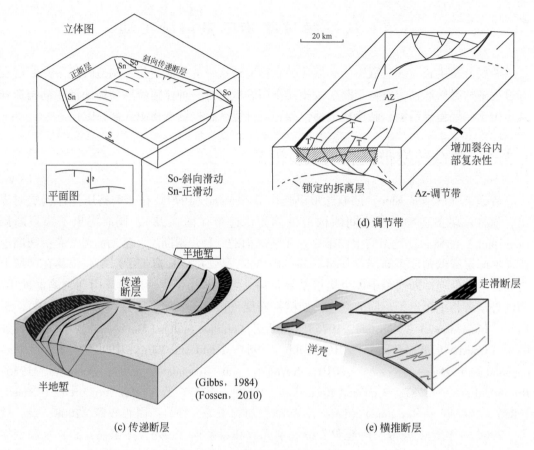

图 1.28　转换带相关概念模式图

20 世纪 80 年代末，国内外地质学家开始研究转换带的类型。Scott 和 Rosendahl（1989）研究东非裂谷北维京地堑时，根据半地堑的组合排列关系，划分了孤立型（isolation）、干涉型（interference）、走滑型（strike-slip）和相似极性型（similar polarity）四种调节带。Morley 等（1990）以东非裂谷为例，沿用了 Dahlstrom（1970）传递带的概念，根据裂陷盆地中主干断层的倾向划分了同向（synthetic）传递带和共轭传递带，共轭传递带根据剖面上断层相对倾向进一步划分为相向型（convergent）和背向型（divergent）传递带；而根据平面上断层相互叠置关系将传递带划分为趋近型（approaching）、叠覆型（overlapping）、平行型（collateral）和共线型（collinear）传递带。

Scott 和 Rosendahl（1989）的分类区分了不同类型调节带的性质差异，但分类中走滑型调节带应属于"传递断层型"调节带，具有走滑性质；Morley 等（1990）的分类混淆了传递带和传递断层的差异，他们主要考虑主干断层间（或半地堑）的几何学特征划分转换带的类型。

Gawthorpe 和 Hurst（1993）根据传递带规模大小划分出盆间和盆内传递带，进一步根据断层（盆地）的倾向、离距以及叠覆或未叠覆划分出反向和同向传递带，其中反向传递带包括盆内脊、干涉带和传递断层，同向传递带包括转换斜坡和传递断层。他们根据半地堑单元的组合关系对转换带进行了分级。

Fauld 和 Varga（1998）提出了非成因构造分类：传递带和调节带；其中传递带沿用 Gibbs（1984）传递断层的概念，调节带源于 Scott 和 Rosendahl（1989）的调节带概念，相当于 Morley 等（1990）的传递带。该分类主要基于断裂几何学特征和前人的贡献（Mann et al.，1983；Bosworth，1985；Scott and Rosendahl，1989；Morley et al.，1990；Gawthorpe and Hurst，1993），基本前提是正断层系终止于两类构造（走滑断层或斜滑断层与叠覆断层带）中。分类中类似于传递断层作用的横向变形带属于"调节带"范畴，类似于撕裂断层作用的变形带属于"传递带"范畴（漆家福，2007），未能从概念上区分传递断层、撕裂断层、传递带和调节带。

在 Morley 等（1990）、Fauld 和 Varga（1998）转换带分类方案基础上，漆家福（2007）根据主干正断层之间的几何关系分出同向倾斜、背向倾斜和相向倾斜三种组合方式，然后进一步依据彼此之间的位移转换方式划分出缓冲式、接力式、消长式、传递式和消减式五种类型。但无论何种概念和分类，这些构造带或断层都是起传递或转换区域应力和应变的作用，因此建议统称为转换带，是指在相同或不同构造体系域中，为保持区域应变守恒，通过撕裂断层、传递断层、地垒凸起、斜向背斜和转换斜坡等构造转换其间应力和应变的构造带或断层。

## 1.3.2　构造转换带类型

自 20 世纪 80 年代末 Scott 和 Rosendahl（1989）开始研究转换带的分类以来，国内外学者相继对转换带类型及其特征进行了深入的研究。基于前人对转换带的认识（Dahlstrom，1970；Gibbs，1984；Fauld and Varga，1998；Scott and Rosendahl，1989；Morley et al.，1990；Gawthorpe and Hurst，1993）及转换带连接方式的研究（Rotevatn et al.，2007；Spina et al.，2008；David and Bruce，2009），从转换带的概念和形成机制出发，在漆家福（2007）分类的基础上，结合海拉尔-塔木察格盆地转换带分布特征和断裂几何学特征分析，提出一套适用于裂陷盆地的转换带分类。

根据主干断裂的几何学特征关系和其与隆起或走滑断层的关系把转换带划分为同向型（synthetic）、背向型（divergent）、相向型（convergent）和裂陷边缘型（rift margin）四种类型；除裂陷边缘型外，根据断裂间叠覆程度、离距和位移转换方式可以进一步划分为趋近型（approaching）、叠覆型（overlapping）、平行型（collateral）、共线型（collinear）、传递断层型（transfer fault）和撕裂断层型（tear fault）（图 1.29）。其中撕裂断层型转换带的形成机制是差异运动机制，而其他类型转换带（除裂陷边缘型转换带外）是断层分段生长连接过程中不同阶段的产物。

裂陷边缘型转换带是指主干正断层在裂陷盆地侧向边界的转换形式，通过隆起带实现位移转换，其位移梯度较大。趋近型转换带是指两条孤立的、具有一定距离的、彼此趋近的、但未叠覆的主干断层间的构造带，此类构造带可能相互作用或未相互作用。叠覆型转换带是指两条具有一定叠覆量的主干断层间的构造带，一条断层减小的位移量可以通过叠覆带（转换斜坡、斜向背斜和地垒凸起等）转换到另一条断层上。平行型转换带是指两条

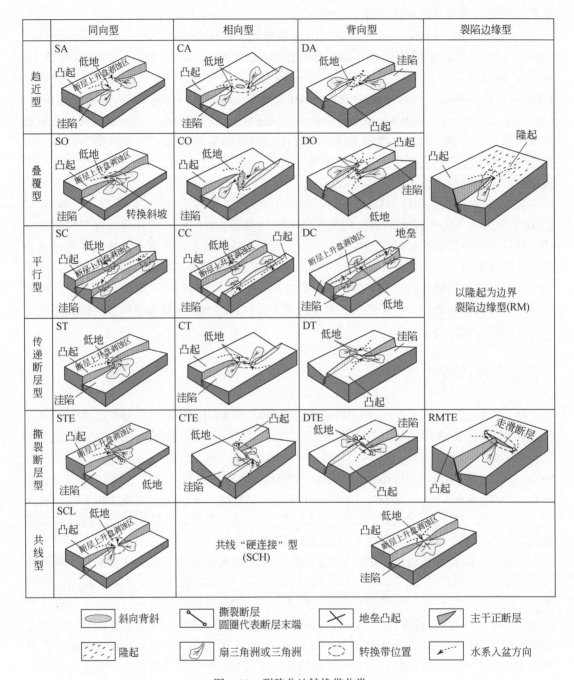

图 1.29　裂陷盆地转换带分类

同向叠覆型和平行型、相向叠覆型和平行型据漆家福（2007）；共线"硬连接"型据王家豪等（2010）

彼此平行或近平行断层间的构造带，位移表现为"此消彼长"的特征，主要表现为地堑、地垒和复合箕状构造样式。传递断层型转换带是指相同或不同产状的主干断层通过斜向或横向传递断层连接在一起的转换带，其具有走滑性质，由于受主干断层制约，不能自由生长，属于"硬连接"型转换带。撕裂断层型转换带是指由差异运动机制形成的斜向或横向断层，断层两侧的构造样式明显不同，其与传递断层型转换带的典型区别是具有自由生长特征。共线型转换带是指两条倾向相同、走向共线（或近共线）的孤立趋近断层间的构造带，属于同向趋近型转换带的特例，不经历转换带的叠覆阶段。

断层生长是一个动态过程，所以不同阶段、不同类型转换带表现出明显的构造变形差异，主要存在转换斜坡、斜向背斜、地垒凸起、传递断层和撕裂断层等构造样式。随着断层的不断生长，不同类型转换带可以相互转化，例如，趋近型转换带可以通过分段生长形成叠覆型和传递断层型转换带，叠覆型转换带同样可以通过"硬连接"形成传递断层型转换带。

转换带是裂陷盆地中一种重要的变形构造带（漆家福，2007），而且转换带发育于不同尺度构造中，如盆地与盆地之间、盆地内部地垒（半地垒）式断陷之间、主干断裂之间、主干断裂与隆起之间、单条主干断裂内部等均可形成不同级别的转换带。因此结合半地堑单元间的关系（胡望水和王燮培，1994），根据转换带发育的规模将转换带划分为一级转换带、二级转换带、三级转换带和四级转换带。一级转换带一般是指发育于盆地与盆地之间的转换带；二级转换带是指盆地内部凹陷与凹陷之间的转换带，主要包括裂陷边缘型转换带和半地堑间的转换带；三级转换带是指凹陷内部主干断层之间的转换带；四级转换带是指凹陷内部控制单个半地堑的主干断层内部的转换带。

## 1.3.3　构造转换带控砂规律

目前，转换带对储层的控制作用主要体现在两方面：一是沉积体系展布，转换带类型与沉积体系的展布具有密切关系，不同类型转换带和断层下盘均衡上升对同裂谷期层序的沉积样式具有较强的影响，通常是控制沉积物源进入汇水盆地的通道，从而控制着盆地内沉积体系及砂体的展布（Morley et al.，1990；漆家福，2007）。一般转换带部位发育富砂冲积扇、扇三角洲和浊流沉积等，因此转换带附近是储集层较好的富集区（图 1.29）（Fossen，2010；漆家福，2007；Young et al.，2000；王家豪等，2010；林海涛等，2010）。二是伴生裂缝和小断层，转换带部位应力较集中，易于形成伴生裂缝或小断层，它们同样改造储集层，形成有效的储集空间。

主干断层组合方式、转换带分布及其与沉积相的耦合关系，说明转换带明显控制砂体的展布。但部分扇体穿越了现今的一条完整大断层，实际上该断层在地质历史时期表现为分段生长特征，经历后期断裂继承生长而连接成现今的大断层，因此需要明确不同时期转换带的类型及分布，即以演化的角度，结合转换带形成演化规律，分析不同时期转换带与砂体的匹配关系（图 1.30）。

塔南凹陷划分为东次凹、中次凹和西次凹 3 个构造带，储层是南一段上部和南二段，沉积充填模式以辫状河三角洲为主；南一段上部沉积时期表现为退积楔状结构，全区发育稳定，以短轴物源为主；南二段沉积时期地震上表现为进积楔状结构。基于塔南凹陷东次凹断距回剥结果分析（图 1.31），南一段上部沉积时期，TN1 断层发育 2 个同向趋近型转换带和 1 个传递断层型转换带，TN2 断层发育 2 个同向趋近转换带；南二段沉积时期，TN1 断层发育 1 个同向叠覆型转换带和 2 个传递断层型转换带，TN2 断层发育 3 个同向叠覆型转换带和 1 个传递断层型转换带，TN1 和 TN2 断层间发育 1 个同向叠覆型转换带。

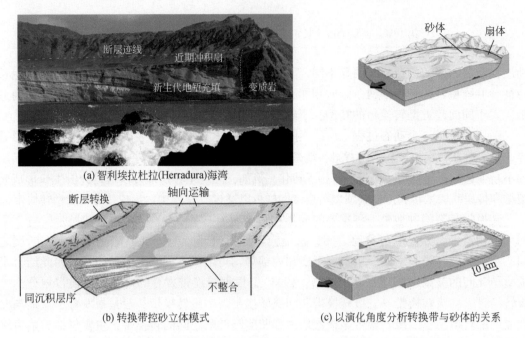

(a) 智利埃拉杜拉(Herradura)海湾

断层迹线　近期冲积扇　新生代地堑充填　变质岩

砂体　扇体

断层转换　轴向运输

同沉积层序　不整合

(b) 转换带控砂立体模式

10 km

(c) 以演化角度分析转换带与砂体的关系

图1.30　转换带控砂野外实例、立体模式及演化图 [据 Fossen（2010）修改]

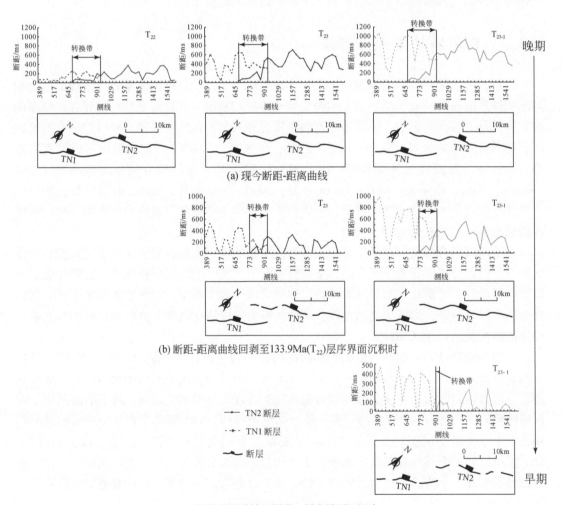

(a) 现今断距-距离曲线

(b) 断距-距离曲线回剥至133.9Ma(T$_{22}$)层序界面沉积时

TN2 断层
TN1 断层
断层

(c) 断距-距离曲线回剥至T$_{23}$层序界面沉积时

图1.31　塔南凹陷边界断层断距回剥结果与断层分布

从南一段上部和南二段沉积时期断层分布与砂体配置关系来看，转换带与沉积相具有较好的匹配关系（图1.32）；构造转换带明显控制着砂体入盆的位置，塔南凹陷东次凹南一段上部和南二段砂岩厚度和砂地比明显反映出物源的大体方位，南一段上部存在3个主要物源区，南二段存在4个主要物源区，南一段上部和南二段沉积时期以近岸水下扇沉积为主。TN1断层在南一段上部沉积时期由3条断层组成，其中南侧两断层段未相互作用，由于断层在断层叠覆区或断层未相互作用区域断距较小，沉降幅度较小，所以该部位地层厚度明显较薄，从沿塔南凹陷TN1断层走向地震剖面中可以明显看出，该断层在南一段沉积时期两分段部位地层厚度明显变薄（图1.7），验证了TN1断层回剥的结果；北侧两断层段相互作用，表现出明显的控砂作用，这些特征指示了砂体入盆的位置。南二段沉积末期，TN1断层经生长连接形成一条大断层，南侧两断层段自南二段沉积开始相互作用、叠覆和生长连接，具有明显的控砂作用；北侧两断层段开始相互作用连接时期早于南侧两断层段，控制砂体的范围较南一段上部沉积时期明显变小，说明断层段分段生长"硬连接"形成大规模断层过程中控砂作用逐渐减弱。

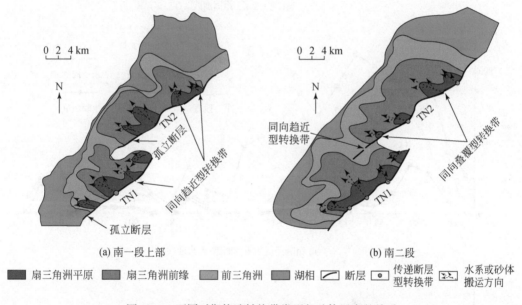

图 1.32　不同时期构造转换带类型与砂体展布的关系

TN2断层在南一段上部沉积时期由4条断层组成，分为南部、中部和北部3个分段位置。沿TN2断层走向地震剖面可以发现：在南部和中部分段位置地层厚度较薄，埋深较浅，即属于高势区，同样证实了断层回剥的结论（图1.8）；南部断层段未相互作用，但单条断裂末端具有一定的控砂作用，中部断层段开始相互作用，控制砂体入盆。大磨拐河组沉积前（南二段沉积时期），TN2断层已完全连接形成一条大断层，由于在南二段沉积时期"左阶"侧列断层段开始相互作用、叠覆，因此，该时期转换带仍然明显控制砂体的入盆位置。

南堡凹陷内部南堡一号断层的转换带同样控制着物源的汇入部位。基于断层回剥结果，断层表现为两大段生长特征（图1.33）。结合目的层砂体展布规律，可以看出转换带对南堡一号断层砂体的展布具有明显的控制作用（图 1.34）。

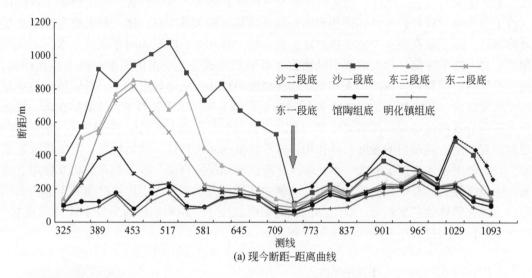

(a) 现今断距–距离曲线

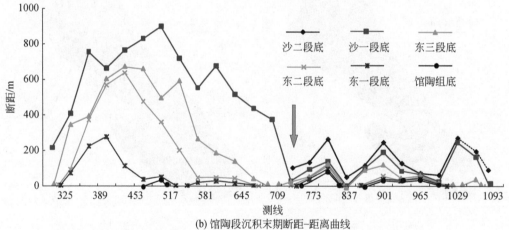

(b) 馆陶段沉积末期断距–距离曲线

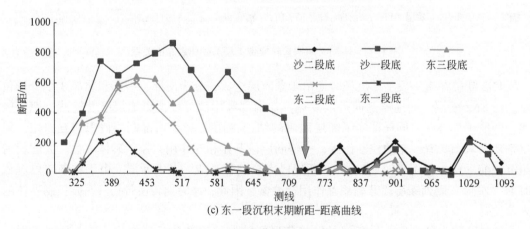

(c) 东一段沉积末期断距–距离曲线

图 1.33　南堡一号断层不同时期断距–距离曲线

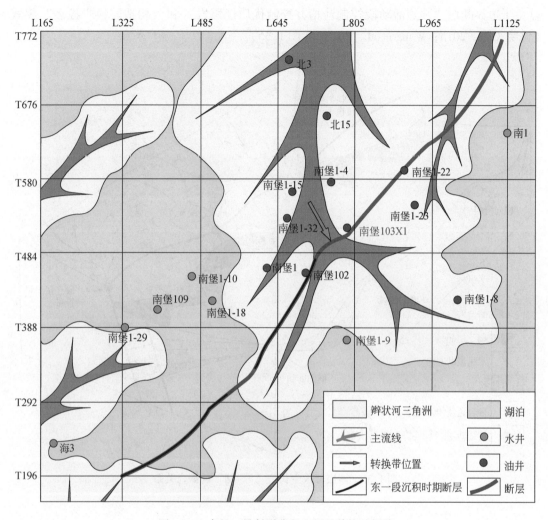

图 1.34　南堡一号断裂分段生长及其控砂规律

# 1.4　断层分段生长控"源–储"模式

　　裂陷盆地主干边界断层强烈活动段控制着构造沉降和沉积中心的位置（Cowie et al.，2000），即为洼槽的沉降中心，具有典型沉积速率快和沉降量大的特征，有利于烃源岩的发育。因此，提出断层"强烈活动段控制洼槽并控制优质烃源岩"（图 1.35）。由于差异沉降作用，分段生长断层上、下盘沉降量和相对抬升量具有"遇强则强"的特征，即断层强烈活动段上盘沉降量大，下盘均衡上升量也大；而分段生长部位（转换带）上盘沉降量较小，其下盘均衡上升量也较小。因此，构造转换带通常为地形低点，是相对低势区，具有沉降速率低、高沉积物供应特征，常作为水系汇聚流入裂陷盆地的通道，即构造转换带控"砂"（图 1.35）。

　　最终，结合盆地边界断层分段生长、洼槽迁移与转换带控砂耦合关系，建立了断陷湖盆主干边界断层"强烈活动段控制洼槽并控制优质烃源岩"和"构造转换带控砂"模式（付晓飞等，2015；Wang et al., 2018）（图 1.35）。

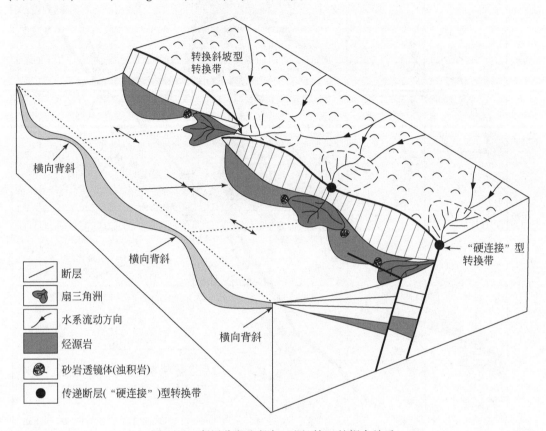

图 1.35　断层分段生长与"源-储"的耦合关系

# 第 2 章 断裂系统划分及在油气成藏中的应用

中国绝大多数含油气盆地在成盆和成藏方面，存在一系列的条件且具有一定的差异性，因此形成了多样式油气地质现象和丰富的油气资源前景。同时含油气盆地中油气藏的形成和分布又存在一定的共性特征，例如，油气藏的形成及分布与断裂的活动存在密切的关系。断裂的通道作用是烃源岩与油气聚集区形成有效空间配置关系的重要原因；断裂的封闭作用是形成有效的断层相关圈闭和油气聚集成藏的关键因素。由此，断裂系统是控制油气藏形成和保存的主要地质因素，深化含油气盆地断裂形成和演化过程，是认识油气成藏地质条件和探讨断裂对油气分布规律控制作用所必需的。

## 2.1 断裂系统划分与断裂活动期次

### 2.1.1 断裂系统的概念及划分方法

裂陷盆地普遍经历多期构造变动，形成多种类型的断层油气藏，油气的纵向差异富集，不同类型的断层控藏作用存在明显差异，因此，引入"系统论"观点，提出断裂系统的概念。断裂系统是指具有相似的几何学特征、相同的成因机制、相似的演化历史，并在同一运移期具有相同控藏作用的一组断裂。从断层几何学和运动学出发，结合断层叠加变形机制，建立了划分断裂系统的方法（图2.1）：一是断裂活动时期；二是断层几何学特征；三是不同时期应力场背景；四是构造演化史；五是断裂变形机制；六是断裂变形叠加关系及断裂系统划分。

### 2.1.2 断裂活动期次及演化历史

断裂的递进变形并不是一成不变的，不同沉积阶段其活动强度是不同的。厘定构造关键变形时期的手段有很多，如构造层序界面法，由于构造变形决定了断裂的形成、发展，而且地层间的不整合接触关系是构造活动的表现之一，因此不整合面是构造变形的直接响应标志之一，反映了区域构造变形作用，进而反映了断裂的形成时期；断裂生长指数和断裂活动速率也常用来标定断裂的活动强度，确定断裂活动的期次；断层位移曲线法（Watterson，1986；Barnett et al.，1987；Walsh and Watterson，1991）可以根据不同时期断距变化反映活动期次；剖面伸展率法、盆地伸展变形强度法以及构造演化史剖面（沈华，2005）等也可以侧面反映断裂的主要活动时期。尽管它们均能反映断裂形成和活动时期（李春光，2003），但受地层是否发育齐全等因素的影响，每种方法均存在片面性，因此，需要联合使用这些方法才能准确标定断裂形成和活动时期。

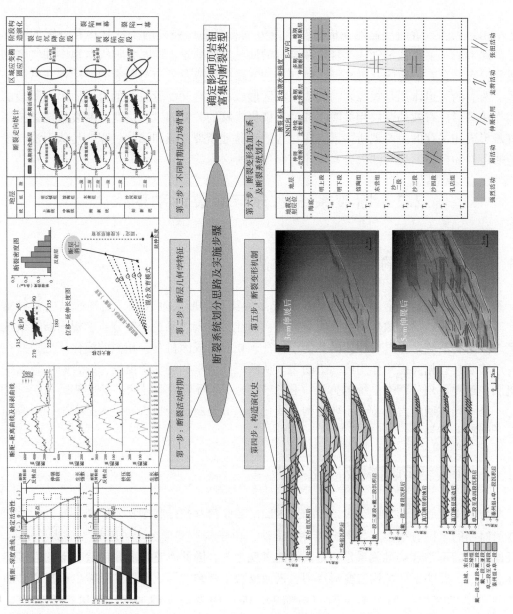

图2.1　断裂系统划分六步法法则

**1. 构造层序界面**

一级构造层序界面通常是指分布范围广，能够划分构造演化阶段的区域不整合或平行不整合面，代表着"沉积盆地—隆起褶皱变形—风化剥蚀夷平—再次接受沉积"地质过程的综合结果，代表着构造演化过程中"质变"过程及应力场条件的重大改变。

根据黄骅拗陷地层接触关系、钻井和地震资料所揭示的地层分布特征（图 2.2），自下而上将黄骅拗陷依次划分为三个构造层，分别为裂陷前期构造层、同裂陷期构造层（沙河街组—东营组沉积时期）和裂陷后期构造层（新近纪—第四纪）。结合区域背景和地层结构特征，同裂陷期进一步划分为裂陷Ⅰ幕和裂陷Ⅱ幕（图 2.2）。

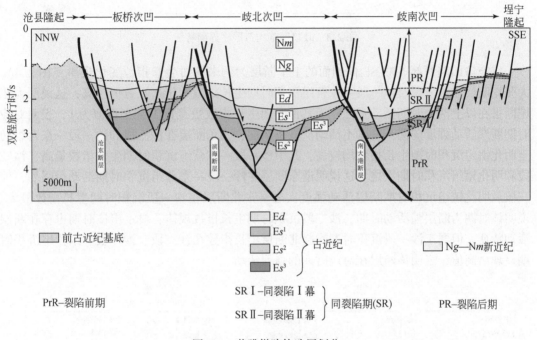

图 2.2　黄骅拗陷构造层划分

歧口凹陷一级构造层序界面主要有 T6、T4 和 T2（图 2.3）。T6 界面表现出局部下超或上超的特征，是歧口凹陷的基底顶面。T4 界面是沙一段底界面，不整合面与下伏反射波组呈平行不整合接触，沙二段大面积缺失。T2 界面代表馆陶组底界面，是一个区域性的不整合面，表现出明显的削截现象。T4 和 T2 不整合面广泛分布于歧口凹陷，是两次区域构造变形时期的标志。

**2. 生长指数**

生长指数是指断层上盘厚度与下盘厚度之比，可以判断断裂活动的主要时期及活动的强弱（Thorsen，1963）。断层在某一时期不活动，断层两盘厚度相等，则生长指数等于 1。断层控陷活动强烈时，生长指数大于 1，活动越强烈，上盘同沉积作用越明显，生长指数越大。

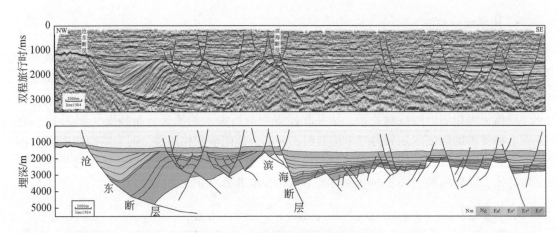

图 2.3　歧口凹陷构造层序界面特征

以歧口凹陷西部 NW-SE 向剖面的主干断层为例来探讨生长指数变化规律（图 2.4）。大张坨断层在沙三段及沙一段—东营组沉积时期生长指数大于 1 且数值较高，这说明大张坨断层在以上两个时期活动强烈；而其他时期生长指数更接近 1 甚至近似为 1，表明对应时期断层活动强度弱甚至基本不活动。港东断层、张东断层在沙三段和沙一段—东营组乃至明化镇组沉积时期生长指数均较高，其中沙一段—东营组沉积时期生长指数最高，沙三段和明化镇组沉积时期次之。这说明港东断层在沙一段—东营组沉积时期活动最强烈，沙三段及明化镇组沉积时期断层活动强度次之。张北断层在沙一段沉积时期生长指数最大，说明该时期为断层强活动时期，沙三段沉积时期生长指数规律，显示出该时期也存在断层活动特征，但弱于沙一段沉积时期。赵北断层生长指数在沙三段、沙一段—东营组沉积时期呈现出高值，表明该断层在对应时期的强烈活动。

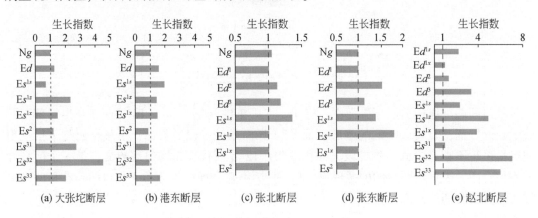

图 2.4　歧口凹陷主干断层生长指数

## 3. 断距–埋深曲线

断层在历史时期经历了动态生长的过程，不同构造、沉积环境下，断层在平面和纵向上的生长模式均有所差异。通过在地质剖面上测量断层在不同埋深的倾向断距，可以用断距-埋深曲线（Jackson and Rotevatn，2013；Tvedt et al.，2013；Reeve et al.，2015）来判断断层的活动时期。一般情况下，断层断距最大位置是断层初始形成的位置，即成核点，在断距-埋深曲线上表现为峰值点。因此，根据断距-埋深曲线的不同特征，可以将断层演化过程划分为四种类型。

（1）孤立型断层：这种断层的断距-埋深曲线为 C 型（Muraoka and Kamata，1983），断层垂向中心位置断距最大，此处为成核点的位置，向两端断距逐渐减小至零。断层面为板状，断层形成于地层沉积完成以后，并且后期并未活动，为典型的后生断层 [图 2.5（a）]。

（2）持续生长型断层：这种断层的断距-埋深曲线表现为随埋深增加断距线性增加，伴随着地层沉积作用，断层持续活动扩展，是典型的同沉积型断层 [图 2.5（b）]。

（3）再活化型断层：这种断层的断距-埋深曲线总体表现为持续增长，但曲线上存在明显的拐点，对应断距梯度迅速减小，与持续生长型断层相比经历了一段间歇期和埋藏期，随后再活化并向上生长。这类断层初期与持续生长型断层活动特征一致，表现为同沉积型断层的特点，受同沉积作用影响，成核点以上断层下盘地层厚度大于上盘，生长指数小于 1。之后一段时期，地层经历了一个沉积过程，而此阶段断层并未活动，在断距-埋深曲线上表现为无数值变化，此为间歇期。经过一段时间的埋藏后，断层又再次活化向上断穿，出现第二个成核点，表明断层两期活动，但是断层断距向上逐渐变小，不再出现极大值 [图 2.5（c）]。

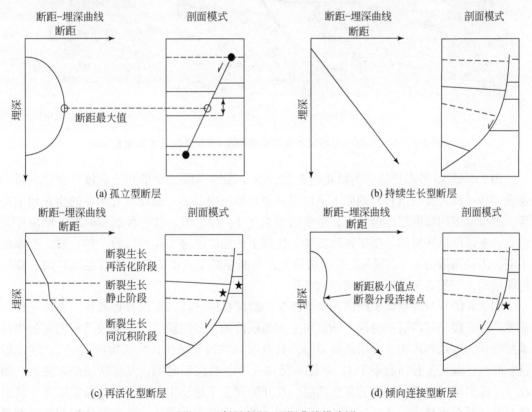

(a) 孤立型断层　　　　　　　　　(b) 持续生长型断层

(c) 再活化型断层　　　　　　　　(d) 倾向连接型断层

图 2.5　断层断距-埋深曲线模式图

　　（4）倾向连接型断层：这种断层的断距－埋深曲线整体上呈现出 M 型几何形态（Muraoka and Kamata，1983），其中在断距－埋深曲线上存在两个极大值，中间存在一个极小值。断层最初在地下深部某层位开始破裂，同时向深部和浅部地层双向生长。之后经过一段埋藏期后，再次发生构造运动，使得在上部新沉积构造层新断层成核，断距向下传播，当传播至下部断层端部时，两端点相互作用形成连接点，断层相互连接，在断距－埋深曲线上存在两个高值点和一个低值点，为不同时期的两个断层段相互连接而成［图2.5（d）］。

　　以歧口凹陷板桥地区为例，利用断层断距－埋深曲线研究断层活动时期及垂向生长过程。图2.6 的 1 号断层属于持续生长型断层，自沙三段三亚段甚至更深地层处成核，古近纪、新近纪持续活动。在持续活动的过程中，断层断穿上覆地层形成的位移逐渐累加至下伏地层，从而在断距－埋深曲线上会有断距随埋深逐渐增加的特征。上盘地层厚度向着断层方向逐渐增厚，断层对沉积的控制作用显著，由此生长指数在各个时期均大于1。

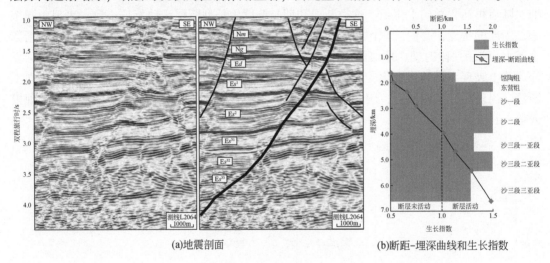

(a)地震剖面　　　　　　　　　　　　　　　(b)断距-埋深曲线和生长指数

图2.6　板桥地区1号断层地震剖面和断距-埋深曲线及生长指数剖面

　　图2.7 的 16 号断层属于再活化型断层，断层在沙三段二亚段开始成核，在沙三段一亚段、沙三段二亚段沉积时期向上下地层传播，沙三段二、一亚段具有明显的生长地层特征，地层厚度向着断层逐渐增厚，生长指数大于1；沙二段、沙一段沉积时期，断层停止活动；东营组沉积时期，断层再次活动，使得下伏断层断穿上覆沙二段、沙一段，其断距不变，生长指数为1，表现为后生断层特征；当断层断至自由表面（东营组底）时，断层持续活动，控制着东营组、馆陶组的沉积。

　　图2.8 的 9 号断层属于倾向连接型断层，断层自沙三段二亚段开始成核，在沙三段二亚段、沙三段一亚段沉积时期，断层向上下地层传播，沙三段二、一亚段具有明显的生长地层特征，地层厚度向着断层逐渐增厚，具有明显的楔状结构，生长指数大于1；沙二段沉积时期，地层生长指数小于1，断层不活动；沙一段沉积时期，基底断层尚未复活，而在沙一段形成了一条同倾向的新生断层，并开始向上下地层生长，当上部断层断穿下伏层位与基底断层连接成一条断层时，在断层连接处出现断距低值区。其与再活化型断层的最重要区别为：倾向连接型断层的断距－埋深曲线具有多个断距极大值点。

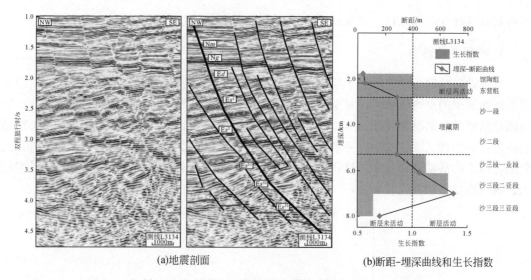

图 2.7　板桥地区 16 号断层地震剖面和断距–埋深曲线及生长指数剖面

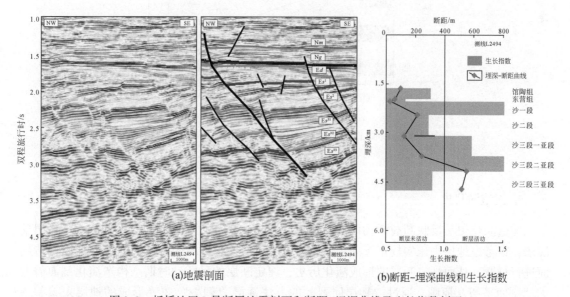

图 2.8　板桥地区 9 号断层地震剖面和断距–埋深曲线及生长指数剖面

　　不同断层的断距在垂向上的变化特征不尽相同，借助断距–埋深曲线可以对断层的生长过程进行分析。总体上，各主干断层的断距均呈现出由深到浅逐渐减小的趋势，但是具体变化特征存在差异，反映出断层在各时期的生长具有不同的特征。大张坨断层和张北断层具有典型的垂向持续活动特征，其在深部断距最大，向浅部逐渐减小，新近系内断距远小于深部，这说明该类断层成核于深部并向浅层持续生长，最终趋于稳定。港东断层、张东断层和赵北断层在断距向浅部减小的过程中，存在"激活"现象。以港东断层为例，该断层的断距在沙三段出现极大值点并向浅层逐渐减小，但在沙一段再次出现断距高值点，而后断层再次向浅层逐渐减小。这一过程说明深部成核的该类断层在向浅部生长的过程中，由于应力场条件的改变发生再活动，最后生长至浅部并趋于稳定；张东断层和赵北断层也具有这种在深部成核、中部再活动并在浅部趋于稳定的特征。

**4. 断层活动速率**

针对歧口凹陷范围内的主干断层，按照不同测线对垂直活动速率进行计算，然后取各层系活动速率的平均值来代表对应阶段的断层活动速率，其中活动速率较大的时期往往对应断裂活动较强的时期（图2.9）。从断层活动速率变化趋势上看，主干断层具有长期活动特征，其中沙三段、沙一段—东营组、明化镇组沉积时期断层活动速率均出现高值点，但明化镇组的活动速率较小，这说明沙三段、沙一段—东营组沉积时期断层活动强度较大，晚期断层活动强度较小。

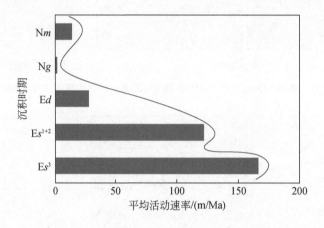

图2.9　歧口凹陷典型主干断层平均活动速率分布图
图中曲线为包络线

**5. 构造演化史**

构造演化史是反映断裂活动期次、形成演化历史的重要手段（沈华，2005），利用反演法，在考虑地层去压实校正下采用层拉平技术可对横切区域构造走向的典型地质构造剖面进行复原，从而恢复断层的形成演化历史，厘定断层的强活动时期。构造演化剖面需考虑"剖面平衡"原则，通过"地层回剥"的方法逐层"剥去"较晚形成的地层来编制一系列的构造演化剖面，其中每一个剖面分别代表一个地质历史时期的剖面。为保证得到的构造演化剖面在地质逻辑上合理可信，应当尽量使编图过程符合平衡剖面原理和地质学上的基本概念。首先，应当尽量选择横穿盆地构造走向方向上高品质的地震剖面，进行合理的地震解释并得到地质剖面，地震解释过程中需要考虑剖面是否符合"剖面平衡"的原则。只有得到一条平衡地质剖面，才能合理地推断构造变形要素并进行构造恢复。平衡剖面的变形过程中，需要符合物质平衡原则，即变形过程中岩层体积保持不变，当剖面与应变主方向一致时，变形过程中剖面上的岩层没有体积损失。体积守恒原则反映在剖面上，就是面积守恒原则，即在变形过程中剖面上不同地层的面积保持不变。

"平衡"的构造演化剖面编制流程如下：在得到现今地质剖面之后，首先要对剖面上的构造变形样式进行分析，明确变形特征和成因机制，建立合理的变形模式，对剖面上各地层的几何学参数进行测量计算，包括地层长度、地层面积等，测量所得参数要与变形模式一致，例如，某地区持续经历伸展变形，那么较早的地层长度必然会小于较晚的地层长度。构造演化剖面的恢复需要在剖面上选择钉线与松线，在剖面回剥过程中，钉线的位置不变，而松线发生移动，消除断层断距、褶皱变形，并将地表地层拉平，得到一系列构造演化剖面。如果在剖面分析中识别到剥蚀区，则需要计算或估计剥蚀量并在剖面上复原。

从渤海湾盆地歧口凹陷构造演化史来看（图 2.10），歧口凹陷经历了早期的裂陷变形阶段和晚期的拗陷变形阶段，其中沙河街组和东营组沉积时期为裂陷变形阶段。整个沙河街组沉积时期的累积伸展率（$e$）超过 30%，这一时期强烈的伸展变形，形成了堑垒相间的盆地主体结构，主干断层成为凹陷边界；东营组沉积时期伸展强度降低（$e=3.03\%$），主干断层仍然是凹陷边界，但东营组厚度受断层的影响较小；而从馆陶组沉积时期至现今，伸展强度进一步降低，且馆陶组和明化镇组的沉积范围不再以主干断层为边界，形成广阔的稳定沉积。从断层活动特征来看，较大规模的断层都形成于沙河街组沉积时期，而与大规模断层伴生的"V"字形和"y"字形的断层密集带从东营组沉积时期开始持续活动，但活动强度低，没有明显的控陷作用。

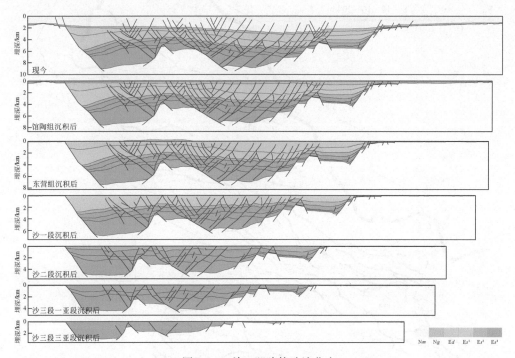

图 2.10　歧口凹陷构造演化史

综合上述各个指标反映的断层变形期次，可以判定断层强烈活动时期为沙三段沉积时期和沙一段—东营组沉积时期；馆陶组—明化镇组沉积时期也具有一定的裂陷活动，但相比古近纪较弱；其他时期断层基本不活动。基于歧口凹陷盆地结构及断层发育特征，结合断层活动期次及强度的分析结果，可以将歧口凹陷新生代构造演化划分为古近纪同裂陷阶段及新近纪—第四纪后裂陷阶段（裂后沉降阶段）。其中古近纪同裂陷阶段可以进一步划分为裂陷I幕和裂陷II幕，分别对应沙三段—沙二段沉积时期和沙一段—东营组沉积时期。

## 2.1.3　断层几何学特征及应力场变化规律

受多期构造运动的作用,研究区发育 4 组方位断层:主要为 NE-NEE 向断层和近 EW 向断层,其次是 NNE 向断层,NWW 向断层零星分布。中生代末期,歧口凹陷受 NWW-SEE 向伸展作用,形成大量 NNE 向伸展断层;裂陷 I 幕歧口凹陷受 NW-SE 向伸展,发生了大规模强烈断陷活动,NE-NEE 向断层开始发育;裂陷 II 幕区域应力场方向转变为近 SN 向伸展,发育大量近 EW 向断层。受多期构造运动的作用,歧口凹陷断层走向以 EW 向及 NE-NEE 向为主,且主要以平行式及羽状的构造样式排布;在长期活动断层的上盘,断层密度较大,复杂断裂带较为发育,这些长期活动的断层主要为 NE-NEE 向,而由次级断层组成的复杂断裂带走向呈近 EW 向展布(图 2.11)。

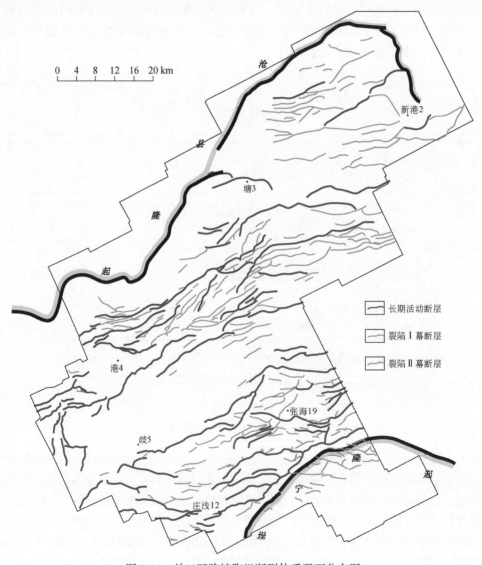

图 2.11　歧口凹陷馆陶组断裂体系平面分布图

歧口凹陷整体表现为西断东超的半地堑结构，主干基底断层普遍呈断阶状、"V"字形、"A"字形展布；次级断层普遍靠近主干断层分布，且根部与主干断层相交，整体呈似花状及"y"字形结构，这些似花状构造的"根部"主要汇于渐新统及新近系内，裂陷后期构造层在先存断层的影响下，形成典型张扭构造特征（图 2.12）。

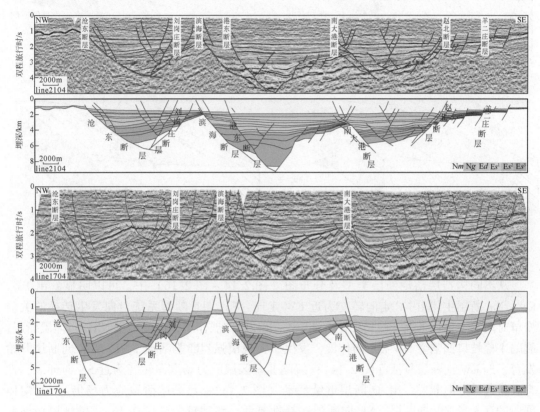

图 2.12　歧口凹陷典型地震剖面

## 2.1.4　断裂变形机制及变形叠加关系

### 1. 变形叠加关系及地质模型

复杂断裂带的成因分析应从其所处盆地的区域构造背景出发，基于区域应力场的分析明确各复杂断裂带的成因。渤海湾盆地断裂活动强烈，构造背景以走滑和伸展为主。不同地区、不同时期、不同类型的复杂断裂带所受的力学机制不同。在渤海湾盆地应力场背景、应力特征、应力场作用结果以及应力区划分等分析成果的基础上，对不同类型的复杂断裂带应力机制进行分析（图 2.13）。国内外针对不同伸展方向下断裂变形特征开展了大量的物理模拟实验，通过实验结果对多期变形叠加关系进行验证。

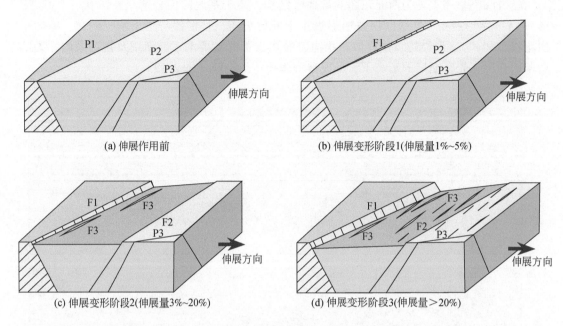

图 2.13　多个先存构造条件下断层作用模式图（童亨茂，2015）

从不同构造层活动断层类型及分布图（图 2.14～图 2.16）中，可以明显看出 $Es^3$、$Es^1$、$Nm$ 断层主体由 NE 走向转变为近 EW 走向，$Es^1$ 期是断裂系统走向发生转换的关键变革时期。中生代末期，歧口凹陷受 NWW-SEE 向伸展作用，形成大量 NNE 向伸展断层；裂陷 I 幕歧口凹陷受 NW-SE 向伸展，发生了大规模强烈断陷活动，NE-NEE 向断层开始发育，近 EW 向断层复活（图 2.14）；裂陷 II 幕区域应力场方向转变为近 SN 向伸展，发育大量近 EW 向断层，NE 向断层继续活动（图 2.15）；后裂陷阶段应力场仍为 SN 向伸展，发育大量 EW 向断层，NE 向断层选择性复活，活动较弱（图 2.16）。整体以伸展变形为主，局部表现为"斜向伸展"变形特征，具有"三期变形叠加"特征。

歧口凹陷的裂陷 I 幕、裂陷 II 幕及后裂陷阶段均有断层发育，同时先期形成的断层受区域应力作用发生继承性活动，在歧口凹陷"三期构造阶段-两向伸展变形"背景下，将歧口凹陷复杂断裂带划分为三种类型（表 2.1），其剖面几何特征如图 2.17 所示。

伸展-扭张 I 型复杂断裂带以南大港断裂带为例，在裂陷 I 幕，南大港断层下降盘发育大量倾向相反的次级断层，这些次级断层断穿了基底面，至裂陷 II 幕，在张扭变形作用下，这些次级断层继续活动，在断层顶端形成似花状构造（图 2.17）。

伸展-扭张 II 型复杂断裂带以歧东断裂带为例，在裂陷 I 幕，歧东断层并未形成断裂带，而至裂陷 II 幕，近 EW 向的歧东断层在区域应力场下强烈活动，断层上盘发育大量反倾的次级断层，而至后裂陷阶段在张扭变形的作用下，这些次级断层继续活动，在断层顶端形成似花状构造（图 2.17），由于演化时间较短，该类型复杂断裂带的宽度普遍小于伸展-扭张 I 型复杂断裂带。

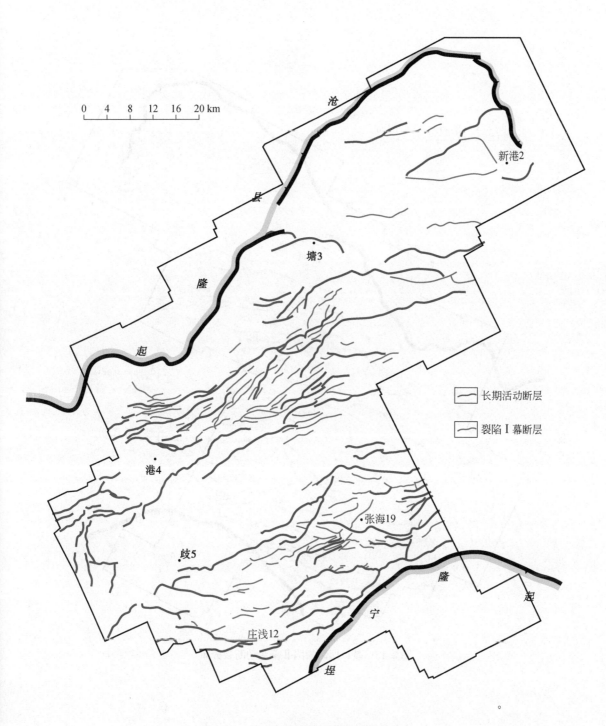

图 2.14　歧口凹陷裂陷 I 幕活动断裂分布

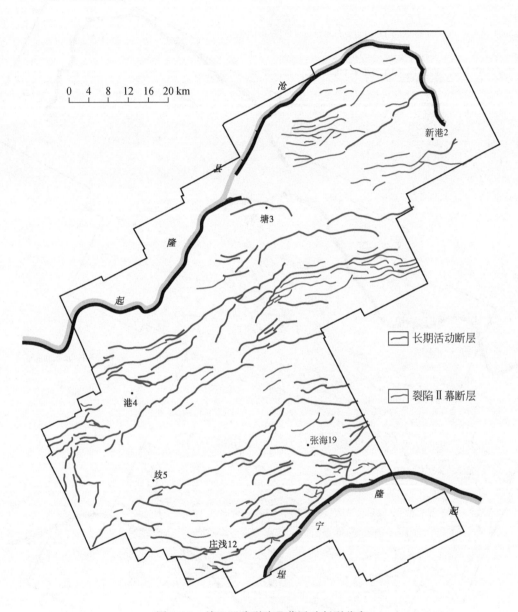

图 2.15　歧口凹陷裂陷Ⅱ幕活动断裂分布

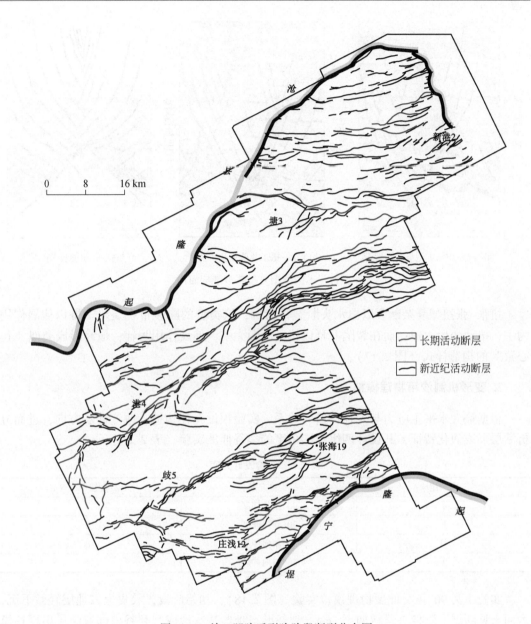

图 2.16　歧口凹陷后裂陷阶段断裂分布图

表 2.1　歧口凹陷复杂断裂带划分

| 序号 | 构造带类型 | 动力学特征 | | | 几何学特征 |
|---|---|---|---|---|---|
| | | 始新世 | 渐新世 | 新近纪 | 断裂优势走向 |
| 1 | 伸展-扭张 Ⅰ 型 | 伸展 | 扭张 | 扭张 | NE-NEE |
| 2 | 伸展-扭张 Ⅱ 型 | | 伸展 | 扭张 | 近 EW |
| 3 | 扭张-张扭型 | 扭张 | 张扭 | 张扭 | NNE |

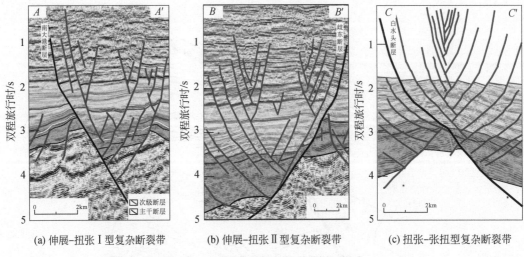

(a) 伸展-扭张Ⅰ型复杂断裂带　　　(b) 伸展-扭张Ⅱ型复杂断裂带　　　(c) 扭张-张扭型复杂断裂带

图 2.17　不同类型复杂断裂带剖面样式

　　扭张-张扭型复杂断裂以白水头断裂带为例，该类型的断裂带在裂陷Ⅰ幕以伸展作用为主，扭动变形为辅；而在裂陷Ⅱ幕以扭动变形为主，伸展作用为辅；最终形成类似"包心菜"的构造样式（图2.17）。

### 2. 变形机制沙箱物理模拟

　　根据最大水平主应力与先存构造的关系，实验预设先存构造，改变伸展方向，进而分析断层形成演化特征，共设计四组不同角度的裂谷伸展实验（表2.2）。

表 2.2　实验设计方案

| 实验组 | 实验方案 | 石英砂层厚度/cm |
|---|---|---|
| Ⅰ | 90°正交伸展 | 10 |
| Ⅱ | 30°斜向伸展 | 10 |
| Ⅲ | 60°斜向伸展 | 10 |
| Ⅳ | 60°斜向伸展 | 5 |

　　实验Ⅰ为90°正交伸展物理模拟实验（图2.18），初始阶段，胶皮上方地层轻微下沉，表面未见断层。随伸展量增加至2cm，裂谷形态雏形基本形成，裂谷内部有断层出现在模型表面，这些断层的走向与伸展方向垂直。当伸展量到达4cm时，边界断层断距累积，断层长度增加，早期独立的断层在这个时期开始相互连接。盆地整体分为左右两个沉积区，在盆地中部产生了两条较大的断层，断层平直垂直于拉张方向，一条与左边界断层对倾，另一条与右边界断层对倾。

　　实验Ⅱ为30°斜向伸展物理模拟实验（图2.19），初始阶段，地层轻微下沉，表面未见断层。随伸展量增加至2cm，边界连接成一条断层，盆地内部开始形成雁列式断层。盆地内部断层大部分走向与伸展方向呈90°，在靠近边界断层位置的断层，发生转向与边界断层近平行。伸展量增加到4cm时，边界断层变得更清晰，内部断层数量增加，盆地内形成几个明显的沉积中心。

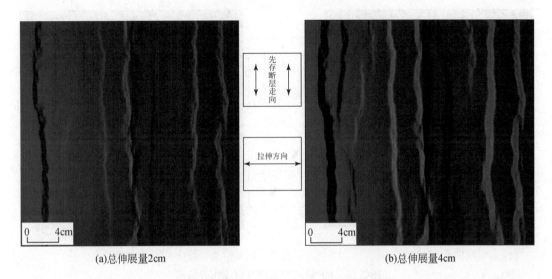

图 2.18　90°正交伸展物理模拟实验结果

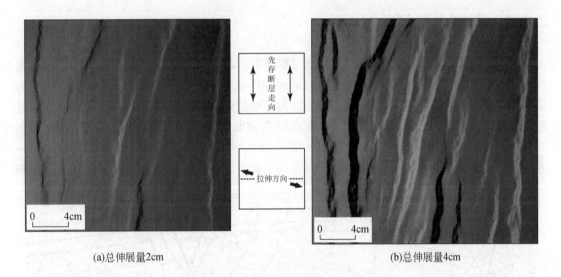

图 2.19　30°斜向伸展物理模拟实验结果

实验Ⅲ为 60°斜向伸展物理模拟实验（图 2.20），初始阶段，地层轻微下沉，表面未见断层。随伸展量增加至 2cm，边界为短的弯曲的雁列式断层，盆地内部未形成断层。伸展量增加到 4cm，盆地内部有断层出现在模型表面，盆地内部断层与边界断层存在明显的分界，内部断层大部分走向与伸展方向呈 90°。

不同角度基底与应力场沙箱物理模拟表明，歧口凹陷内部的复杂断裂带是与基底断层走向密切相关的，在 SN 向伸展应力作用下，近 EW 向和 NEE 向基底断层形成同向的次级断层，说明这两种断裂带属于扭张型复杂断裂带；而 NNE 向基底断层则形成高角度相交的次级断层，说明这种断裂带属于张扭型复杂断裂带，经历了多期变形叠加作用，从而形成多方位断层组合特征。

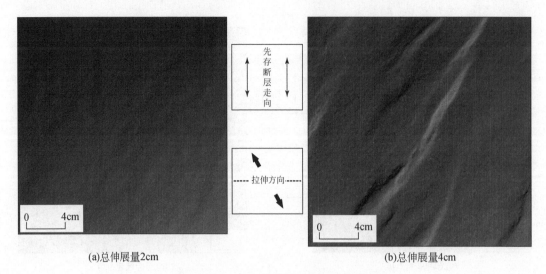

(a)总伸展量2cm　　　　　　　　(b)总伸展量4cm

图 2.20　60°斜向伸展物理模拟实验结果

## 2.1.5　断裂系统划分

根据断裂几何学特征及断裂形成演化过程研究，歧口凹陷断裂主要经历了"三期三性质"变形，即沙二段—沙三段断陷盆地时期的伸展变形、沙一段—东一段断拗盆地时期的走滑伸展变形以及馆陶组—明化镇组拗陷盆地时期的张扭变形，断裂的强变形时期分别对应于沙二段—沙三段沉积时期、东一段沉积时期和明上段以来沉积时期。基于六步法则，可将板桥地区断裂系统划分为 6 种类型（图 2.21）：沙三段—沙二段活动断裂、沙一段—东营组活动断裂、沙三段—沙二段—沙一段—东营组活动断裂、馆陶组—明化镇组活动断

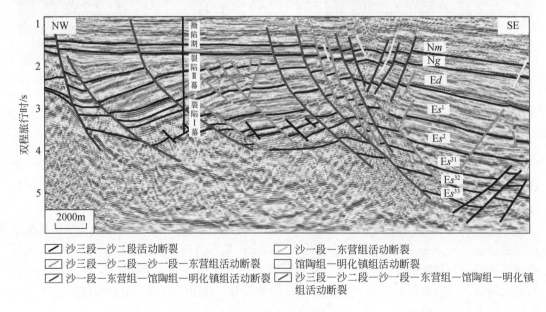

| | 沙三段—沙二段活动断裂 | | 沙一段—东营组活动断裂 |
| --- | --- | --- | --- |
| | 沙三段—沙二段—沙一段—东营组活动断裂 | | 馆陶组—明化镇组活动断裂 |
| | 沙一段—东营组—馆陶组—明化镇组活动断裂 | | 沙三段—沙二段—沙一段—东营组—馆陶组—明化镇组活动断裂 |

图 2.21　板桥地区断裂系统

裂、沙一段—东营组—馆陶组—明化镇组活动断裂、沙三段—沙二段—沙一段—东营组—馆陶组—明化镇组活动断裂。

## 2.2　断裂系统在油气成藏中的作用

### 2.2.1　断裂活动时期与油气成藏时期的耦合关系

从不同盆地构造（断裂）活动期次、排烃期和成藏期关系来看，只要油气达到大量排烃期，断裂活动时期与油气成藏时期具有一致性（图2.22）。断裂系统划分主体受控于断裂活动期次和叠加变形机制，因此，断裂活动期次与成藏期配置关系决定断裂系统在油气成藏中的作用。

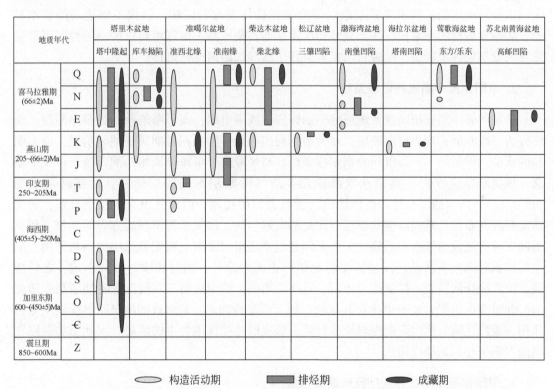

图 2.22　不同类型盆地断层油气藏成藏时期与构造活动期和烃源岩大量生排烃时期关系

依据断裂活动时期与烃源岩大量生排烃期的关系，结合断层与烃源岩、油气藏、圈闭之间的关系，将断层在油气成藏中的作用分为三种类型。一是油气源断层：连接烃源岩与圈闭，在成藏关键时刻活动且具有很好顶封条件的断层。二是聚集断层：在油气成藏关键时刻不活动，且具有很强侧向封闭能力的断层，对垂向和侧向运移的油气起到遮挡作用。三是调整断层：断层活动晚于油气成藏关键时刻，断层再活动导致早期形成的封闭条件失效，造成早期油藏破坏并形成次生油藏的断层。

## 2.2.2　不同断裂系统在油气成藏中的作用

### 1. 早期伸展断裂系统

早期伸展断裂系统形成于铜钵庙组或南屯组，属于断陷期二级控陷断裂伴生的三级或四级断裂，乌东和贝中两个油田断陷期泥质含量对比表明，乌东和贝中属于典型的砂泥互层地层层序，砂地比普遍大于40%，断裂变形形成泥岩涂抹型断层核，即断裂变形期就形成了封闭条件，之后埋藏深度逐渐增大，封闭能力逐渐增强。成藏关键时刻这些断层没有明显的活动，封闭条件没有被破坏，因此是封闭的，对油气运聚主要起到遮挡作用。明显受早期伸展断裂控制的油藏是乌东、贝中和南贝尔油藏，成藏的典型特征是（图2.23）：①油水分异程度低，油水关系复杂；②即使在砂体发育的区块，仍找不到统一的油水界面；③油气运移的距离短，甚至只经初次运移即富集成藏。运移距离短关键的控制因素是发育大量早期伸展断裂，断层封闭极大阻止了油气长距离侧向运移。

### 2. 早期伸展中期张扭断裂系统

早期伸展中期张扭断裂系统形成于铜钵庙组或南屯组，属于断陷期二级控陷断裂，少部分为三级断裂，均为反向断层，在大磨拐河组和伊一段沉积时期属于埋藏阶段，没有明显的活动，伊敏组二三段沉积晚期张扭变形，与烃源岩大量排烃期相匹配，按照传统的概念，该类断层应该为主要的油气源断层，油气沿断层垂向跨层运移。油藏解剖表明（图2.24），塔南油田和呼和诺仁油田均受这类断层控制，但油并没有多层系分布，表明该类断层并非油气垂向运移的通道，而是侧向遮挡物，油气来源于缓坡方向的洼槽。活动的断裂没有造成油气垂向运移的主要原因是铜钵庙组顶部南屯组泥岩盖层的顶封作用，南屯组沉积时期断裂活动，浅埋富泥的地层产生泥岩涂抹，侧封和顶封条件形成，之后埋藏，泥岩涂抹同围岩一样受成岩作用，封闭性增强。到伊敏组二三段沉积晚期断裂张扭变形，此时南屯组泥岩处于中成岩B亚期，属于强塑性泥岩，新形成的断层面继续发生涂抹作用，盖层连续，侧向两期泥岩涂抹封堵，形成以遮挡作用为主的断层。因此该类断层在塔南凹陷仍起到遮挡作用。

### 3. 早期伸展中期张扭晚期反转断裂系统

早期伸展中期张扭晚期反转断裂系统形成于铜钵庙组或南屯组，属于断陷期二级控陷断裂，在大磨拐河组和伊一段沉积时期属于埋藏阶段，没有明显的活动，伊敏组二三段沉积晚期张扭变形，与烃源岩大量排烃期相匹配，由于两期泥岩涂抹的存在，仍起到很好的遮挡作用。伊敏组沉积末期盆地回返，断层压扭活动，改变了变形方式，泥岩涂抹不再发生，而且破坏早期的泥岩涂抹，失去封闭条件，将早期聚集的油气调整到南二段和大磨拐河组。因此该种类型断裂属于典型的调整断层。反转断层存在两种模式：一是正反转断层；二是反转影响的正断层。这两类断层均是调整断层，南二段大部分油气和大磨拐河组

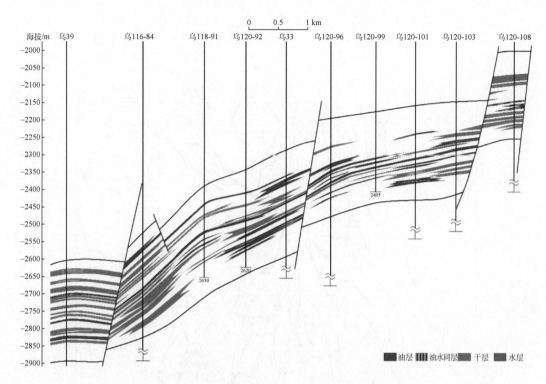

图 2.23　乌东油藏乌 39—乌 120-108 井油藏剖面图

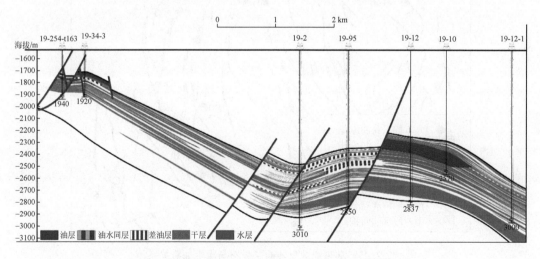

图 2.24　塔南凹陷 19-254-t163—19-12-1 井油藏剖面图

油气均是这类断层调整早期油藏的结果。乌东地区四套断裂系统均发育（图 2.25），
乌 30-乌 20-乌 16-乌 32 一线为乌南反转背斜东翼（图 2.26），发育两条反转影响的正断
层，因此为南二段和大磨拐河组油气的聚集区，其中乌 30 井南二段油藏是反转断层调整
上来的油气经侧向运移，受早期伸展断裂遮挡聚集的结果（图 2.27）。

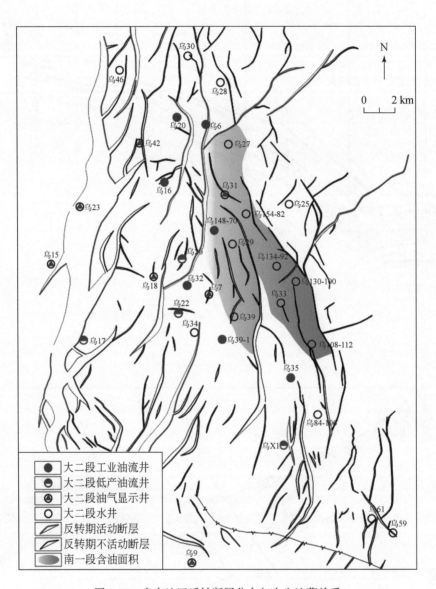

图 2.25 乌东地区反转断层分布与次生油藏关系

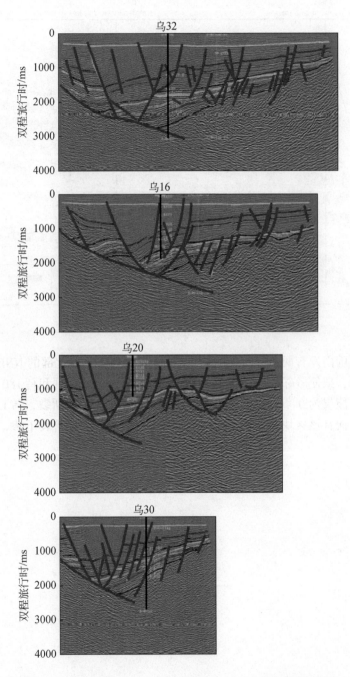

图 2.26　乌东油藏乌 32、乌 16、乌 20、乌 30 井典型地震剖面

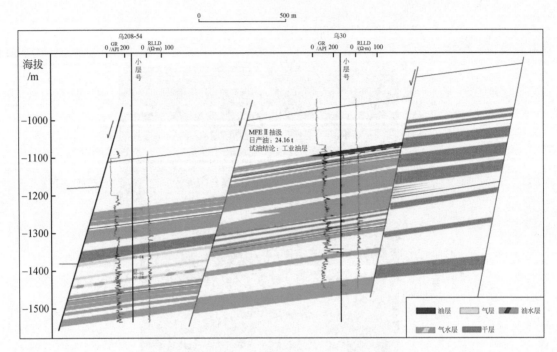

图 2.27　乌南地区乌 208-54、乌 30 井油藏剖面图

乌东油藏范围内发育两条反转影响的正断层：一是乌 27 井北部的 NNE 向断裂，该断裂调整南一段油，致使紧邻断层的乌 182-77 井报废，乌 180-74 井和乌 180-76 井含油性很差，该井初期产能仅为 0.4t/d；二是乌 136-99 井北部的 NNE 向断裂，乌 136-99 井初期产能仅为 0.6t/d，而且该区块普遍为稠油，是反转期大气降水沿断裂下渗，氧化菌分解的结果。

# 第3章 断层圈闭类型、形成机制及时空有效性

圈闭是指地下油气聚集成藏的场所，最早是在研究加拿大东部加斯佩（Gasp'e）地区背斜中的油气情况时提出的，随后圈闭的概念和类型不断深化研究（Clapp，1910，1929；Wilhelm，1945；Levorsen，1954；North，1985；Biddle and Wiechowsky，1994；Vincelette et al.，1999；张厚福等，2007）。圈闭由三部分构成：储集层，盖层，阻止油气继续运移、造成油气聚集的遮挡物。凡是储集层上倾方向或各个方向由断层遮挡而形成的圈闭，都称为断层圈闭。从理论上讲，要形成一个断层圈闭，断层本身必须是封闭的，同时在构造图上，断层线与构造等高线（或岩性尖灭线）必须组成一个闭合圈（图3.1），如果断层不封闭，就不能称为断层圈闭 ［图3.1（b）］。

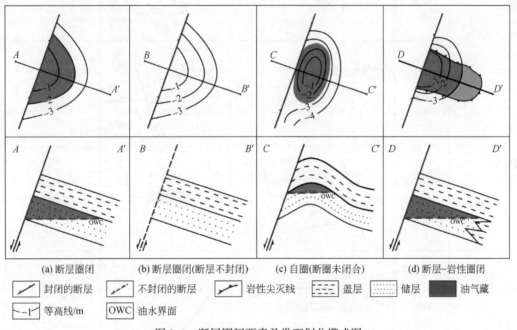

图 3.1 断层圈闭要素及类型划分模式图

## 3.1 断层圈闭概念、类型及划分依据

### 3.1.1 断层相关圈闭概念及类型

依据断层是否构成圈闭边界，将断层相关圈闭分为自圈、断圈和混合式圈闭（图3.2）。

| 圈闭类型 | | 平面模式图 | 剖面模式图 | 断层作用 |
|---|---|---|---|---|
| 三类 | 六型 | | | |
| 自圈（Ⅰ） | 断层控制的背斜圈闭 | 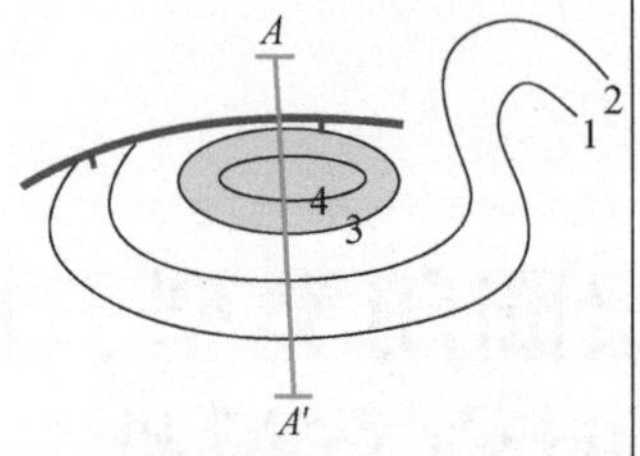 | 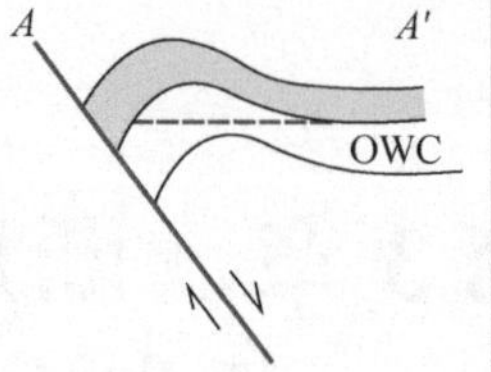 | 通道作用 |
| 断圈（Ⅱ） | 单一断层控制的断圈模式 | 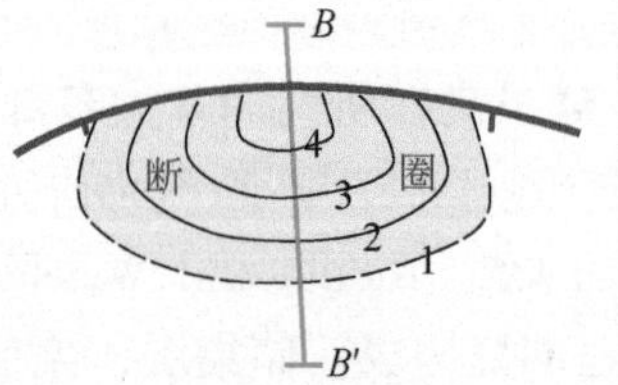 | 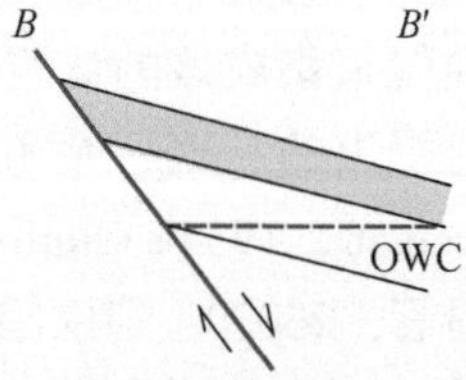 | 遮挡作用（主）、通道作用 |
| | 交叉断层控制的断圈模式 | 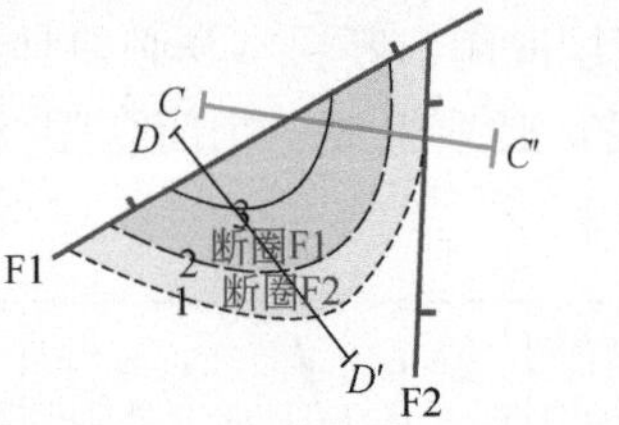 | 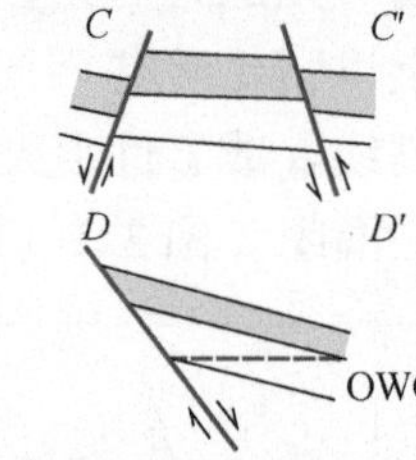 | 遮挡作用（主）、通道作用 |
| | 侧列断层控制的断圈模式 | 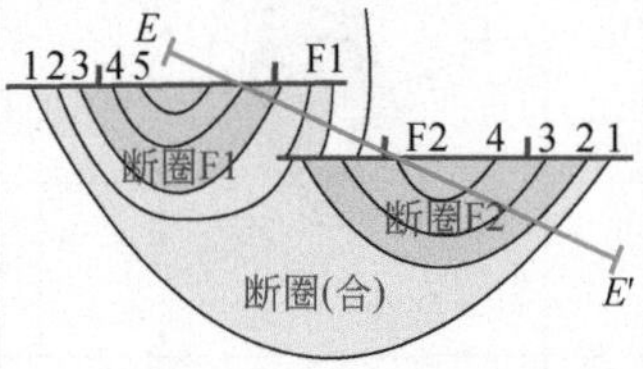 | 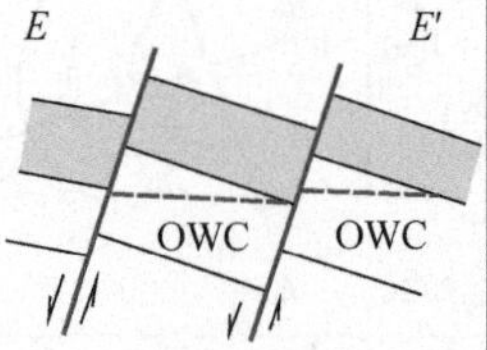 | 遮挡作用（主）、通道作用 |
| | 多条断层形成的封闭断圈模式 | 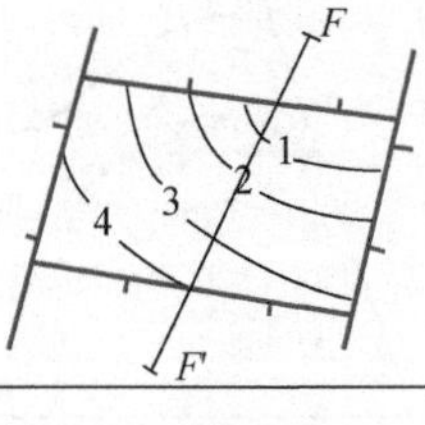 | 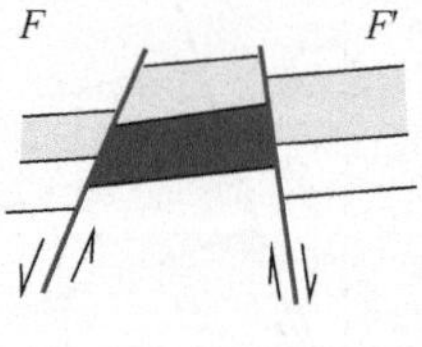 | 遮挡作用（主）、通道作用 |
| 混合式圈闭 | 自圈和断圈的复合模式 | 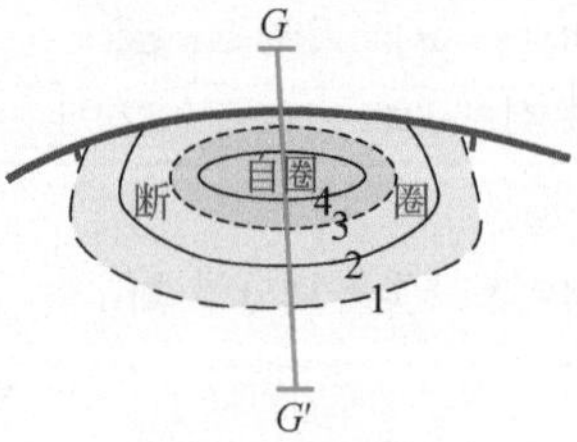 | 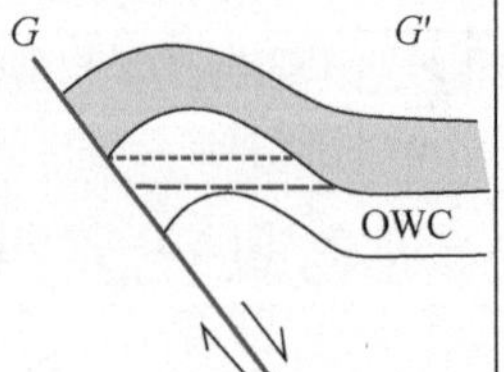 | 通道作用、遮挡作用（断圈）（主） |
| | 断层-岩性圈闭模式 | 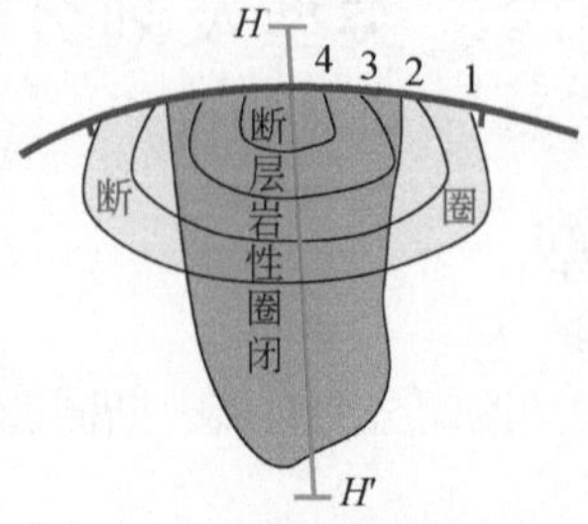 | 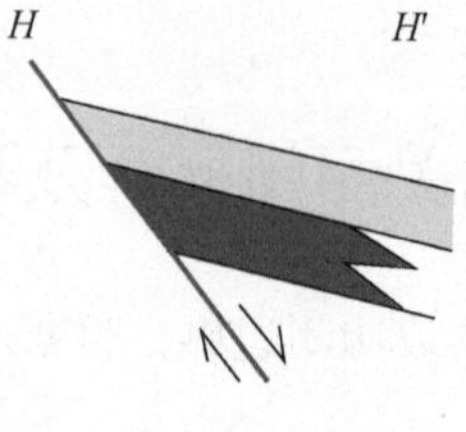 | 遮挡作用（主）、通道作用 |

图 3.2　断层相关圈闭类型及断层在油气成藏中的作用

OWC 为油水界面

自圈是指断裂变形过程中形成的背斜型圈闭。断圈（断层圈闭）中断层构成圈闭边界，依据断层组合模式可细分四种类型：单一断层控制的断圈、交叉断层控制的断圈、侧列断层控制的断圈和多条断层形成的封闭断圈，断圈面积由断层和与之闭合的等高线共同决定，或由闭合断层决定。混合式圈闭有两种类型：一是同一断层控制的断圈和自圈的混合，即断背斜圈闭，圈闭顶部为自圈、下部为断圈；二是断圈与岩性体的混合，即断层–岩性圈闭，断层、闭合等高线和岩性体共同控制断层相关圈闭的范围。断层圈闭类型取决于三个因素：断层变形机制、断层生长过程和断层–砂体配置关系。

## 3.1.2　断层相关圈闭类型的划分依据

断层相关圈闭划分为断圈、自圈和混合式圈闭，其关键是如何区分断圈和混合式圈闭。断层圈闭主体受控于圈闭范围，砂体大面积发育不是控制圈闭形成的主控因素；而断层–岩性圈闭主体受控于断层–砂体配置关系。

Allen（1978）认为砂体间连通的砂地比界限值为 50%，当大于界限值时砂体大范围连通。裴亦楠（1990）对我国陆相沉积盆地砂体连通性研究后认为，河道砂体砂地比达到 30% 时开始连通，达到 50% 后完全连通，但不同地区可能存在差异。雷裕红等（2010）对大庆油田西部地区姚一段油气成藏过程研究时认为储层砂地比大于 25% 时砂体连通概率较大，当砂地比大于 40% 时砂体基本连通。赵健等（2011）和罗晓容等（2012）分别对塔中地区志留系柯坪塔格组砂岩输导层和渤海湾盆地东营凹陷牛庄洼陷南部斜坡沙河街组输导层研究时认为砂地比大于 20% 时储层开始连通，而当砂地比大于 50% 时几乎完全连通。影响砂体分布的主控因素之一为砂地比，砂地比越高，控制的砂体分布范围越广，易形成构造圈闭；而砂地比越低，由于砂体分布的局限性，只有断层–砂体的有效配置才能形成圈闭。从前人评价结果可以看出，砂体完全连通的砂地比界限值在 40% ~ 50%，砂体大面积分布，易于形成断层圈闭。

从实际油藏解剖出发，通过不同地区已知油藏砂地比与断层相关圈闭的关系，构建划分断层相关圈闭类型的依据。基于对海拉尔–塔木察格盆地重点区块不同层位已知油藏类型圈闭砂地比数据统计结果可知，断层圈闭砂地比普遍大于 40%；断层–岩性圈闭砂地比介于 25% ~ 40%，岩性圈闭普遍小于 25%，如图 3.3 所示。本节重点研究断层圈闭形成

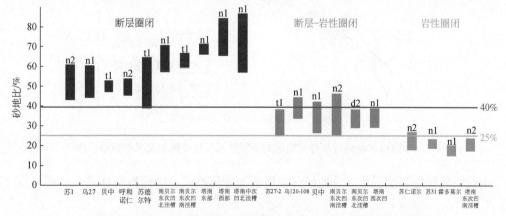

图 3.3　海拉尔–塔木察格盆地不同断层圈闭类型与砂地比临界条件

n2 为南屯组二段，n 为南屯组一段，t1 为铜钵庙组一段，d2 为大磨拐河组二段

机制及有效性评价。

## 3.2 断层相关圈闭的形成机制

断层相关圈闭类型取决于三个因素:断层变形机制(断裂活动期次及多期叠加机制)、断层生长过程和断层–砂体配置关系。

### 3.2.1 分期异向叠加变形与交叉断层圈闭

大量研究表明:裂陷盆地经历多期构造变形,普遍发育断层多方位交切现象,即典型的分期异向伸展叠加变形。分期异向伸展叠加变形是指多期–多方位应力场作用叠加变形(Morley et al.,2007;周易,2018)。这是交叉断层圈闭形成的主要原因,早期断层复活与新生断层两期变形叠加形成两组方位断层,从而形成交叉断层圈闭。

海拉尔盆地早期经历 NW 向伸展应力作用,形成 NE 向断层,复活了 NEE 向断层;而晚期经历 SN 向应力作用,NE 向和 NEE 向断层复活,新生断层与其联合形成典型交叉断层圈闭(图 3.4)。

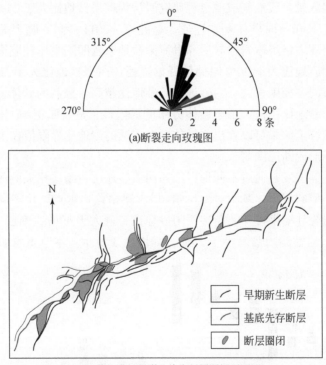

(a)断裂走向玫瑰图

(b)苏仁诺尔断裂及伴生断层圈闭平面图

图 3.4 海拉尔盆地乌尔逊拗陷早期断层复活与新生断层交叉形成断层圈闭

南堡凹陷深层与浅层具有分期异向伸展叠加变形特征,剖面构造样式又证明浅层变形与深层变形具有分层叠加特点；南堡凹陷二号构造 np4-10 断层表现为多期断层交叉作用形成交叉断层圈闭（图 3.5）。

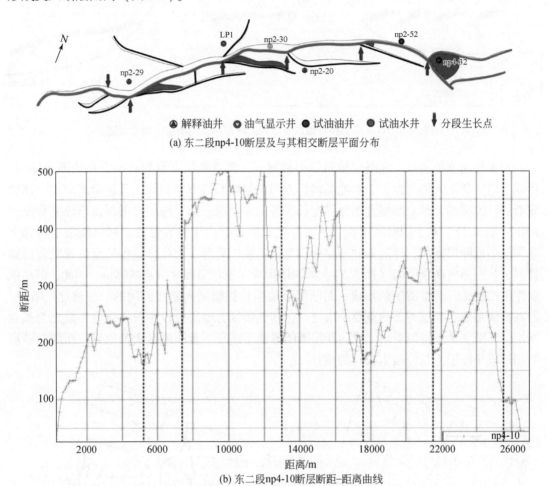

(a) 东二段np4-10断层及与其相交断层平面分布

(b) 东二段np4-10断层断距-距离曲线

图 3.5 南堡凹陷早期断层复活与新生断层交叉形成断层圈闭

## 3.2.2 断层分段生长与同向和反向断层圈闭

按照断层和地层产状关系，将断层分为同向断层和反向断层。Cloos（1931）定义与地层倾向相同的断层为同向断层，与地层倾向相反的断层为反向断层（图 2.21）；Peacock 等（2000）认为与主断层倾向相同的断层为同向断层，与主断层倾向相反的断层为反向断层（图 3.6）。构造变形研究中通常使用第二个概念，用以表征断裂序次及变形机制（漆家福，2004）。断层圈闭、断层油气藏和断层封闭性评价研究中通常用第一个概念。

断层圈闭类型取决于断层系的几何学特征（孤立断层和分段生长断层）；通常情况下，正断层活动过程中上盘相对下降，下盘相对抬升，由于断层差异活动，不同类型的断层圈闭形成机制存在差异。

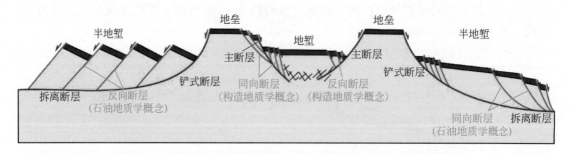

图 3.6 构造地质学和石油地质学同向断层和反向断层的概念模型

对于反向断层而言，在断层掀斜作用机制下，孤立断层下盘相对抬升形成断层圈闭，形成于断层断距大的位置；上盘地层倾斜方向与斜坡倾斜方向相同，无法形成圈闭；伴随着断层持续活动，孤立断层开始分段生长连接，多个孤立断层圈闭逐渐连接形成复合断层圈闭（图 3.7）。对于同向断层而言，孤立生长阶段，由于差异活动，同向断层上盘和下盘无法形成断层圈闭；伴随孤立断层分段生长连接，普遍在上盘分段生长点位置发育横向背斜，从而形成断层圈闭（图 3.7），即圈闭形成于断层分段生长点的部位。因此，断层掀斜作用控制反向断层圈闭的形成，而断层分段生长控制同向断层圈闭的形成演化。断距-距离曲线是确定断层类型的重要手段之一，其低值区为断层分段生长连接点，反之为孤立断层。从图 3.7 中可以看出，反向断层圈闭形成于断层下盘断距最大的位置，而同向断层圈闭形成于断层上盘分段生长点的位置。

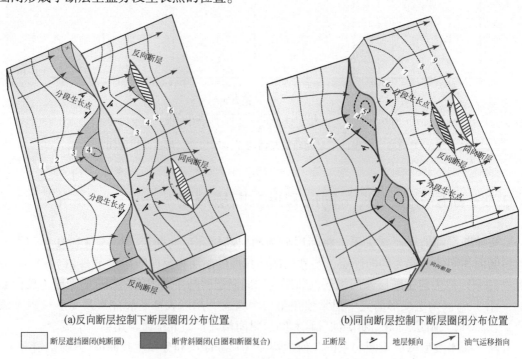

(a) 反向断层控制下断层圈闭分布位置　　　　(b) 同向断层控制下断层圈闭分布位置

图 3.7 反向断层和同向断层圈闭发育模式

　　束鹿凹陷位于渤海湾盆地冀中拗陷的南部，是发育在前古近系基底上的一个典型的古近纪单断箕状断陷，整体以 NNE 向展布，整体勘探面积约 700km²。东到新河断裂，西至宁晋凸起，北到无极-衡水断裂（与深县凹陷相接），南至雷家庄断裂（滕长宇等，2014；赵贤正等，2014）（图 3.8）。束鹿凹陷受新河断裂控制，具有东断西超的构造格局（图 3.8），自西向东依次划分为西部斜坡带、中部洼槽带和东部陡坡带（Jiang et al.,

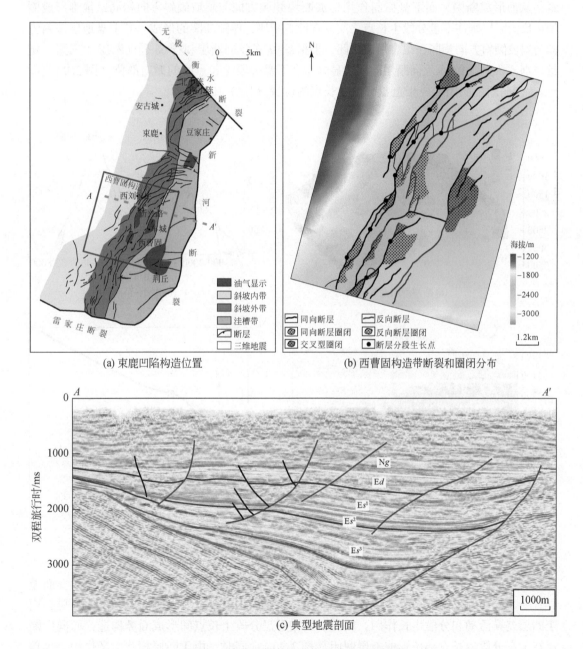

(a) 束鹿凹陷构造位置

(b) 西曹固构造带断裂和圈闭分布

(c) 典型地震剖面

图 3.8　束鹿凹陷构造分布及典型地震剖面

2007）。西曹固构造带是主要勘探目标区，为典型鼻状构造（图3.8）。油气勘探实践证实：同向断层圈闭和反向断层圈闭均有利于油气富集成藏，其中反向断层控藏成藏率相比同向断层高得多，但同向断层圈闭占总断圈数的62%（赵政权等，2008），是束鹿凹陷重要的潜在勘探领域。

从同向和反向断圈形成机制来看，同向断层普遍在上盘分段生长点位置发育横向背斜，从而形成断圈，而下盘掀斜作用形成断块翘倾方向与斜坡倾斜方向相同，很难形成圈闭；反向断层则在下盘分段生长点之间发育掀斜断块，伴随断圈的形成，其上盘地层倾斜方向与斜坡倾斜方向相同，很难形成圈闭。根据晋93东反向断层和晋68同向断层"三图"定量识别，认为晋93东反向断层圈闭明显分布在下盘分段生长点间的掀斜部位（图3.9），而晋68同向断层圈闭形成于上盘分段生长点的位置（图3.10）。

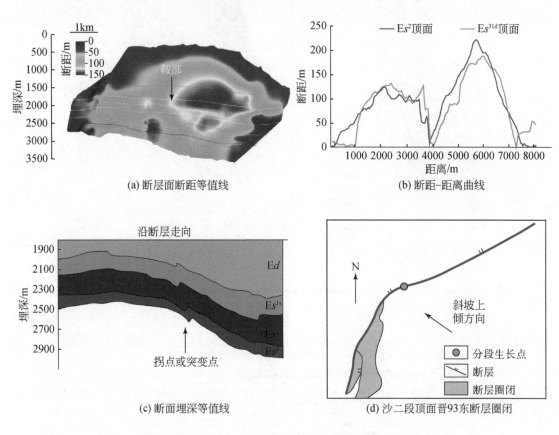

(a) 断层面断距等值线

(b) 断距-距离曲线

(c) 断面埋深等值线

(d) 沙二段顶面晋93东断层圈闭

图3.9　斜坡带晋93东反向断层分段生长与下盘断层圈闭的耦合关系

从同向和反向断层形成机制出发，认为同向和反向断层控圈作用存在以下两方面差异。一是同向和反向断层控圈位置的差异性：西曹固构造带发育大量同向和反向断层，由于断层差异活动和分段生长作用，反向断层在下盘分段生长点间形成断鼻构造，而同向断层在上盘分段生长点部位形成断层圈闭（图3.11）；同时，由于断层相互交叉作用，也伴随着交叉断层圈闭的形成。二是控圈范围的差异性：在斜坡区断层分段生长和连接作用

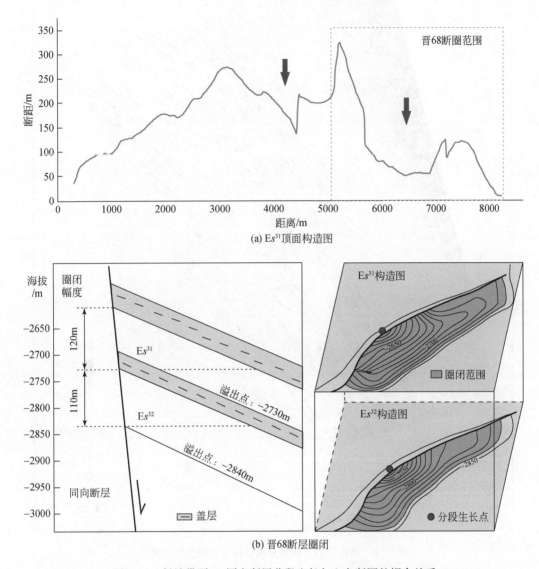

(a) E$s^{31}$顶面构造图

(b) 晋68断层圈闭

图 3.10　斜坡带晋 68 同向断层分段生长与上盘断圈的耦合关系

下，在断层向洼一盘形成断层圈闭，由于断层变形幅度与斜坡幅度抵消作用和斜坡走向对圈闭的影响，形成的圈闭面积和幅度较小，局部甚至无法形成断层圈闭，如晋 93 东断层北段。一般来说，无论同向断层还是反向断层，断层断距越大，形成的圈闭（面积）范围越大；但是相同条件下，同向和反向断层控制的圈闭幅度存在差异。为了消除断距的影响，提出应用面积/断距（单位断距条件下形成的圈闭面积大小）分析同向和反向断层圈闭面积的差异；统计表明，同向断层控制的圈闭幅度和面积明显小于反向断层（图 3.12）。

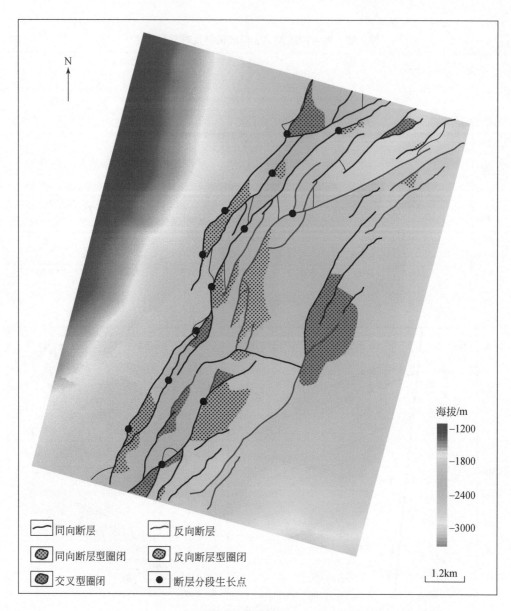

图 3.11　西曹固地区断层分段生长与圈闭的位置关系

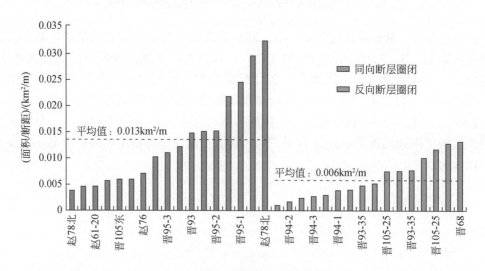

图 3.12　同向和反向断层控圈范围差异性

## 3.3　断层圈闭时空有效性评价

断层圈闭时空有效性主体涉及两方面：一是断层解释的可靠性，直接决定断层圈闭是否有效；二是油气成藏期断层圈闭是否已经形成，即断层圈闭形成时间的有效性。

### 3.3.1　断层圈闭空间解释有效性评价

#### 1. 断层解释的不确定性

目前国际公认的三维地震分辨率最大精度为 10m。对于地震断层，以三维地震数据为基础，应用地震相干切片技术和"十字"三维地震剖面综合落实地震断裂存在的可靠性（图 3.13）。

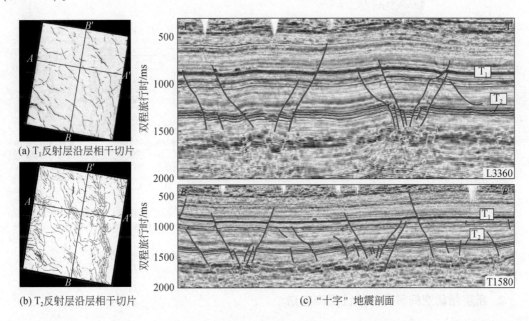

(a) $T_1$ 反射层沿层相干切片

(b) $T_2$ 反射层沿层相干切片

(c) "十字" 地震剖面

图 3.13　太北区块地震沿层相干切片和"十字"地震剖面

断层解释的不确定性主要体现在两方面：一是主观不确定性，主要取决于地质学家的经验和理论模型；二是客观不确定性，涉及数据采集、处理和解释的整个过程（Bond，2015）。断层解释的不确定性直接影响断层圈闭的空间有效性，本书重点考虑地震分辨率的限制，结合地质理论模型，从而构建相应的预测方法（王海学等，2014a）。

断层分为地震断层和亚地震断层（Færseth，2006；Rotevatn and Fossen，2011）。亚地震断层是指地震分辨率之下的断层部分（Rotevatn and Fossen，2011），包括低级序断层、断层尾部（fault tails）和过程带（process zone）。低级序断层是指地震分辨率之下无法有效识别的断层；断层尾部是指地震上可识别的断层末端与实际断层末端之间的断层部分；

过程带是指实际断层末端传播之前的脆性变形带（图3.14）。

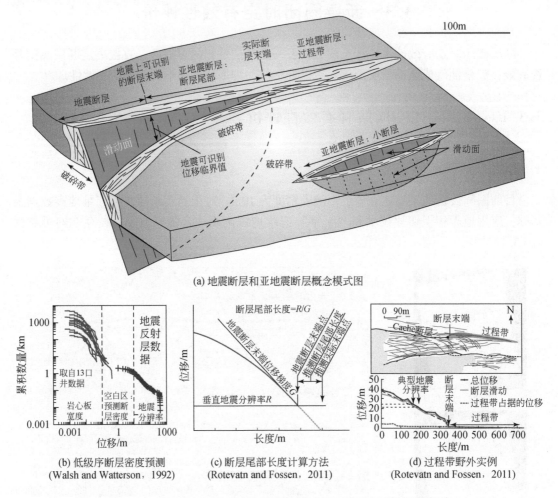

(a) 地震断层和亚地震断层概念模式图

(b) 低级序断层密度预测
(Walsh and Watterson，1992)

(c) 断层尾部长度计算方法
(Rotevatn and Fossen，2011)

(d) 过程带野外实例
(Rotevatn and Fossen，2011)

图3.14　地震断层和亚地震断层概念模式及亚地震断层的预测方法

**2. 断层圈闭空间解释有效性预测方法**

断层解释不确定性主体分为四大类：一是地震断层尾部解释的不确定性；二是断层解释位置的不确定性；三是断层平面组合解释的不确定性；四是低级序断层。主体取决于地震采集、处理手段的提高。

1）断层末端定量预测及对断圈划分的影响

断层控制的构造圈闭中，亚地震断层末端长度预测影响断圈类型的划分以及断圈范围的规模，同时是精确评价前景资源量的关键。成熟区块中，较小构造目标对断层长度小规模变化较敏感，由于地震分辨率限制，低估了断层的实际长度，可能导致经济与亚经济前景资源量的差异（Rotevatn and Fossen，2011）。

断层族位移和延伸长度遵循"幂率"分布，即 $N \propto L^{-n}$，其中 $L$ 为断层规模（位移或长度），$N$ 为规模大于等于 $L$ 断层的数量，$n$ 为幂指数（Marrett and Allmendinger，1991；

Walsh and Watterson, 1992; Scholz et al., 1993; Torabi and Berg, 2011)。因此，结合岩心和地震数据中断层位移幂指数关系，可以有效预测亚地震低级序断层密度 [图 3.14 (b)]；断层尾部长度可以通过垂直地震分辨率与地震断层末端位移梯度比 ($R/G$) 来预测 [图 3.14 (c)]，而过程带仅能通过野外观察描述来识别 [图 3.14 (d)]。因此，基于断层位移梯度法可以定量预测地震断层末端延伸长度。

　　典型实例如南堡凹陷四号构造带典型断层，①号圈闭原解释为 F12-4 断层与 F8 断层交叉而形成的断层圈闭 [图 3.15 (a)]，通过对南堡四号构造带精细解释，由 F12-4 断层的断距-距离曲线可知，在东一段 F12-4 断层靠近 F8 断层一端，F12-4 断层的断距以 0.071 斜线的直线线性递减 [图 3.15 (b)]。应用位移梯度法以 0.071 递减斜率对地震可识别断层末端断距进行计算，F12-4 断层末端延伸长度为 332m，此时 F12-4 断层与 F8 断层未达到 "硬连接"。在靠近 F8 断层一侧截取过 F12-4 断层地震剖面，F12-4 断层两侧地层并未发生错断 [图 3.15 (c)]。因此在储集层上倾方向上 F12-4 断层与 F8 断层不能形成有效的封闭边界，该交叉断层圈闭并不是真实存在的。

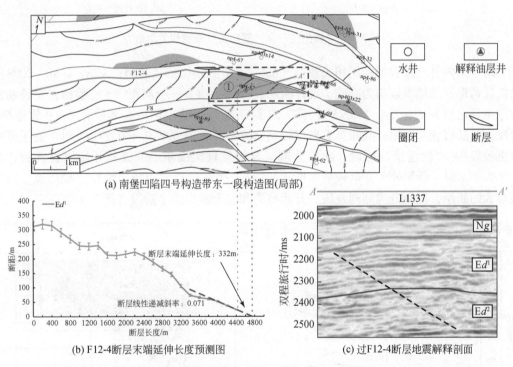

(a) 南堡凹陷四号构造带东一段构造图(局部)

(b) F12-4断层末端延伸长度预测图

(c) 过F12-4断层地震解释剖面

图 3.15　南堡凹陷四号构造带典型断层末端解释

### 2) 断层组合解释的不确定性及预测方法

　　断层生长是一个动态过程，经历了不断的破坏-连接-再破坏的过程。物理模拟实验、数值模拟、钻井资料和大量野外观察综合证实，断层分段生长具有普遍性，由于地震分辨率限制，常见分段生长的两条断裂被解释成一条断裂的现象。为了有效降低断层解释的不确定性，结合 Soliva 和 Benedicto (2004) 的研究成果，提出了应用 "转换位移 ($D$)/离距 ($S$)" 定量厘定断层生长阶段的方法——断层分段生长定量判别标准。然而，不同断层生长阶段转换位移和离距的确定具有一定差异，对于"软连接"侧列叠覆断层，转换位移是指叠覆断层段中心处两条断层位移之和，离距是指叠覆断层段中心处两断层间的垂直距离（Soliva and Benedicto，2004；Soliva et al.，2008）[图 3.16（a）]；对于"硬连接"断层，转换位移是断层 A 与消亡断层 B 叠覆段中心处两条断层位移之和，离距是指断层 A 与消亡断层 B 叠覆段中心处两条断层间的距离 [图 3.16（b）]；如果受地震分辨率限制，消亡断层 B 可能不发育，转换位移等于断层走向突变段中部位移，离距等于近平行段断层间距离的一半（图 3.16）。

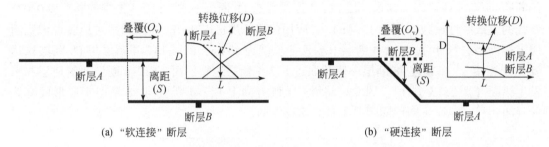

图 3.16　"软连接"和"硬连接"断层相关术语

　　结合国内外已发表的断层相关数据（Soliva and Benedicto，2004；Soliva et al.，2008），以松辽盆地三维地震数据为基础，统计断层转换位移（D）与离距（S）数据，完善断层分段生长定量判别标准。当 $D/S$ 小于 0.27 时，断层段处于侧列叠覆阶段——"软连接"阶段，两断层相互作用，其间具有典型转换斜坡特征；当 $D/S$ 介于 0.27～1 时，处于开始破裂阶段——"软连接"阶段，断层叠覆区开始发育次级断层或彼此开始生长连接；当 $D/S$ 大于 1 时，断裂处于完全破裂阶段——"硬连接"阶段，两断层生长连接形成一条规模较大的断层，即划分为侧列叠覆、开始破裂和完全破裂三个阶段（图 3.17）。

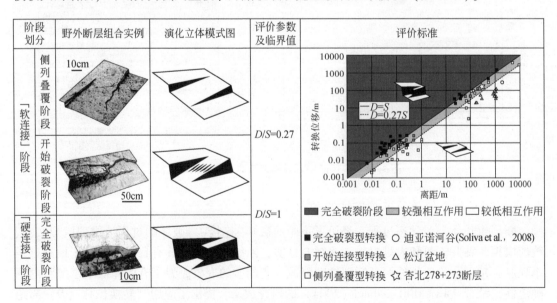

图 3.17　断层分段生长定量判别标准 [据 Soliva 和 Benedicto（2004）]

a. 杏北开发区断层解释校正

杏北开发区 278+273 断层原始解释为两条"硬连接"断层，278 断层发育末端消亡断层，断层下盘发育 1 个断圈，其上盘与消亡断层相交部位发育一个小断圈 [图 3.18（a）]。从 278+273 断层断距–距离曲线来看，该断层为典型分段生长断层，发育 4 个断层分段生长点（分别为①、②、③和④），表现为 5 段式生长特征（图 3.19）。基于断层分段生长定量判别标准，杏北开发区 278 + 273 断层在③号分段点（T1021）$D/S$ 为 0.55（表 3.1），两断层在萨尔图油层顶面应处于"软连接"阶段；结合过叠覆区地震精细解释，证实 278 和 273 断层叠覆区地震反射连续（图 3.20），因此，该断层是由 278 断层和 273 断层侧列叠覆组成的 [图 3.18（b）]。而①、②和④号分段生长点 $D/S$ 均大于 1（表 3.1），处于"硬连接"阶段。

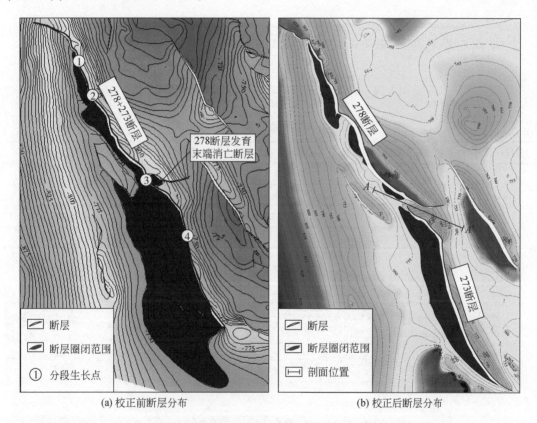

(a) 校正前断层分布　　　　　　(b) 校正后断层分布

图 3.18　松辽盆地杏北开发区校正前和校正后 278+273 断层分布特征

b. 塔南凹陷边界断层解释校正

从塔南凹陷东次凹 TN1 和 TN2 断层断距–距离曲线来看（图 1.7、图 1.8），二者具有典型分段生长特征，TN1 断层发育 3 个分段生长点，而 TN2 断层发育 4 个分段生长点。基于断层分段生长定量判别标准，TN1 和 TN2 断层分段生长点 $D/S$ 均大于 1，为"硬连接"断层，而二者间 $D/S$ 小于 0.25，为侧列叠覆断层（表 3.2），这与实际断层平面组合特征相符（图 1.5），证实了塔南凹陷东次凹 TN1 和 TN2 断层组合的可靠性。

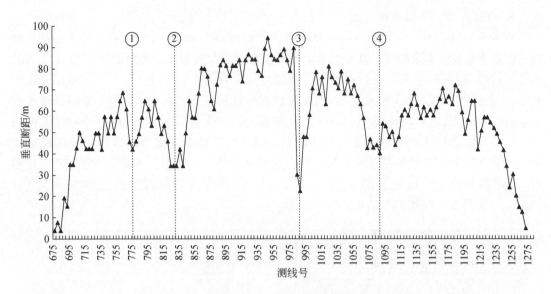

图 3.19　萨尔图油层顶面 278+273 断层断距–距离曲线

表 3.1　278+273 断层转换位移与离距关系

| 分段断裂名 | 转换位移和离距测量位置 | 转换位移 $D$/m | 离距 $S$/m | $D/S$ | 组合方式 |
|---|---|---|---|---|---|
| 278+273<br>断层 | T764 | 76.1 | 42 | 1.81 | "硬连接" |
| | T816 | 109.31 | 79.3 | 1.38 | "硬连接" |
| | T1021 | 123.4 | 225.3 | 0.55 | "软连接" |
| | T1073 | 77.65 | 68 | 1.14 | "硬连接" |

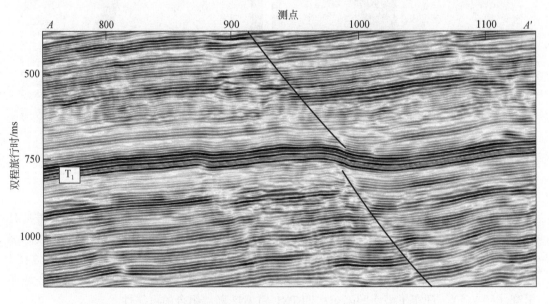

图 3.20　松辽盆地杏北开发区典型地震剖面［平面位置如图 3.18（b）］

表 3.2　塔南凹陷东次凹 TN1 和 TN2 断层转换位移与离距关系

| 分段断裂名 | 分段生长点 | 转换位移 D/m | 离距 S/m | D/S | 组合方式 |
|---|---|---|---|---|---|
| TN1 断层 | L517 | 378.97 | 309 | 1.23 | "硬连接" |
| | L613 | 1074.02 | 712 | 1.51 | "硬连接" |
| | L741 | 846.71 | 671 | 1.26 | "硬连接" |
| TN2 断层 | L869 | 430.01 | 452 | 1.02 | "硬连接" |
| | L1029 | 877.06 | 768 | 1.14 | "硬连接" |
| | L1317 | 1053.21 | 610 | 1.73 | "硬连接" |
| | L1413 | 1930.37 | 1190 | 1.62 | "硬连接" |
| TN1 和 TN2 断层 | L805 | 1518.8 | 5722 | 0.25 | 侧列叠覆 |

c. 渤中地区断层解释校正

基于断层分段性定量表征方法，F11、F5 和 F35 为分段作用"硬连接"断层（图 3.21），解释可靠性有待于进一步确认。针对平面分段生长断层，基于上述断层分段生长定量判别标准（表 3.3），认为研究区只有 F5-F35 断层组合存在问题，其余断层的现有组合模式均符合断裂分段生长规律。F5-F35 断层原始解释为两条"硬连接"断层[图 3.21（a）]，从 F5-F35 断层Ⅱ油层断距-距离曲线来看（图 3.21），该断层为典型分段生长断层，发育 1 个断层分段生长点。基于断层分段生长定量判别标准，F5-F35 断裂在分段生长点的 $D/S$ 为 0.77（表 3.3），两断层在Ⅱ油层顶面应处于"软连接"阶段——开始破坏阶段；因此，F5-F35 断层是由 2 条断层侧列叠覆组成的[图 3.21（b）]。

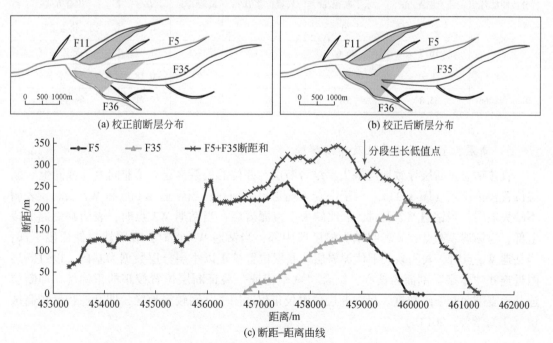

(a) 校正前断层分布　　　　　　　　(b) 校正后断层分布

(c) 断距-距离曲线

图 3.21　研究区 F5-F35 断层断距-距离曲线及校正前后断层分布

表 3.3　研究区 F5-F35 断层转换位移与离距关系

| 断层名 | 层位 | 落差/m | 平错/m | 位移/m | 转换位移 D/m | 离距 S/m | D/S | 组合方式 |
|---|---|---|---|---|---|---|---|---|
| F5 | Ⅱ油组 | 215 | 312.5 | 379.3 | 593.8 | 775 | 0.77 | 过渡阶段 |
| F35 | | 115 | 181.25 | 214.5 | | | | |
| F5 | Ⅱ油组 | 211.3 | 283.5 | 353.6 | 568.2 | 538 | 1.06 | "硬连接" |
| F11 | | 133.8 | 167.8 | 214.6 | | | | |
| F15 | J砂层 | 9.6 | 60 | 60.8 | 60.8 | 286 | 0.21 | "软连接" |
| F12 | J砂层 | 10.7 | 20.1 | 22.8 | 22.8 | 187 | 0.12 | "软连接" |

　　d. 松辽盆地杏树岗构造带典型断层

　　断层面断距等值线图是识别断层分段生长的重要方法之一，其鞍部即断层分段生长点，孤立断层表现为中间断距大、向末端逐渐减小为零的特征［图 3.22（a）］。太北开发区 f074 和 f050 断层表现为分段生长特征［图 3.22（b）］，f181、f088 和 f066 断层为孤立断层，其中 f066 和 f088 断层表现为侧列叠覆特征。通过断层分段生长定量判别标准分析，f050 断层左侧分段生长点 $D/S$ 为 0.73，但可能由于在该部位与一条小断层相交，吸收了部分位移，从而导致 $D/S$ 偏低；f074 断层在葡萄花油层顶面应处于侧列叠覆阶段（表 3.4），结合地震剖面特征，认为该断层在分段生长点（T1588）未断穿葡萄花顶面（$T_{11}$）（图 3.22），因此，f074 断层是由 2 条侧列叠覆断层组成。

表 3.4　太北开发区断层转换位移与离距关系

| 分段断层名 | 垂直断距/m | 水平断距/m | 转换位移 D/m | 离距 S/m | D/S | 组合方式 |
|---|---|---|---|---|---|---|
| f050 | 11.5 | 20 | 23.1 | 31.5 | 0.73 | "软连接" |
| | 16.7 | 26.6 | 31.4 | 17.8 | 1.77 | "硬连接" |
| f074 | 4.9 | 16 | 16.9 | 93 | 0.18 | 侧列叠覆 |
| f088 和 f066 | 35.8 | 57 | 67.3 | 323 | 0.21 | 侧列叠覆 |

　　3）断层位置的不确定性及精细解释

　　直井钻遇正断层导致地层缺失，结合断层与井位的关系，建立了非同生（或同生）断层位置校正模式（图 3.23）。对于一套生储盖组合而言，当钻遇 W1 点和 W7 点时，表明不缺失地层；当钻遇 W2 点时，表明缺失上覆泥岩层；当钻遇 W3 点时，表明缺失储层段上部；当钻遇 W4 点时，表明缺失储层段中部；当钻遇 W5 点时，表明缺失储层段下部；当钻遇 W6 点时，表明缺失下伏泥岩层。断层位置校正以小层分层数据为基础，以过断层附近连井"十字"剖面为核心，结合"两个辅证"验证断层位置校正的正确性，即断层连井地震剖面和断点数据。目前断层位置校正仅适用于井网较密地区，即勘探程度较高区块（王海学等，2014b）。

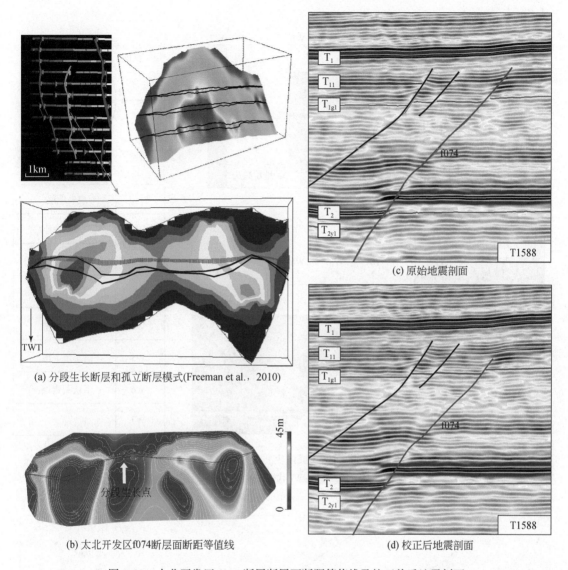

(a) 分段生长断层和孤立断层模式(Freeman et al.，2010)

(b) 太北开发区f074断层断层面断距等值线

(c) 原始地震剖面

(d) 校正后地震剖面

图 3.22　太北开发区 f074 断层断层面断距等值线及校正前后地震剖面

　　从杏北开发区典型连井剖面来看，X4-21-P906 井缺失上覆岩层，结合断层连井地震剖面和断点数据综合证实 X4-21-P906 井在萨尔图上油层应位于断层下盘（图 3.24）。

　　断层位置校正是落实断层与井位配置关系的基础，影响断层边部注采关系；断层位置校正前，X9-4-31 井位于断层内部（实线），不受 X9-4-F32 井注水影响。校正后 X9-4-31 井应位于断层下降盘（虚线），则该井应该受 X9-4-F32 井注水影响。从注采关系曲线可以看出，2011 年 4 月 X9-4-F32 井注水量下降，X9-4-31 井的产液量降低，而 2011 年 6 月 X9-4-F32 井注水量恢复，X9-4-31 井的产液量上升，因此证实 X9-4-31 井注水受效（图 3.25）。

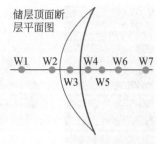

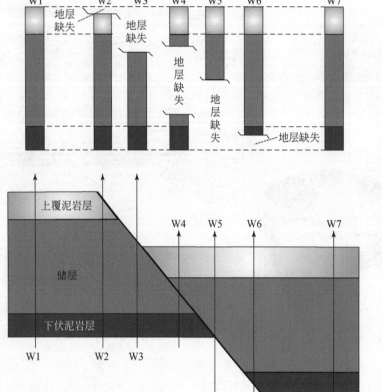

| 井位 | 缺失地层 |
|------|---------|
| W1 | — |
| W2 | 上覆泥岩层 |
| W3 | 储集层上部 |
| W4 | 储集层中部 |
| W5 | 储集层下部 |
| W6 | 下伏泥岩层 |
| W7 | — |

图 3.23　非同生（或同生）断层钻井校正模式

W1～W7 代表井位

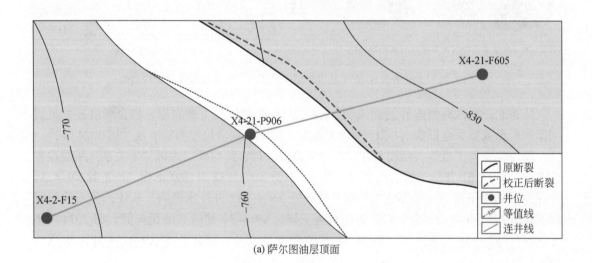

(a) 萨尔图油层顶面

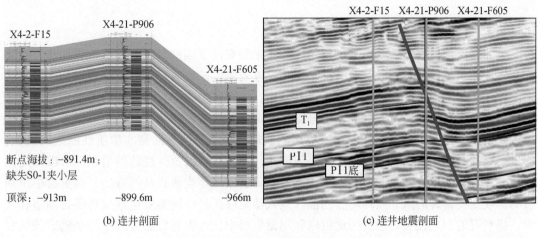

图 3.24　杏北开发区典型断层位置校正

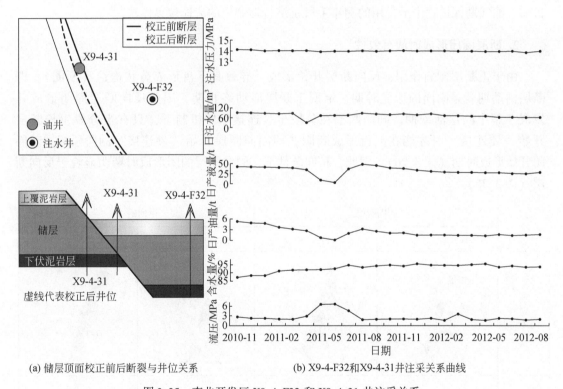

(a) 储层顶面校正前后断裂与井位关系　　　(b) X9-4-F32和X9-4-31井注采关系曲线

图 3.25　杏北开发区 X9-4-F32 和 X9-4-31 井注采关系

## 3.3.2　断层圈闭形成时间有效性评价

断层圈闭形成时间有效性是指油气成藏时期断层圈闭是否形成。如果断层圈闭形成时期早于油气成藏时期，即为有效断圈，否则为无效圈闭。因此，断层圈闭形成时间有效性评价的关键有两方面：一是油气成藏时期的厘定；二是油气成藏时期断层圈闭是否形成。

## 1. 油气成藏时期

含油气盆地内判定油气成藏期常用的方法主要有以下四种。一是流体包裹体法，主要是利用流体包裹体的类型、分布特征、均一温度及寄主矿物的形成时间序列和期次等来确定流体包裹体的形成期次。二是有机岩石学法，沥青是油藏中石油蚀变的产物，可以记录油藏被改造、破坏的信息，因此，结合储层埋藏史、热演化和沥青反射率可以确定油气藏形成时期。三是油藏地球化学方法，基于油藏地球化学特征和油藏非均质性的成因认识，通过研究油藏非均质性与成藏期次或充注期次、充注方向以及生烃灶的关系，可以确定油气成藏史或充注史。四是同位素测年法，它是确定成藏年代最直接的方法。储集层中伊利石的形成需要富钾的水介质环境，当油气进入储集层，并使储集层达到较高的含油饱和度后，伊利石的形成便会终止，因此可以利用储集层中自生伊利石的最新年龄来确定油气藏的形成时间（王飞宇等，1997，1998；辛仁臣等，2000；白国平，2000；赵靖舟，2002）。目前，油气勘探过程中最常用的测年手段是结合埋藏史的流体包裹体法。

## 2. 断层圈闭形成时间有效性

由于正断层掀斜作用，反向断层开始形成，导致其下盘形成鼻状构造（断圈），即断层活动期就是圈闭的形成时期，定型于断层活动终止期，因此反向断层圈闭形成并发展于整个断层活动期。同向断层在分段生长连接作用机制下，只有当分段生长断层开始"硬连接"时才能在上盘形成断圈，即同向断层开始"硬连接"的阶段标志着圈闭开始形成时期（图3.26）；因此，相同条件下，同向断层圈闭形成时期明显晚于反向断层（图3.26）。

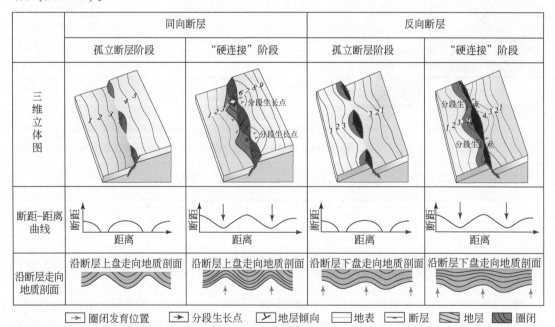

图 3.26　断层活动时期与圈闭的形成时期演化模式图

从断层圈闭的时间有效性来说，首先需要恢复油气成藏期断层的分布规律，确定该时期是否已经形成圈闭；目前，普遍认为应用最大断距回剥法恢复断层形成演化历史（Dutton and Trudgill, 2009；王海学等, 2013；付晓飞等, 2014），进而落实成藏关键时刻断层圈闭的形成时期。根据束鹿凹陷高村–高邑地区典型反向断层断距–距离曲线可以看出，圈闭均发育在断层分段生长点之间，即断层最大断距处，该断层发育两个分段生长点，在断层下盘形成三个断层圈闭（图 3.27）。基于最大断距回剥法恢复成藏期断层断距–距离曲线，认为该断层成藏期仍处于"硬连接"阶段，因此三个断层圈闭从形成时间来说均为有效断圈。

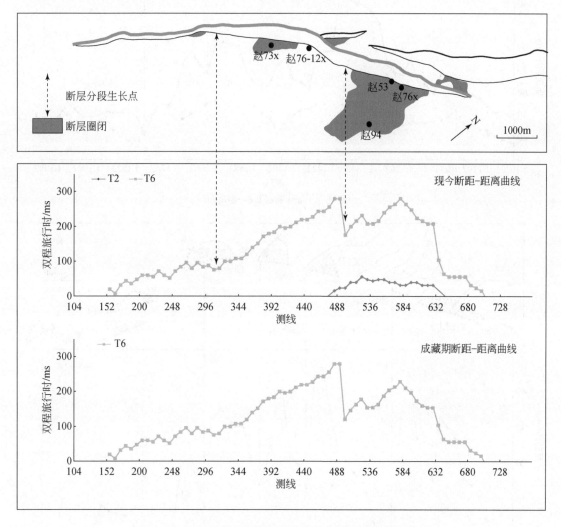

图 3.27　斜坡区反向断层分段生长与断层圈闭的形成

根据冀中拗陷霸县凹陷文安斜坡王仙庄（同向）断层现今断距–距离曲线可以看出，圈闭均形成于断层分段生长点的位置，共发育 7 个分段生长点，在断层上盘伴生形成 7 个断层圈闭（如图 3.28 所示，分别为①～⑦号断圈）。冀中拗陷主要油气成藏期为东营组末期，

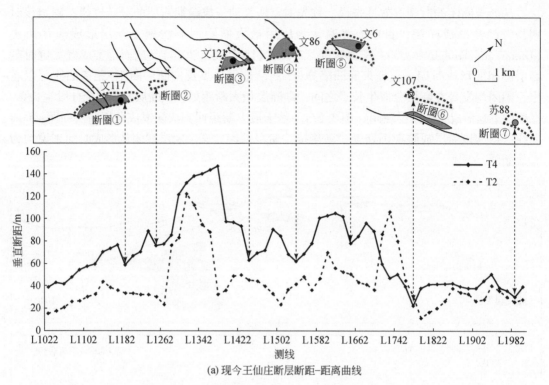

(a) 现今王仙庄断层断距-距离曲线

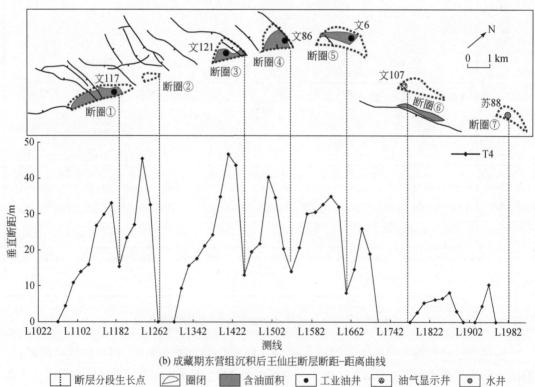

(b) 成藏期东营组沉积后王仙庄断层断距-距离曲线

图 3.28　冀中拗陷霸县凹陷文安斜坡王仙庄（同向）断层控圈时间有效性评价

根据最大断距回剥法恢复的成藏期断层断距-距离曲线可以看出，从圈闭时间有效性来说，①、③、④、⑤号断圈是有效的，而②、⑥和⑦号断圈成藏期并未形成，即为无效圈闭（图 3.28）。实际油气分布表明：①、③、④、⑤号四个断圈均聚集油气，而②、⑥和⑦号断圈并未聚集油气，且⑥号断圈文 107 井和②号断圈文 123 井有油气显示，这说明至少该断圈为油气运移通道（图 3.28），间接证实了回剥结果的可靠性。同时，也证实了同向断层圈闭形成时期受控于断层分段生长"硬连接"阶段。

# 第4章 油气沿断裂优势输导通道刻画

统计全球断裂发育程度不同的含油气盆地表明，断裂发育程度与油气丰度成正比，断裂发育程度越高，输导和聚集的油气就越多（Price，1994）。断裂能够作为油气运移输导的通道已经毋庸置疑，沿断裂出露地表的油气显示、沿断裂带的矿化作用、温度、盐度异常及流体势降低也可以作为直接证据（李明诚，2013）。例如，Sibson 等（1975）、Cox 和 Stephen（1995）在研究过程中发现，断裂带中大量发育热液矿物脉体、流体包裹体等，表明断裂带中普遍发生过流体的运移。另外，圣安德烈亚斯（San Andreas）断裂带中检测到来自地壳上涌至浅部断裂带的流体（Kennedy et al.，1997）。罗群等（2007）对中国 18 个盆地、40 个典型油气田统计表明，70% 以上的油气成藏都与断裂有关，其中，断裂对油气运移输导的控制率达到 72.5%。因此，在目前全世界裂陷盆地油气田的勘探开发过程中，油源断裂的确定已成为必不可少的环节，而油源断裂的优势通道则直接进一步指示了断裂附近油气藏的三维空间位置，可有效地指导井位部署，其准确刻画成为目前断层型油气藏研究中急需解决的关键问题。

## 4.1 岩石破裂条件及断裂周期性演化过程

### 4.1.1 岩石破裂及断裂活动的主要应力场条件

一旦岩石中出现了破裂面，沿这些界面的滑动将成为岩石（或岩体）进一步运动的主要方式，即断裂开始活动。这又将进一步诱发地下深部（超压）流体沿断裂向浅部地层的运移，因此，岩石的破裂滑动或断裂活动时期是断裂输导油气的主要时期。岩石的破裂及断裂的活动（完整岩石发生破裂或原已愈合的断裂重新发生破裂活动）主要受构造应力和流体压力的影响（Sibson，1992；Cox and Stephen，1995；郝芳等，2004）。在不同的地质条件下，流体压力与差应力（最大主应力 $\sigma_1$ 与最小主应力 $\sigma_3$ 之差）既可以单独造成岩石破裂，也可以联合共同起作用，二者之间互为补充。当差应力越大时，流体压力对岩石破裂的贡献就越小，岩石破裂就越趋向具有明显方向性的剪切破裂；反之，差应力越小，流体压力对岩石破裂的贡献就越大，当差应力趋向于 0 时，岩石破裂便趋向于完全由超压流体引起的爆破，破裂就不会有方向性（当岩石不存在明显的各向异性时）（刘亮明，2011）。下面主要讨论构造应力主控和超压主控环境下形成的岩石破裂及断裂活动。

**1. 构造应力控制岩石破裂及断裂活动**

在正常压力或弱超压的盆地，岩石破裂主要受构造应力影响。例如，张性盆地的辽河拗陷和压（扭）性盆地的吐哈盆地。在这类盆地中，构造应力控制的岩石破裂又可以分为以下两种类型。

（1）在差应力（$\Delta\sigma$）较大的情况下。当 $\Delta\sigma$ 增大，即莫尔圆半径增大时，莫尔圆与破裂包络线相切，导致岩石产生以剪切破裂为主的裂隙。一般当构造挤压应力加大或集结时，即 $\sigma_1$ 加大，如图 4.1（a）中的第 I 种情况，或应力释放时，即 $\sigma_3$ 减小，如图 4.1（a）中的第 II 种情况，此时产生以剪切为主的破裂，即属此种情况。

（2）差应力不大，并且最小主应力为张力的情况下，即 $\sigma_3=-T_0$ 时，就会在破裂包络线左端抛物线与横坐标相交处与莫尔圆相切，从而产生垂直于最小主应力 $\sigma_3$ 的张性破裂［图 4.1（b）］。

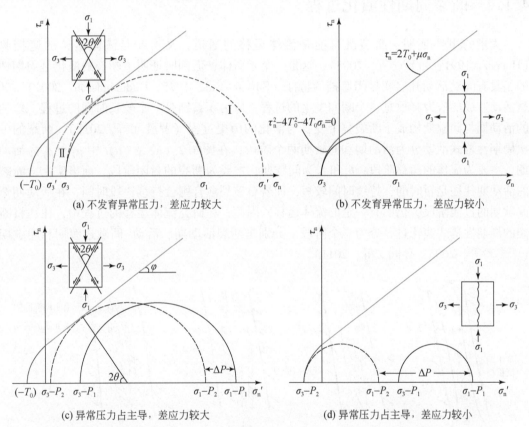

(a) 不发育异常压力，差应力较大　　　　　　　　　(b) 不发育异常压力，差应力较小

(c) 异常压力占主导，差应力较大　　　　　　　　　(d) 异常压力占主导，差应力较小

图 4.1　岩石脆性破裂的四种主要应力场条件［据 Sibson（2000），华保钦（1995）修改］

$\sigma_n$ 和 $\tau_n$ 为剪裂面上的正应力和剪应力；$T_0$ 为单轴抗张强度；$\mu$ 为内摩擦系数；$\theta$ 为剪裂角；$\varphi$ 为内摩擦角；
$P_1$ 和 $P_2$ 为孔隙流体压力；$\sigma_n'$ 为有效应力

**2. 流体压力对油气优势输导的影响**

在超压盆地，岩石破裂除受构造应力影响外，还受到异常流体压力影响，如莺歌海盆地。根据流体异常压力的强弱，岩石破裂受控因素有所不同，如果异常压力较高，明显高于构造应力时，岩石主要在异常流体压力作用下发生破裂，而当异常压力不明显占主导，与构造应力相当时，岩石破裂受构造应力–异常压力联控（郝芳等，2004，2005）。下面重点讨论异常压力占主导时岩石破裂的情况。

（1）当差应力较大，而异常压力发育时，造成一定深度下孔隙流体压力（$P_f$）与上覆负荷之比增大，虽然差应力未发生变化，但有效应力（$\sigma - P_f$）减小，莫尔圆向坐标轴左侧移动，当与破裂包络线相切时岩石产生剪切破裂［图4.1（c）］。

（2）在差应力较小条件下，孔隙流体压力增加会导致莫尔圆左移与破裂包络线在（$-T_0$, 0）点处相切，岩石发生张性破裂，称为水力张性破裂（hydraulic extensional fracturing）或天然水力破裂（nature hydraulic fracturing）［图4.1（d）］。

## 4.1.2　断裂周期性演化过程

大量的事实证明，断裂既可能是流体运移的通道，又可能是流体运移的遮挡物（Hooper，1991；吕延防等，2005），这是一个矛盾体，但同时证明了断裂的演化是周期性的，具有间歇活动开启和封闭遮挡的特征（Sibson et al.，1975；Gudmundsson，2001）。断裂活动造成的应力释放是一个瞬间发生的过程，应力积蓄则是一个较长时间的过程，多期的活动期与间歇期构成了断裂整个发育与演化的历史过程（罗胜元等，2012）。断裂的一次周期性幕式活动分为活动期和间歇期两个阶段，在图4.2（a）、（b）中 $a_1$ 和 $a_2$ 为活动期，主要为流体的运移阶段；$b_1$ 和 $b_2$ 为间歇期，主要为断裂的封闭阶段。而事实上，断裂的活动期往往是暂时的，持续时间较短，而岩石破裂愈合则会持续一段时间，在活动期至间歇期的过渡阶段，仍旧有一定的流体运移，因此，在研究流体运移的过程中，往往将断裂的周期性幕式演化过程分为三个阶段，分别是断裂活动期、活动–间歇过渡期和间歇期（于翠玲等，2005；孙同文等，2011）。

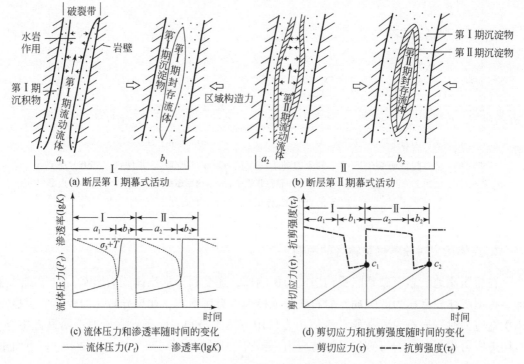

(a) 断层第Ⅰ期幕式活动　　　　　　(b) 断层第Ⅱ期幕式活动

(c) 流体压力和渗透率随时间的变化　　　(d) 剪切应力和抗剪强度随时间的变化

—— 流体压力($P_f$)　…… 渗透率(lg$K$)　　—— 剪切应力($\tau$)　—— 抗剪强度($\tau_f$)

图4.2　流体多期活动、断裂带渗透率变化与地震活动周期性的模型示意图［据Sibson等（1975）修改］

以 Hooper（1991）为代表的间歇性流动理论认为，在断层活动期，其渗透率会增大，流体势会降低，沿断层向上的流体运移是可能发生的，流体运移集中在断层上，在断层面和围岩之间会出现流体势梯度，流体既可以沿断层面向上近垂向流动，又可以横穿断层横向流动；当断层活动减弱，进入间歇期时，渗透率会降低，硫化作用增加，热异常和盐度异常也将慢慢消失，流体的流动会受到限制。

当一条断裂中有流体活动时（$a_1$），由于水岩作用，断裂带缝隙将逐渐愈合，与此相应地其渗透率逐渐变低，最终断裂带由对流体的开放系统变为封闭系统（$b_1$），如图 4.2 所示，此时断裂带的渗透率（$K$）变为 0，而孔隙流体压力（$P_f$）升高，如图 4.2（c）所示，一旦断裂带变成封闭系统后，区域的构造作用力将导致断裂带内的应力积累，而应力积累的过程将使剪应力（$\tau$）和孔隙流体压力（$P_f$）同步升高，剪应力升高增加了断裂错动所需的剪切应力，而孔隙流体压力（$P_f$）升高则减弱了断裂带的抗剪强度 $\tau_f = \mu(\sigma_n - P_f)$（$\mu$ 为静摩擦系数；$\sigma_n$ 为裂隙滑动处的正应力），随着时间过程的推移，若区域构造作用力不断增加，那么断裂带上的剪切应力将不断增加，断裂带裂缝进一步增多，产生扩容崩溃，周围流体进一步汇入，流体压力不断增加导致抗剪强度不断减弱，最终剪切应力等于抗剪强度，即在图 4.2（c）中 $c_1$ 点时，促使断裂发生错动，即发生一次地震事件。

一次地震发生之后，断裂又变成开放系统，如图 4.2（b）所示，又有新的流体活动（$a_2$），接着是水岩作用——断裂封闭（$b_2$），断裂带的渗透率变为 0，孔隙流体压力升高，剪切应力增加与抗剪强度减小，并在两种力相等时断裂活动，如图 4.2（d）中 $c_2$ 点，第二次地震发生。如此不断循环，导致了地震活动的周期性发生及断裂带流体的周期性运移排放。构造应力、岩石孔隙流体压力积累→断裂失稳活动开启→流体运移→泄压、矿物沉淀→断裂愈合成为流体运移流动的屏障。这是断裂演化及对流体运移和封闭的一个完整周期，包含了两个截然相反的半周期，可用图 4.3 表示。

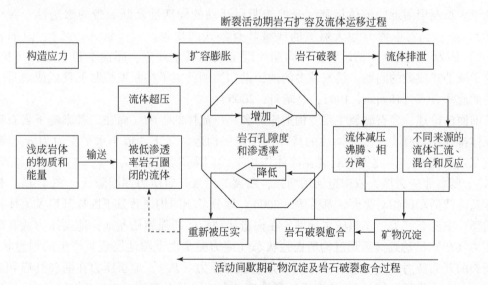

图 4.3　断裂周期性演化及与流体间的耦合过程［据刘亮明（2011）修改］

# 4.2　断裂输导油气的机制

断层内的流体绝大部分以裂隙渗流的方式进行径流运动（李明诚，2004），但不少研究者注意到断层内的流体也具有孔隙渗流的特点（Aydin and Johnson，1978）。吕延防等（2005）通过断层中油气运移的物理实验，模拟了这两种运移特征，实验结果表明：断层活动期流体沿断层面的流动为幕式的，沿着阻力很小甚至负压的优势运移通道流动，具有高速径流的运移特征，属于裂隙渗流；断层处于静止时，流体以浮力为主要动力，遵循达西定律的缓慢孔隙渗流规律。一些学者研究认为构造应力是断裂周期性活动的主要原因（Sibson et al.，1975；华保钦，1995；闫福礼等，1999），也有学者研究认为在超压作用下断层发生幕式开启，并伴随着超压流体的幕式排放（Gudmundsson，2001；Cosgrove，2001；Jung et al.，2014）。综合前人的研究，流体沿断裂带运移的动力学机制主要有两种，一是构造应力和/或超压作用下的幕式流动机制（Hooper，1991；华保钦，1995；郝芳等，2004；赵靖舟，2005），二是浮力作用下的稳态流动机制（李明诚，2002；郝芳等，2004；于翠玲等，2005）。

## 4.2.1　幕式流动机制

在地质历史上，突发性的、快速的、幕式发生的地质事件已众所周知，包括地震的突发性和周期性（马宗晋和莫宣学，1997）和许多热液脉状矿床的幕式形成（翟裕生，1997）等。然而，有关油气的幕式成藏现象，直到 20 世纪 90 年代才引起注意。Hunt（1990）讨论了异常压力流体封存箱的涌流释放过程是周期性的、幕式的。Hooper（1991）讨论了生长断层附近的流体运移，受控于断层活动的周期性及断裂带的渗透性。龚再升（2005）注意到莺歌海盆地天然气的成藏具有幕式的现象。华保钦（1995）、闫福礼等（1999）认为油气沿断层的运移符合周期流理论或地震泵理论。邱楠生和金之钧（2000）讨论了脉动式成藏的问题。越来越多的油田勘探实例证实了在断裂控制下幕式成藏是一种主要的成藏方式（Hooper，1991；赵靖舟，2005）。

前面已论述，岩石破裂主要受构造应力和超压流体的影响，而在二者影响下岩石破裂及流体排放均具有幕式或周期性的特征。在伸展构造背景下，最小水平应力为 $\sigma_3$，断裂的抗张强度为 $T_F$，因此先期断裂在流体作用下的门限开启压力为 $P_{TFO} = T_F + \sigma_3$（郝芳等，2004）。随着张应力增大或构造活动增强，断裂的门限开启压力逐渐降低（图 4.4）。根据超压及构造活动的相对强弱，郝芳等（2004）划分了不同构造背景下断裂开启及流体排放的类型，主要有三类：①超压主导型，在构造活动较弱的强超压盆地，地层压力或孔隙流体压力（$P_f$）已达到甚至超过构造松弛状态（应力完全由上覆地层负载产生的理想状态）下断裂的开启压力（$P_F$）或未变形封闭层的破裂压力（$P_S$），地层压力在断裂开启和流体排放中起主导作用；②超压-构造活动联控型，在地层压力系数（$P_c$）大于 1.27（处于超压或强超压环境），但小于 $P_F/P_S$，构造活动较活跃的盆地中，超压和构造活动共同控制断裂的开启和流体的幕式穿层运移和聚集；③构造活动主导型，在弱超压或常压环境（地层压力系数小于 1.27）、构造活动较强的盆地中，构造活动对断裂的开启和流体排放起主导作用（图 4.4）。

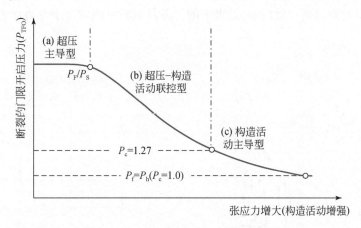

图 4.4　不同构造背景下断裂开启及流体排放的类型 ［据郝芳等（2004）修改］
$P_{TFO}$ 为断裂的门限开启压力；$P_f$ 为地层压力或孔隙流体压力；$P_h$ 为静水压力；$P_c$ 为压力系数；
$P_F$ 为构造松弛状态下断裂的开启压力；$P_S$ 为构造松弛状态下未变形封闭层的破裂压力

综合前人的研究成果（Sibson et al., 1975；华保钦，1995；Sibson，1992；郝芳等，2004），对应图 4.4 不同构造背景下断裂开启及流体排放的类型，目前应用最广泛、最典型的断裂幕式流体输导模式主要有以下三类：一是构造活动主导型条件下，主要受构造应力控制的"地震泵模式"（Sibson et al., 1975）；二是超压主导型条件下，发生水力破裂的"断层阀模式"（Sibson et al., 1975；Cox and Stephen，1995）；三是在超压–构造活动联控型条件下的"断–压双控模式"（郝芳等，2004，2005）。下面分别对三种模式进行详述。

**1. 地震泵模式**

Sibson 等（1975）研究了热液金属与古代断层破碎带的关系后指出，这种矿化作用不是稳态的，而是幕式发生的，即热液是间歇性地沿断层输送的，而这种含金属矿液的输送过程是由地震诱发的。地震断层的作用就像一个泵一样，由较深部位抽出热液，将它由断层面驱入断层上方正应力较小的易进得去的扩张裂隙中，Sibson 等（1975）将这种现象称为"地震泵"。Hooper（1991）则将地震泵这一概念直接引入烃类的运移研究中。

地震泵作用原理如下（Sibson et al., 1975），地震剪切破裂发生之前，在围绕断层一定距离的区域内构造剪应力（$\tau$）逐渐积累，当应力达到岩石屈服应力后，使得垂直于最小主应力（$\sigma_3$）方向的张裂隙和破裂面张开，引起岩石体积膨胀，孔隙度、渗透率增加，此即岩石变形的扩容阶段 ［图 4.5（a）］。当岩石膨胀刚开始时，这些裂隙空间的发育造成膨胀带内流体压力（$P_f$）降低，流体势减小，一方面导致沿断层的抗剪强度升高；另一方面导致流体从周围地层向断裂膨胀带内流动，随着流体运移充填入裂隙中，流体压力再次上升，流体势增大，抗剪强度。当剪切应力升高至等于抗剪强度时，地震破裂最终发生 ［图 4.5（b）］，从而使剪切应力部分得到快速释放，膨胀带内的张裂隙松弛（Scholz et al., 1973)，裂隙中的流体快速在最容易压力释放的方向上排出。换言之，当应力释放时岩石将重新被压实到膨胀前的状态，从而使流体从系统中被快速排出。地震泵效应在平移断层和正断层中特别显著，此时 $\sigma_3$ 是水平的，并且裂缝可能发育于垂直面上。

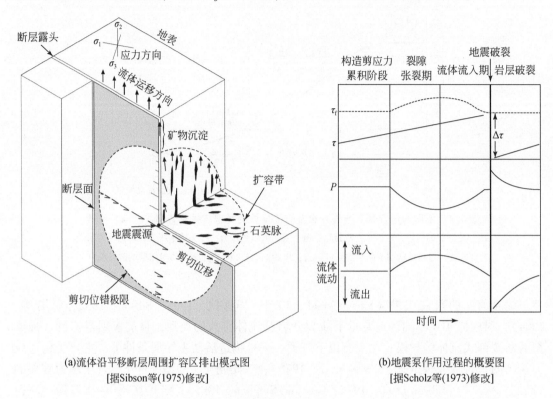

(a)流体沿平移断层周围扩容区排出模式图
[据Sibson等(1975)修改]

(b)地震泵作用过程的概要图
[据Scholz等(1973)修改]

图 4.5　地震泵模式图

幕式过程总结如下：剪切应力积累→裂隙张开发生扩容，膨胀带流体压力先减小后增大，抗剪强度先增大后减小→当剪切应力等于抗剪强度时，地震破裂发生→剪切应力部分快速释放，裂隙松弛，流体快速排出→剪切应力积累，裂隙的这一间歇张裂过程决定了断层排驱机制呈周期性、脉动的特点。如此反复，地下深处的岩层由于地震活动使震源区或活动断层附近的流体间歇性地顺着断层面向别处运移。这种流体的输送过程是由地震引发的，断层的活动像一个泵一样把油气由较深部位抽出来，然后又将它们向浅处或上方压力较小的地层中排驱，并在有利的构造中成藏（闫福礼等，1999）。地震泵作用具有周期性的特征，说明天然地震具有周期性，并且在地震泵的作用下流体的运移具有幕式的特征。从有地震记录的 100 年内，渤海海域及其周缘发生过 7 级以上地震 4 次。以这样的频率计算，新构造运动期渤海海域可能发生 20 万次以上大于 7 级的地震（龚再升，2005）。

在地震泵作用下，断层发生油气运移的例子较多。例如，1925 年美国加利福尼亚州圣巴巴拉（Santa Barbara）6.3 级地震前，在 1~2km 长的沙滩上有许多原油渗出，发震断层距该处仅数百米（吴锦秀，1987）。我国在多次地震前也观测到油井突然自喷、产油量剧烈增加的现象。例如，1977 年 7 月 23 日新疆库车 5.5 级地震前数天，距震中 40km 处某石油矿区的一些油井发生突然喷油现象，震后停喷（吴锦秀，1987）。再如，1976 年发生于唐山市的 7.8 级地震，震区 47km²，发育一条长 8km，宽 30m 的断裂带，沿该断裂带排出的碱水淹地面积达到 460 km²，反映地震泵作用具有极高的流体汇聚和输导能力（邹华耀等，2011）。

**2. 断层阀模式**

由孔隙流体压力增加而导致完整岩石发生破裂或者岩石内原有裂缝的破裂作用称为水力破裂作用（hydraulic fracturing）。水力破裂作用在自然界中普遍存在，可以发育于拉张、走滑甚至挤压的构造环境中，常见于地壳较浅处，但也可以发育于地壳深处，尤其是在异常高压发育的区带（Paige et al.，1995）。地层流体压力升高，岩石发生水力破裂，流体排出，流体压力降低，重复上述过程就构成断层幕式排放流体，基于此，Sibson（1992）提出了水力破裂的断层阀（fault valve）模式（图 4.6）。模式中指出，陡立的逆断层特别可能产生有效的断层阀活动，因为它们的再活动表现出严重的错向，并且只有达到或超过静岩压力状态（表现为异常高压流体）时，摩擦剪切破裂才会发生。在这种条件下，破裂之前，由于液压破裂作用使得断层附近发育大量近水平的伸展破裂（垂直于最小主应力 $\sigma_3$），形成静岩压力储层。当地震破裂作用发生时，流体从超压储层向上排出，随之流体

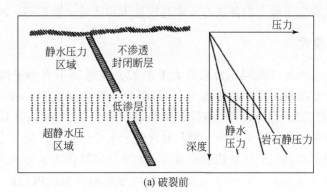

(a) 破裂前

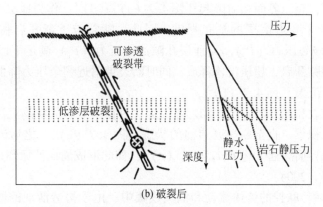

(b) 破裂后

图 4.6　断层阀模式图［据 Sibson（1992）修改］

（a）破裂前，由于低渗层的存在及断层的封闭，流体压力在低渗层下部显示出异常增大；

（b）破裂后，"断层阀"打开，流体由孔隙压力高的地下深处向地表补偿，流体压力降低

压力迅速降低到静水压力状况。流体释放可能伴随着相分离、矿物快速沉淀和热液自封堵作用。然后，流体压力重新向临界值方向递增，直到激发下一次地震断层滑动，进而重复发生，构成旋回。随着流体压力在震前的静岩压力和震后静水压力之间的交替变化，导致大量流体呈幕式排出（图 4.6）。Cosgrove（2001）指出，地层发生水力破裂的临界条件是 $\sigma_3 - P_f = -T$，即 $P_f = \sigma_3 + T$（$T$ 为地层抗张强度；$P_f$ 为地层破裂压力，即地层发生破裂时所需的孔隙流体压力）。

在断层阀模式中，高角度逆断层充当了"阀门"角色。具体过程如下（缪森和朱守彪，2012）：①破裂前，流体聚集于发震区以下，顶部为不渗透区，使得流体压力不断增大；②一旦流体压力大于上覆静岩压力，位于发震区底部的断层在剪应力作用下发生破裂，破裂面向上延伸进入脆性区，产生张性断裂渗透区，相应深部断层上的剪应力大幅减小；③断层破裂后，深部的流体会沿着断层核破裂面及其旁侧的破裂带裂缝释放，流体压力的突然释放会引起流体内的成矿物质沉淀；④成矿物质沉淀会封闭破裂区，使得深部流体不断聚集，再次引起破裂，进入下一次循环。

就力学而言，在挤压和走滑挤压断裂系统中，断层阀活动是十分普遍的，异常高压流体在断层活动中有着重要的作用。例如，台湾西部的褶皱冲断带和加利福尼亚的圣安德烈亚斯断层，地震多发生于地壳内部具有异常高压流体的区域（贾东等，2002）。

### 3. 断-压双控模式

在超压或强超压环境（地层压力系数大于 1.27，且地层压力小于构造松弛状态下断裂的开启压力或未变形封闭层的破裂压力），且断裂发育的盆地中，超压流体幕式排放受超压和断裂的共同控制，称为断-压双控流体流动（郝芳等，2004）。其流体流动机制如下：断裂带的渗透率受多种因素影响，但其通常介于未变形砂岩和泥岩之间。在超压条件下，随着压力的积累，当地层压力超过断裂带的毛细管排替压力、尚未达到地层的破裂压力时，流体通过断裂带发生一定程度的渗流，从而导致超压系统内的流体向断裂带汇聚，因此在断裂带附近，超压界面相对隆起 [图 4.7（a）、（d）]。作为地层破碎带，断裂带的抗张强度明显低于未变形地层的抗张强度，因此，断裂带重新开启临界孔隙流体压力（$P_T$）要小于地层破裂压力（$P_r$）。当地层孔隙流体压力（$P_f$）满足下面条件：$P_T < P_f < P_r$ 时，断裂及伴生裂隙开启，超压流体释放，同时断裂带附近剩余压力降低，超压系统内流体向断裂带进一步汇聚 [图 4.7（b）]。

随着流体的释放和压力的降低，加之流体运移过程中引起的矿物沉淀，断裂闭合，地层压力逐渐恢复、积累，直至断裂开启前的状态 [图 4.7（c）]；之后流体压力不断积累又使断裂附近超压界面隆起 [图 4.7（a）、（d）]，如此形成周期性循环，使超压流体得到幕式排放（郝芳等，2004）。

在超压-构造活动联控的流体流动和油气成藏中，由于构造活动的增强可降低断裂开启的门限压力，构造活动在油气成藏中起建设性作用，因此，构造活动带常常是有利的油气幕式充注场所，在渤海湾盆地中，新构造运动控制了油气的分布（郝芳等，2004）。

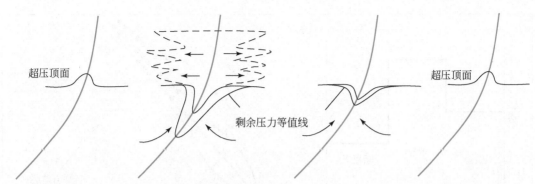

(a) 破裂前超压界面隆起　(b) 破裂后流体排放，剩余压力降低　(c) 破裂前地层压力积累　(d) 破裂前超压界面隆起

图 4.7　断裂带压力的积累、断裂开启和流体释放过程（郝芳等，2004）

## 4.2.2　稳态流动机制

在构造稳定的常压盆地的断裂活动期，或者超压盆地的断裂活动间歇期，可能以浮力作用下遵循达西定律的稳态流动机制占主导地位（庞雄奇等，2003；于翠玲等，2005）。郝芳等（2004）研究表明，在超压发育的盆地中，断裂处于封闭阶段的稳态汇聚期，超压流体的二次排放停止，进入输导层的油气在浮力的作用下向断裂带汇聚。流体主要通过先存孔隙和/或裂隙以连续缓慢的方式流动（李明诚，2002）。根据断裂带内部结构，在断裂活动间歇期，只要断层核内连通孔隙或破裂带诱导裂缝未完全压实或胶结封闭，缓慢的稳态流动就可能发生。另外，也有研究认为，断层开启与否并不完全受断层活动及其强度的控制，断层在静止时期也可以开启而成为油气运移的通道，只要断层面发生破裂油气就可以在地震泵排驱机制作用下沿断层面运移（鲁雪松等，2004）。

在断裂活动间歇期，断裂带渗透率对分析流体流动的速率及优势运移通道等具有重要意义。Evans 等（1990）测试怀俄明州前寒武纪花岗岩中发育的逆断层对天然气的渗透作用，模拟地层条件加载有效应为 3.4MPa，测得围岩渗透率在 $10^{-6} \sim 10^{-5}$ D[①]，诱导裂缝带较原岩增大 2 ~ 3 个数量级，为 $10^{-4} \sim 10^{-2}$ D，断层岩渗透率下降 1 ~ 3 个数量级，为 $10^{-8} \sim 10^{-5}$ D。若存在铁氧化物、方解石胶结物等 "成岩愈合" 作用，则可使断层岩渗透率降至更低（Antonellini et al.，1994）。碎裂作用对断层岩渗透率的影响则处于两者之间。更深入研究表明，变形带内平行断层面方向上的渗透率一般比垂直方向上的稍大（图 4.8），其原因是黏土矿物颗粒在平行方向上成行排列，压实作用造成垂向上曲率增大，许多连通孔隙压实或破碎（Antonellini et al.，1994）。

断裂带渗透率取决于裂缝、变形带的空间分布和原岩渗透率，高孔岩层中发育的变形带渗透率较为复杂，总体上与内部低渗变形带和高渗透的滑动面出现和连通的概率有关（Lunn et al.，2008）。

---

① 1D＝0.986923×$10^{-12}$ m²。

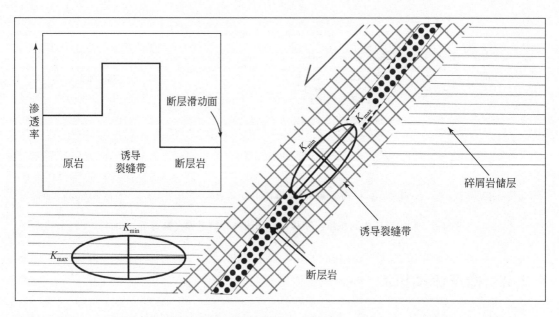

图 4.8　断裂间歇期断层岩单相渗透率分布模型（Evans et al.，1990）

# 4.3　断裂带结构及不同演化阶段输导特征

大量野外露头、岩心、镜下分析等资料表明张性正断层断裂带一般具有二分结构，分别是断层核和破裂带（Bruhn et al.，1990；Caine et al.，1996；Berg and Skar，2005）。随着上覆岩层压力的变化和流体流动过程中成岩胶结作用的影响，断裂带结构的渗透性处于动态演化过程中，在断裂的不同演化阶段，断层核和破裂带的渗透率变化有着较大的差异，在不同阶段起着不同的运移通道或遮挡屏障的作用。

## 4.3.1　断裂带内部结构及输导通道类型

在断裂带内部结构中，断层核是断裂的主要剪切和滑动部位，在断裂形成过程中所受应力最大，吸收了断裂滑动的大部分位移，变形程度最强，以发育多种断层岩（主要为断层角砾、断层泥和碎裂岩）和伴生裂缝为特征（付晓飞等，2005）。破裂带是指断裂活动时，断层面两侧围岩因应力集中和断层两盘错动而发生变形，产生大量裂缝的区域，位于断层核外围，主要分布在断裂两侧有限区域或断层末端应力释放区（武红岭和张利容，2002），以发育与主断裂近于平行或小角度相交的诱导裂缝或裂缝网络为特征（图 4.9）。

加利福尼亚州多条断层研究发现，断层核宽度很窄，小断层可能仅 2～3mm，大的断层也就 10～20cm 宽，而破裂带规模较大，宽度数百米（Yehuda and Charles，2003）。越靠近断层核变形强度越大，破裂带裂隙规模和密度也大。随着远离断层核变形程度越弱，破裂带裂缝密度逐渐减小（Andrea，2008）。

前人对断裂带的幕式开启和封闭的研究表明（Indrevær et al.，2014；Pei et al.，2015），

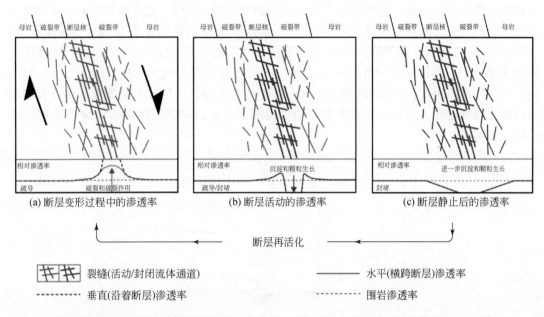

图 4.9　断裂带在地质时间上的渗透率演化模式图［据 Pei 等（2015），Indrevær 等（2014）修改］

在断裂的不同演化阶段，断层核和破裂带的渗透率变化有着较大的差异，因此，在流体周期性流动的不同阶段起着不同的运移通道或遮挡屏障的作用，如图 4.9 所示。在断层活动变形过程中，沿断层的运动引起断层核的破裂和碎裂作用以及渗透率的增加，断层核作为流体的运移通道［图 4.9（a）］，此时沿断层垂向的渗透率和穿断层横向的渗透率均较高，并以垂向占优。因此，在断裂活动期，流体以沿断层核的垂向运移为主，也可以横穿断层面横向流动；随着断裂活动强度的减弱，流体流动速率降低，断层核内矿物沉淀和颗粒生长减少了断层核内的渗透率（沿断层的垂向渗透率和横穿断层的横向渗透率均减小），使其大部分裂缝渗透率低于原岩渗透率而作为流体运移的屏障。破裂带诱导裂缝未闭合，具备一定的渗透率，作为此时的主要运移通道［图 4.9（b）］；随着颗粒生长和矿物沉淀的进一步发展，减小了断裂带孔隙度和渗透率，并逐渐封闭了整个断裂带，整体作为流体垂向、侧向运移的屏障［图 4.9（c）］；随着构造应力的积累或/和超压流体的作用，断裂带部分裂隙张开，周围流体再次向断裂带汇聚，直至断层再活动将开始新的流体流动演化周期。

## 4.3.2　断裂不同演化阶段的输导特征

### 1. 断裂活动期输导流体的特征

当构造应力或孔隙流体压力积累到超过断裂的门限开启压力时，断裂及伴生裂隙开启，断裂附近应力得到释放，引起岩石膨胀，体积增大，孔渗性增强，使断裂带内形成相对负压，导致围岩中的流体向断层中运移，而与断裂沟通的围岩中有超压的存在，则加速了流体向断裂带的运移，使其发生"地震泵"抽吸作用。此时，进入断裂带的流体通常为油、气、水混相，运移速率很大（表 4.1），是断裂输导流体的主要阶段（Sibson et al.，1975；Hooper，1991；郝芳等，2005）。断裂活动期构造应力、超压或两者共同作为流体运移的主要动力（华保钦，1995；孙永河等，2007），此时浮力也为运移的动力之一，但与构造应力和超压相比，影响相对微弱。断层核部伴生裂缝、连通孔隙及破裂带诱导裂缝都可以作为油气输导的通道，而伴生裂缝输导性最好，是活动期流体运移的优势通道（图4.10，表 4.1）。

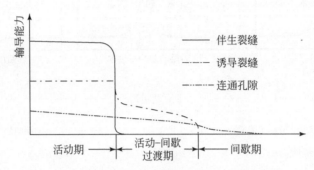

图 4.10　断裂不同演化阶段输导通道和输导能力的变化［据孙永河等（2007）修改］

表 4.1　断裂不同演化阶段输导特征的差异

| 断裂演化阶段 | 输导机制 | 主要输导通道类型 | 运移动力 | 运移相态 | 运移速率 | 输导能力 |
|---|---|---|---|---|---|---|
| 活动期 | 幕式流动机制 | 断层核伴生裂缝 | 构造应力和（或）超压 | 油、气、水混相涌流 | 很大 | 很强 |
| 活动–间歇过渡期 | 幕式流动或缓慢渗流 | 破裂带诱导裂缝 | 剩余压力、浮力 | 单相或混相 | 较大 | 一般 |
| 间歇期 | 缓慢渗流 | 连通孔隙 | 浮力 | 单相或混相 | 缓慢 | 较弱 |

**2. 断裂活动–间歇过渡期输导流体的特征**

随着构造活动减弱、流体的释放和压力的降低，在上覆沉积载荷、区域主压应力和流体运移过程中水岩作用引起的矿物沉淀等作用下，断层核伴生裂缝很快紧闭愈合，诱导裂缝孔渗性也明显降低（图 4.10），但破裂带内的岩石并没有破碎，断裂附近应力状态对裂缝封闭程度影响较小，主要取决于后期充填的情况（付晓飞等，2005）。然而，在断裂活动–间歇过渡期，流体运移引起的矿物沉淀速率较为有限，断裂带与两侧围岩之间处于一种短暂的压力不平衡阶段，部分诱导裂缝连通构成裂隙网，具有比断层核及未变形原岩更高的孔渗性。在剩余压力和浮力共同作用下，以混相或单相方式运移流体，运移速率较快，此种输导机制可以从煤矿突水和透水性实验现象得到证实（付晓飞等，2005）。此时连通孔隙也具有一定的输导能力，但与诱导裂缝相比较弱（图 4.10，表 4.1）。

**3. 断裂间歇期输导流体的机制**

当压实、充填作用进一步增强，压力达到平衡后，破裂带诱导裂缝被后期自生矿物充填而封闭，断层核内由于断层岩颗粒尺寸的减小和矿物沉淀作用使其孔隙度和渗透率更低，流体沿断裂带运移的能力也进一步减弱或终止。目前多数学者认为，断裂在间歇（静止）期主要起遮挡作用（罗群等，1998；吕延防和马福建，2003）。物理模拟实验证明，在断裂间歇期，如果油气在浮力作用下通过断裂带连通孔隙的运移速度大于零，则断裂可以对油气起输导作用，相反则不能起输导作用。断裂间歇期是否具有输导油气的能力，主要受断裂带岩石本身特征和断裂产状，即岩石颗粒粒度、泥质含量和断裂倾角大小的影响（付广等，2008）。而根据幕式流动机制，在断裂间歇期，随着构造应力的积累或/和超压流体的作用，断裂带部分裂隙张开，周围流体会在浮力作用下，以缓慢渗流方式向断裂带汇聚，流体压力重新不断积累，当构造应力或孔隙流体压力积累再次超过断裂的门限开启压力时，断裂活动又一次开启，如此反复，流体周期性沿断裂发生幕式运移。

## 4.4　断裂优势输导通道及其示踪证据

大量的物理模拟（Catalan et al.，1992；Thomas and Clouse，1995；姜振学等，2005）和数值模拟（Hindle，1997；罗晓容，2003）均表明，油气在输导层的运移是一个极不均一的过程，即便是在均匀的孔隙介质内，油气的运移也只沿着通道内范围有限的路径发生，其体积只占全部输导层的1%～10%。李明诚（2008）先后在松辽盆地大民屯、渤海湾盆地歧口等8个凹陷，用油气录井资料求得各凹陷有效运移通道空间平均占整个运载层孔隙空间的5%～10%。综合前人研究可以证实，油气在输导层中的运移存在优势输导通道，并且优势输导通道控制了油气的二次运移，处在优势输导通道上及其附近的圈闭具有"近水楼台"的优势，容易形成油气藏。例如，Pratsch（1997）研究了墨西哥湾盆地，发现有75%的油气聚集在占盆地面积25%的优势输导通道方向上；Hindle（1997）研究了巴黎盆地，发现有81%的油气聚集在占盆地面积13%的优势输导通道上。

### 4.4.1　垂向优势输导通道表征及优势运移路径预测

对于断裂而言，由于断裂带内部结构复杂、断层面往往凹凸不平，油气在断裂带中将沿着某一有限的通道空间运移，遵循沿最大流体势降低方向运移而集中在最小阻力的路径上运移（李明诚，2004）。因此，油气并非沿整条油源断裂运移，同样也存在着优势输导通道。

**1. 断层凸面脊作为垂向优势输导通道的机理及存在的问题**

1）断层凸面脊作为垂向优势输导通道的机理

油气优势运移路径主要受断面几何形态及流体势影响，Hindle（1997）将断层面几何形态分为以下三种情况（图4.11）。

（1）平面断层不改变油气运移路径，油气自入口点开始路径保持不变，油气平行流动，无明显油气等流体汇聚。

（2）凹面断层使油气等流线向上呈发散状，不利于油气汇聚。

（3）凸面断层单元形成脊状构造，如同砂岩输导层中油气侧向运移的"构造脊"，一般称为"断层凸面脊"或"断面脊"，它使油气等流线发生汇聚，集中垂向运移，形成垂向的优势输导通道（罗群等，2005；孙同文等，2014）。

仅从断层面几何学形态的角度考虑，断层凸面脊是流体汇聚低势区，能使油气发生汇聚，可以作为油气沿断层面输导的优势通道。烃源岩层中的油气首先向切入烃源岩层中的大型油源断裂的凸面脊汇聚，再沿着凸面脊向浅部运移，遇到合适的储层及圈闭后聚集成藏。

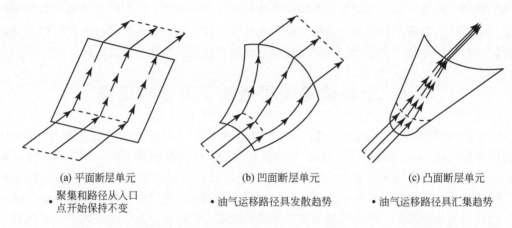

(a) 平面断层单元

• 聚集和路径从入口
点开始保持不变

(b) 凹面断层单元

• 油气运移路径具发散趋势

(c) 凸面断层单元

• 油气运移路径具汇集趋势

图 4.11　断层面的形态对油气二次运移路径分布的影响（Hindle，1997）

### 2）断层凸面脊作为垂向优势输导通道的研究方法

目前确定断层凸面脊，并将其作为油源断裂垂向优势输导通道的方法主要有三种，分别是断面埋深等值线法、断面三维构造形态法和断面古流体势法（罗群等，2005）。就油气运移的机理而言，断面古流体势法最能反映油气沿断层面的汇聚和发散特征，但受目前的油气勘探资料及研究水平的限制，往往缺乏直接与断层面相关的流体资料，通常使用钻井数据间接计算获得，流程较为复杂，很难大范围应用。因此，目前比较常用且有效的方法是断面埋深等值线法和断面三维构造形态法。

断面埋深等值线法在断裂变形及油气输导中的研究最为广泛，是将断裂带假想成一个面，主要通过三维地震资料确定出沿着断层走向地层在断面上埋深的变化规律［图 4.12 (a)］，埋深等值线整体趋势向上凹的位置通常是断层面的"鞍部"，是相对高势区，对应凹面断层单元，对油气起发散作用；埋深等值线向下凹的位置通常是断层面的"脊部"，作为断面的低势区，对油气起汇聚作用。因此，断层凸面脊的位置就是断层面油气优势输导通道的位置。

另外，随着油气勘探技术的提高，地质建模及油气运移、封闭性研究逐渐向三维可视化的方向发展，通过地震解释平台软件 Landmark、三维地质建模软件 Petrel、Gocad 及断层封闭性评价软件 Trap tester 等均可以对断层的三维形态进行直观地显示，由断层面三维形态及埋深变化可以快速确定出断面的"鞍部"和"脊部"，进而确定出油气汇聚的优势输导通道［图 4.12 (b)］。

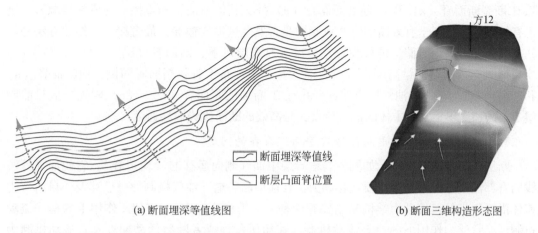

(a) 断面埋深等值线图　　　　　　　　　　　　(b) 断面三维构造形态图

断面埋深等值线

断层凸面脊位置

图 4.12　断面优势输导通道确定方法［据孙同文等（2014）］

南堡一号构造带中浅层油气垂向优势输导通道的确定是此种方法应用的典型实例，在确定断层凸面脊的基础上结合成熟烃源岩范围进一步将油源断裂分段，将断层凸面脊分级，确定了有效断面脊和无效断面脊（孙同文等，2014）。

通过断面埋深等值线对南堡一号构造 3 条主要油源断裂（f1、f3 和 f4 断裂）的断面形态进行刻画（图 4.13）。结果显示，3 条断裂共发育 9 个断层凸面脊（以下简称断面脊），其中 f1 断裂发育 4 个断面脊，自西向东编号为（a）～（d）；f3 断裂发育 3 个断面脊，为（e）、（f）和（g）；f4 断裂发育 2 个断面脊，为（h）和（i）。真正沟通成熟烃源岩的断层段可称为有效油源断裂段，同样只有在有效油源断裂段内发育的断面脊才是有效的，称为有效断面脊。

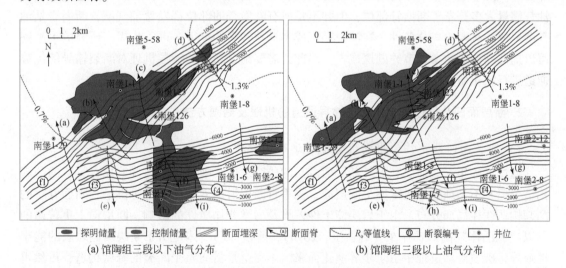

探明储量　控制储量　断面埋深　断面脊　$R_o$ 等值线　断裂编号　井位

(a) 馆陶组三段以下油气分布　　　　　　　　　(b) 馆陶组三段以上油气分布

图 4.13　南堡一号构造带主要油源断裂断面形态及油气藏分布

南堡一号构造带烃源岩大部分处于成熟阶段（0.7%＜$R_o$＜1.3%），仅南堡 1-29 井-南堡 1-7 一线以西处于低成熟阶段（图 4.13）。从 3 条主干油源断裂共 9 个断面脊分布来看，除 f1 断裂断面脊（a）和 f2 断裂断面脊（e）外，其他断面脊均直接沟通成熟烃源岩，属于有效断面脊。至于有效断面脊在成藏期是否发生过油气输导，最直接、可靠的方法是用钻井发现的石油地质储量进行验证。在馆三段盖层以下，断面脊（b）~（d）、（f）~（i）均与探明（控制）储量高度吻合，即油气基本均分布于有效断面脊两侧，而断面脊（a）和（e）附近均未形成油气地质储量。并且 f1 断裂的断面脊（b）、（c）附近形成目前南堡 1-1 区和南堡 1-3 区主体的油气储量，是高效的断面优势输导通道。

3）断层凸面脊作为垂向优势输导通道存在的问题

断层凸面脊的断层单元如同砂岩输导层中油气侧向运移的"构造脊"，它使油气等流线向脊部汇聚是以浮力为主要运移动力。在前面断裂输导油气机制部分已述及，目前认为流体沿断裂带的运移动力学机制主要有两种，一是构造应力和/或超压作用下的幕式流动机制，二是浮力作用下的稳态流动机制。在超压盆地或者断裂活动期以幕式流动机制为主，在构造稳定的常压盆地的断裂活动期，或者超压盆地中断裂活动的间歇期，可能以浮力作用下遵循达西定律的稳态流动机制占主导地位（庞雄奇等，2003；于翠玲等，2005）。

断裂活动期断裂带渗透率急剧增加，油气的输导主要发生于此时期，并且大多数盆地烃源岩层都曾发育超压，油气运移的动力以构造应力和（或）超压为主，在活动期幕式排烃，这种模式已被国内外学者通过物理模拟、数值模拟和油田实践等证实。由此可见，断裂输导的优势通道应该是幕式排烃过程中超压和构造应力作用下，断裂带渗透率最大、油气运移速率最快的部位。而上述断层凸面脊以浮力稳态汇聚作为优势通道的情况只发生于常压盆地的断裂活动期或者超压盆地中断裂活动的间歇期，相比而言并不占据主导，只是一种少数的情况，显然只是用"断面脊"代替油气源断裂的优势输导通道仍旧存在很大的片面性。由上述南堡一号构造带的研究实例也可以看出（图 4.13），虽然目前钻探发现的油气储量大多分布于断面脊部位，但并不是所有断面脊的部位都发育油气藏，断面脊是油气藏形成的必要非充分条件。在油田勘探成本日益升高的今天，进一步提高研究的水平则可以提高勘探成功率，节约勘探成本。因此，需要结合断裂的输导机理对断裂输导的优势通道进行深化研究。

**2. 断层面凹凸体作为垂向优势输导通道的机理及刻画方法**

1）断层面凹凸体作为垂向优势输导通道的机理

通过近些年天然地震和野外断层面露头的研究发现，断层面虽然普遍发育脊状的凸起构造，但并不是理想地贯穿整个断层面，受垂直断层滑动方向的阶步等影响，断面脊状的凸起构造往往局部分布。由于岩层能干性差异及力学非均质性的影响，断层面上更普遍的是以"凹凸体"的形式存在（魏占玉，2010），所谓的凹凸体是由于断层两侧岩层的能干性差异，破裂滑动过程中由阶步等演化而来，不完全是贯通整个断裂的脊状构造，虽然也是长轴方向沿断层滑动方向的椭圆形凸起，但也有一部分是断层面局部分布的近圆形或透镜状构造，反映断层破裂过程中的非均匀性变化，更真实地反映了断层面形貌（图 4.14）。凹凸体部位应力集中、裂缝发育且滑动量相对断层其他部位较大，在岩层破裂过程中起到"发生器"和"制动器"的作用（黄福明，2013），容易成为高孔渗通道，往往是触发流体运移的关键部位。

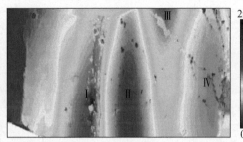

(a) 野外断层面凹凸体(魏占玉，2010)　　(b) 激光扫描断层面凹凸体(Ⅱ、Ⅳ)(Sagy et al.，2007)

图 4.14　野外观察和激光扫描的断层面凹凸体分布

　　油气源断层在油气成藏关键时期是活动开启的，而核部滑动面往往是凹凸不平的，以往油田勘探中使用多种确定断面脊的方法过于理想化，在复杂断层油气藏精细勘探阶段，需要结合岩石力学、断层滑动机制等刻画出更符合地质实际的断层面形貌。断层面凹凸体是更符合断层输导机理下优势通道的部位，是构造应力和超压作用下的流体高速运移带，同时也是脊状构造，是浮力作用下流体汇聚的低势区，因此，断层面凹凸体部位是断层活动时期潜在的优势输导通道。

　　断层面凹凸体与传统观点所说的断面脊既有共同点，又有差异，共同点是二者都为断层面上凸起的低势区，是油气运聚过程中发生汇聚的区域；不同之处是断面脊一般认为是由深至浅贯通整个断层、近于平行断层滑动方向的脊状构造，而凹凸体是断层破裂滑动过程中由阶步等演化而来，不完全贯通整个断层，虽然也是长轴方向沿断层滑动方向的椭圆形凸起，但也有一部分是断层面局部分布的近圆形或透镜状构造（图 4.14），往往是断裂演化过程中断层段发生"硬连接"、断裂交叉或断层弯曲的部位。同时，结合岩石力学过程发现凹凸体部位应力集中、裂缝发育且滑动量相对断层其他部位较大，而传统的断面脊刻画中仅考虑几何形态，忽略了大量运动学信息。

　　需要注意的是，并不是所有的断层面凹凸体都具备断裂活动期幕式运移流体的条件，需要通过几何学确定凹凸体分布范围后进一步结合运动学分析确定该部位的滑动量、应力、应变特征和裂缝发育情况，只有同时具备滑动量较大、应力集中且裂缝发育的断层面凹凸体部位才容易成为高孔渗通道，作为可能的断裂活动期垂向优势输导通道。

　　2) **断裂活动期垂向优势输导通道的确定方法和流程**

　　以断层面凹凸体作为油气源断裂垂向优势输导通道的研究思路，实际上是在断层面凹凸体刻画的基础上进一步细化，同样也是以高精度三维地震资料为基础，经过时深转换后通过三维地质建模软件建立断层、地层模型，并进一步计算断层面的几何学属性和运动学属性，以此为基础刻画断层面凹凸体范围和运动学特征，流程如图 4.15 所示，分为以下六个步骤。

　　a. 油气源断裂三维地质建模

　　在构造演化、断裂活动期次、断裂类型划分的基础上，厘定出油气源断裂，此时要进一步评价油气源断裂的优势输导通道，合理分析解释目前油气藏的分布和预测潜在的有利区。

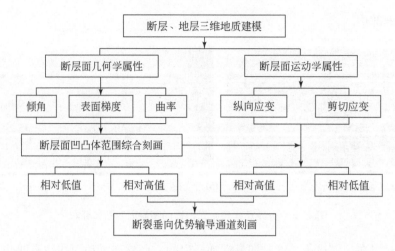

图 4.15　研究技术流程图

根据断层凹凸体的理论，通过断层面几何学、运动学属性，利用高精度三维地质资料建立断层、地层的三维地质模型，获取断距、倾角等断层的基本信息（图 4.16）。

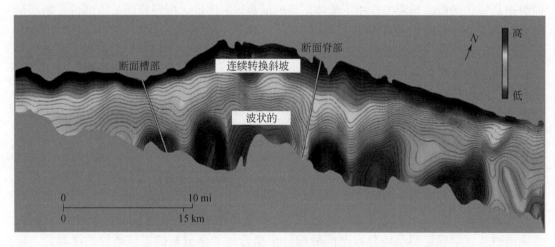

图 4.16　利用地震数据建立的断层面三维地质模型（McDonnell et al.，2010）

1mi＝1.609344km

b. 断层面几何学属性计算

对断层面形态响应比较好的断层面几何学属性一般有以下几种：倾角、方位角、表面梯度、走向和曲率等。不同断层有所差异，选择两种以上与目标断层的构造演化、活动性等对应较好的属性，作为下一步分析的特征几何学属性。如图 4.17 中断层面选取倾角、方位角和曲率三种属性，综合来看它们对断层转换带、叠覆区和断层弯曲转折部位反映得较好，可作为下一步刻画断层面凹凸体范围的特征几何学属性。

c. 断层面凹凸体刻画

综合断层面特征几何学属性，将共同反映断层面凸起部位的区域标定出来，并与断层演化分析中转换带的识别等结合，确定凸起部位的类型，是转换带、断裂交汇区、弯曲走

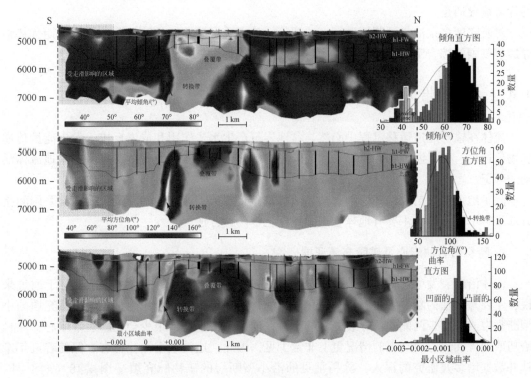

图 4.17　断层面倾角、方位角和曲率属性的分布（Indrevær et al.，2014）

向转折区等，并结合位移–距离曲线，将断层面几何属性和断层活动速率相比较，优选出多种属性的共同高值（图 4.17），并且断层滑动量（沿断层面的真位移）较大的位置作为凹凸体的分布区。

d. 断层面运动学属性计算

断层面凹凸体在岩层破裂过程中起到"发生器"和"制动器"的作用（黄福明，2013），是断层滑动前应力集中的部位，并且一般滑动量较大，因此属于滑动后应变较大的区域。在三维地层、断层建模的基础上结合应力场数据可以计算出现今断层面的应变，一般有两种，分别是纵向应变和剪切应变。纵向应变表征了断层两盘岩石在滑动过程中的变形量，主要指的是正断层中主动盘（上盘）的变形，容易形成断层圈闭，使沿断层输导的油气更容易聚集。剪切应变在凹凸体部位较大代表这个部分更容易破坏上部的遮挡层，是油气垂向运移更多的层位。运动学属性分析即综合选取纵向应变和剪切应变的共同区域，以备与几何学属性确定的断层面凹凸体进行匹配。

e. 断裂带可能的高孔渗通道确定

综合断层面几何学属性和运动学属性的高值刻画出滑动量和应变最大、裂缝最发育的断层面凹凸体部位是断裂活动期的高孔渗通道。

f. 断裂活动期优势输导通道刻画

结合现今断层圈闭分布和油气藏分布，与刻画的潜在高孔渗通道作对照，并按输导及聚集油气的贡献对其分级，进一步优先选出对油气成藏贡献最大的位置作为该油气源断层的优势输导通道。

对研究区多条油气源断层进行上述评价，建立适合该地区的油气源断层活动期优势输导通道刻画的综合定量评价标准，为目标区的评价提供依据。

## 4.4.2　断裂带内水岩作用记录及示踪方法

流体在输导通道运移过程中必然与盆地岩石产生水岩作用和成岩反应，发生能量传递和物质迁移，引起温度场、压力场和成岩场的变化，并在岩石中残留一些示踪盆地流体活动的标记。

除了地面油气苗及钻井岩心含油显示等直接证据外（资料较为有限），通常采用间接方法进行示踪分析，主要有地球物理和地球化学两种方法。

### 1. 断裂带含油岩心及矿脉充填证据

流体沿断裂发生运移的最直接证据就是在断裂带内部发现流体的踪迹。对于油气来说，主要是含油的断裂带岩心、受氧化后的沥青痕迹或者是成岩作用过程中矿脉充填的小型断裂带或断裂带两侧的诱导裂缝。然而，在油田钻探过程中很少会在断裂带取心，而且恰巧取到含油岩心或沥青的情况更上非常少见，因此，这类数据往往稀有。但随着近年来钻井数据增多及研究的深入，除稍常见的沿小型断层的矿物脉充填［图 4.18（a）］外，钻遇断裂带岩心含油情况［图 4.18（b）］及钻遇"断裂空腔"沥青的现象也已有发现，这些均可为断裂输导流体（油气）提供直接证据［图 4.18（c）］。

(a) 小断层沿断层面的矿物脉充填　　(b) 王96井钻遇断裂带岩心含油情况　　(c) 东辛地区营2-平1井钻遇的
　　(Gudmundsson，2001)　　　　　　　　　(陈伟，2011)　　　　　　　　　　"断裂空腔" 沥青(蒋有录和刘华，2010)

图 4.18　断裂输导流体的矿脉充填及钻井岩心证据

### 2. 断裂带附近烃类显示及成岩反应证据

神狐海域天然气水合物来自断裂的垂向输导。文昌组和恩平组烃源岩热演化程度较高，从早上新世开始一直处于产气阶段，产生的热解气首先沿着断层向上运移。热解气沿断层向上运移当遇到孔隙度和渗透率均较大的砂岩时，一部分热解气沿着砂体或不整合面横向运移并在合适的构造或地层圈闭的作用下形成常规油气藏（杨胜雄等，2017）（图 4.19）；其余的热解气在流体势的作用下继续沿断层向上运移，在合适的高压低温条件下热解气和流体结合形成天然气水合物。先期天然气水合物形成时气压充足，常形成厚层状天然气水合物

（图4.18）。因为天然气水合物本身是一种良好的化学盖层，所以厚层状天然气水合物形成了一定的圈闭，后期形成的天然气水合物只能在厚层状天然气水合物之下成藏。断层本身可作为热解气运移的通道，热解气和流体在断层附近被捕获形成天然气水合物时便形成断层附近的天然气水合物。因此厚层状、分散状、结核状和断层附近天然气水合物往往是构造渗漏型天然气水合物（图4.18）。

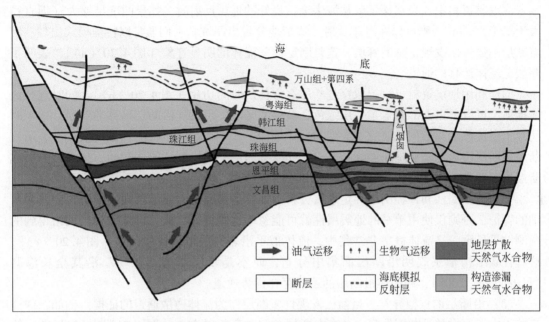

图4.19 南海北部神狐海域天然气水合物的成藏模式（杨胜雄等，2017）

### 3. 地球物理方法

目前用于断裂输导流体（油气）标识的方法主要有以下6种，分别是温度及压力异常、气烟囱和麻坑、沿断层的振幅异常、原油物性、原油孢粉、沸腾包裹体。由于地质条件差异或资料的限制，在不同地区应该选取对流体运移过程中产生的水岩作用最为敏感的方法进行示踪分析。

（1）温度及压力异常。查明（1997）发现东营凹陷胜北断裂带的地温梯度比平均地温梯度高出 $4 \sim 9$℃/km。Steven 等（1999）在对路易斯安那海边大型生长断层的垂侧向输导流体特征研究后发现，在1933m处切穿断层的 A6ST 井的断层沉积物表现出古热异常（$0.55\% R_o$），随着离断层距离增大，这种影响减小。于翠玲等（2005）研究发现，东营凹陷胜北断裂带显示出异常高压，沙河街组三段压力系数大于1.3，明显大于其他地区，这与温度的异常变化一致，是由断裂输导深部热流体而导致的。

（2）气烟囱和麻坑。气烟囱是活动热流体作用形成的特殊伴生构造，形态似裂隙，具有幕式张合特征，其垂向运移流体方式共有两种：①底辟作用使岩层产生裂隙并形成断裂，气体及气水化合物等流体以瞬时性爆发形式垂向上发生运移，形成气烟囱；②在泄压宁静期，气体沿断裂或裂隙等构造薄弱带垂向持续性缓慢浮涌移动，持续时间较长。由于流体（气体）在断裂或裂隙带的充注使地震剖面上呈现异常带（模糊带或空白区），直观显示出断裂输导流体的特征。

麻坑一般被认为是由于流体逸散所形成的小型海底凹陷。根据流体逸散的通道，麻坑一般可以划分为四种类型（孙启良，2011）：一是与气烟囱有关的麻坑；二是与沉积边界相关的麻坑；三是与气烟囱和倾斜构造（断层）相关的麻坑；四是与倾斜构造（断层）相关的麻坑。

在地震资料中，当水深足以从海床进行良好的地震反射时，如果凹坑足够大（即直径大于等于50mm），则可以在海床反射上清楚地分辨出凹坑，它们通常以特征模式出现。沿着断层趋势可以发现正常的麻坑，这是断层泄漏流体的明显迹象［图4.20（a）］，表明了断层是流体运移的通道。

同样利用地震资料可以提取穿越断层立方体的时间切片［图4.20（b）］，同时进行流体检测，可以看出上部覆盖了一层绿色、黄色的区域，是油气沿断层运移的路径。这个时间片上亮黄色的圆形区域对应着大型的气体烟囱。如果某断层中检测到流体活动，表示该断层或断层段可能是泄漏断层和断层段；如果某断层中未检测到流体活动，表示该断层或断层段可能是封闭断层和断层段［图4.20（b）］。

利用地震属性和神经网络确定地震资料中油气运移通道，能够增强地震资料中非常精细的特征，否则仅使用单一的地震属性就可能忽略这些特征。从"训练"神经网络得到的预测结果显示，高流体概率非常集中，流体似乎沿着断层带呈柱状运移［图4.20（c）］。这些柱状结构似乎表明沿断层面集中分布，而不是断层作为"帷幕"沿其全长渗漏（Ligtenberg，2005），即流体沿断层的运移存在优势通道。

（3）沿断层的振幅异常。目前已发现许多断层作为流体逸散通道的证据。例如，珠江口盆地内振幅异常沿断层发育，分布在断层两侧或者断层之上（图4.21）。振幅异常一般是由气体存在所造成的。这种地震反射特征是流体（气体）在断层活动期沿断层发生运移所形成的（孙启良，2011）。

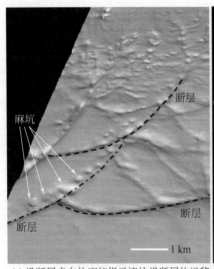 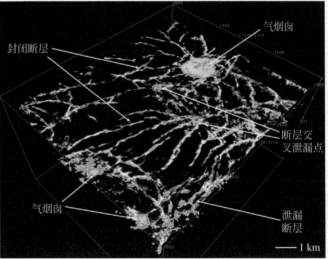

(a) 沿断层走向的麻坑指示流体沿断层的运移　　　　(b) 断层立方体时间切片，上覆绿色、黄色区域
　　　　　　　　　　　　　　　　　　　　　　　　　为流体运移路径(烟囱概率0.7~1.0)

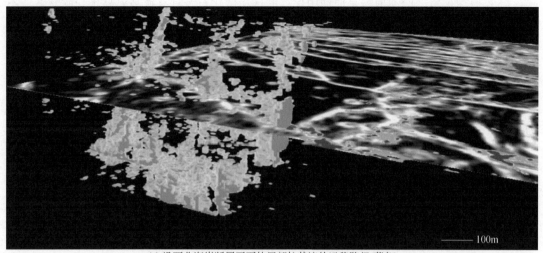

(c) 沿西非海岸断层平面的局部柱状流体运移路径(蓝色)

图 4.20　流体沿断层运移的地震检测 ［据 Ligtenberg（2005）］

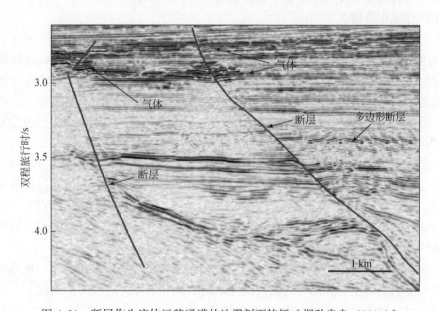

图 4.21　断层作为流体运移通道的地震剖面特征 ［据孙启良（2011）］

（4）原油物性。前人研究表明，原油密度等物性参数对流体活动极为敏感，当封闭条件较差，油气运移过程中以氧化作用为主时，随运移距离增加，原油密度、黏度由小变大；而当封闭条件较好，油气运移过程中以层析作用占主导时，原油的重质组分受岩石吸附，沿运移方向原油密度和黏度由大变小（于翠玲等，2005）。张成等（2005）研究表明，原油物性参数（密度、黏度、胶质含量和沥青质）离断层越远呈现出逐渐增大的趋势。孙同文等（2011）对大庆长垣以东地区扶余油层的油气沿断裂密集带运移特征分析后表明，沿油气运移的方向，原油相对密度均有逐渐变小的趋势。

（5）原油孢粉。原油孢粉是原油中保存的孢粉微化石，具有耐高温高压、耐酸碱、不易氧化和不易被微生物分解的特点，为人们研究烃源岩和油气运移提供了直接的时空证据（李明诚，2004）。Chepikov 等（1978）模拟实验证明，岩石中的植物微化石不仅能和石油一起运移，而且还能和天然气一起运移，可以作为油气运移路线的可靠指示者。江德昕等（2002）对塔里木盆地石油运移的孢粉特征进行了研究，发现断层附近钻井显示原油中含孢粉化石的数量比其他原油样品多几倍至几十倍，充分说明了断层作为油气的输导通道。

（6）沸腾包裹体。沸腾包裹体是不混溶流体相中捕获的包裹体，其成因可能是由于断裂活动导致压力突降而使流体产生减压沸腾。鄂尔多斯盆地南部直罗油田发现在英 16 井和富南 3 井、富南 6 井的裂缝岩心都能构成真实的"地震泵"油气输导模型（王志辉和黄伟，2011）。含烃类的沸腾包裹体是油气"突发式"或"脉冲式"成藏的重要证据（邱楠生和金之钧，2000）。

### 4. 地球化学方法

常用来断裂输导示踪的地球化学方法主要有三种，分别是地层水矿化度特征、含氮化石物和生物标志化合物。

（1）地层水矿化度特征。根据柳广弟（2009）的分类方案，地表或浅层地下水主要是 $Na_2SO_4$ 型水，矿化度比较低，而深层主要是 $CaCl_2$ 型水，矿化度最高；$NaHCO_3$ 型水可以出现在深层也可以在浅层，矿化度一般表现为浅部较低而深部较高。于翠玲等（2005）对东营凹陷的研究结果表明，油源断裂附近无论深层、浅层都以 $CaCl_2$ 型水为主，矿化度普遍较高，而其他地区则是深层以 $CaCl_2$ 型水为主，浅层以 $NaHCO_3$ 型水为主，其主要原因是深层高矿化度 $CaCl_2$ 型水沿断裂运移至浅层而导致浅层矿化度升高。

（2）含氮化合物。含氮化合物主要存在于胶质和沥青质中，一般分子大、极性强，在油气运移过程中容易与输导通道表面岩石相互作用而发生吸附，沿着运移方向其绝对丰度不断降低。因此，通过含氮化合物的分馏效应可以指示油气运移的方向。蒋有录等（2011）用含氮化合物浓度的变化对濮卫地区断层输导油气特征进行了示踪，由含氮化合物浓度的变化反映了油气沿断层由沙三段向沙二段运移。

（3）生物标志化合物。生物标志化合物主要用来判断烃源岩的成熟度。成熟度范围较广、抗降解能力强的生物标志化合物可以用来判断油气运移方向。一般情况下，当烃源岩成熟度增加时，生成的原油成熟度也会相应增加，邻近油源区原油成熟度最高。这样，沿着油气运移的方向原油会表现出成熟度不断减小的特征。郑朝阳等（2007）选用 Ts/（Ts+Tm）、三环萜烷/17 藿烷等参数对塔里木盆地塔河油田原油运移方向进行研究，最终确定出由东向西和由南向北两个油气运移方向。

# 第5章 断裂在盖层段变形机制及垂向封闭性定量评价

我国含油气盆地的盖层测试结果表明，盖层封闭能力遵循膏岩、泥岩、碳酸盐岩和砂岩依次变差的规律，膏岩、泥岩和碳酸盐岩均能封闭住几百至几千米的烃柱高度，而实际油气藏烃柱高度远远低于盖层自身所能封闭的烃柱高度，即盖层自身封闭能力不是圈闭失利的主要因素（Downey，1984；付晓飞等，2008，2015；张仲培等，2014）。油气勘探实践表明：断裂对流体流动起到至关重要的作用（Anderson et al.，1994；Ingram et al.，1997；Revil and Cathles，2002；Ligtenberg，2005），其中，断裂是油气藏调整和破坏的关键，是油气勘探开发风险性评价的重要因素（Sibson，1985，1996；Christopher et al.，2012；付晓飞等，2015）。

## 5.1 盖层脆韧性变形的判别标志及定量评价

无论哪种类型的盖层，随着埋深增加，成岩程度、物性及温压环境发生改变（胡玲，1996），盖层均发生力学性质变化，变形历经三个阶段：脆性、脆–韧性和韧性（图 5.1）（付晓飞等，2015；Wang et al.，2019）。不同变形阶段盖层封闭能力、破裂方式和变形机制明显不同（Fossen，2010；李双建等，2013），从而导致盖层顶部封闭能力存在差异（付晓飞等，2015），因此盖层脆韧性变形定量评价是垂向封闭性评价的重要基础。

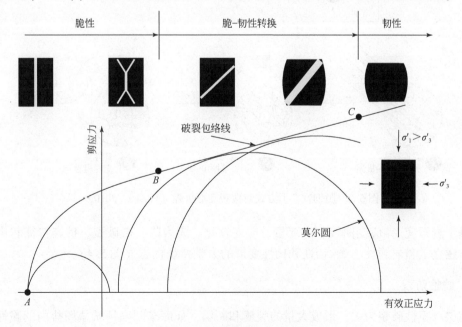

图 5.1 岩石脆韧性变形转化

## 5.1.1　盖层脆韧性变形特征及判别标志

不同变形阶段盖层封闭能力及破裂方式不同（图5.2）（Fossen，2010），盖层顶部封闭能力存在差异（付晓飞等，2015）。当前还没有标准的、统一的岩石脆性定义及测试方法。Ramsey（1968）认为，当岩石内的黏聚力丧失时，材料即发生脆性破坏；Obert 和Duvall（1967）将脆性定义为类似铸铁和多数的岩石材料达到或稍超过屈服强度而破坏的性质；地质学及相关学科学者认为脆性是指材料断裂或破坏前表现出的极小或没有塑性变形的特征（Howell，1960）。Heard（1960）依据岩石的应力–应变曲线，将岩石分为三种类型（图5.3）：①脆性岩石，破坏点位于弹性极限附近，破坏前的线应变一般不超过3%；②脆–韧性岩石，破坏点超过屈服强度，破坏前的线应变一般不超过5%；③韧性岩石，破坏点距屈服强度很远，破坏前的线应变一般超过5%。

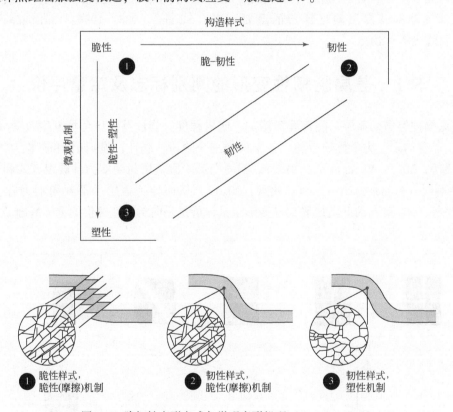

图5.2　脆韧性变形方式与微观变形机理（Fossen，2010）

基于岩石应力–应变曲线、应变量、应变软化、应力降、微破裂、扩容特征和声发射特征，建立了盖岩脆性、脆–韧性和韧性变形的力学特征标志（图5.4）。

### 1. 脆性阶段

盖层以脆性破裂为主，形成大量的裂缝和断层，如库车凹陷拜城盐场盐内的脆性断层

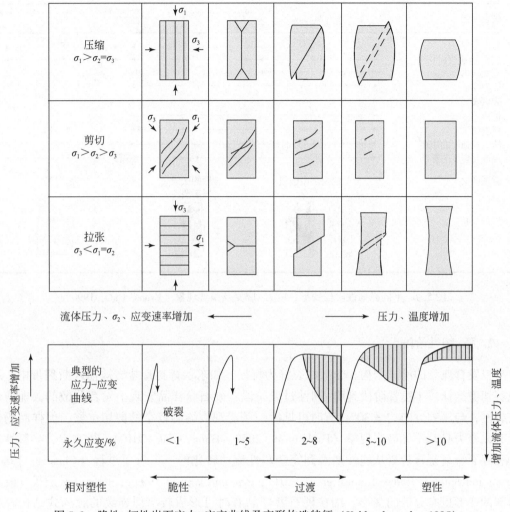

图 5.3　脆性-韧性岩石应力-应变曲线及变形构造特征 (Kohlstedt et al., 1995)

（付晓飞等，2015）。三轴试验硬石膏样品宏观上沿单一剪切裂缝突然脆性破裂，剪切面与压缩方向约呈 30°，伴生较厚的涂抹层和较宽的强烈破碎带（Paola et al., 2009；Hangx et al., 2010）。微观上，由于破裂和微破裂作用硬石膏以局部变形为主，破碎带内发育高度连通的晶间和穿晶的微裂缝网，远离断裂带破裂强度降低，趋于更分散的、差-中等连通的晶内和晶间裂缝，很少有穿晶裂缝且晶内裂缝一般沿轴向发育与解理面和双晶面斜交。从应力-应变曲线上观察脆性阶段的膏盐岩发生应变软化，破裂处有很大的应力降；脆性破裂之前渗透率增加 2～3 个数量级，这与晶内和晶间微裂缝的连通性有关，破裂时渗透率表现为突然的增加；屈服点之前体应变是减小的，超过屈服点之后体应变开始逐渐增大（Paola et al., 2009）。Brantut 等（2011）从石膏切面的声发射位置投射图上观察到声发射主要沿主裂缝和次级裂缝分布。

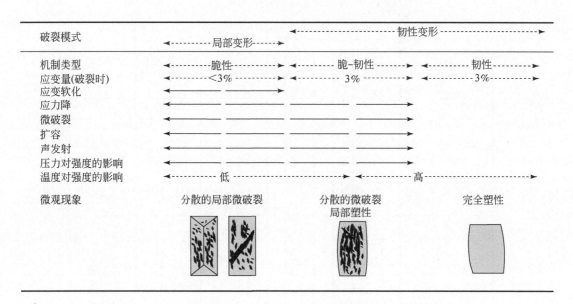

图 5.4 不同脆韧性阶段变形、应力–应变及微观现象（Evans et al.，1990）

### 2. 脆–韧性阶段

以发育典型的涂抹结构和分散的裂缝为特征，如东秋背斜膏盐岩被拖入断裂带中，形成剪切型涂抹。半脆性阶段到脆–韧性过渡阶段，硬石膏样品宏观上发育分散的共轭剪切破裂网，与压缩方向约呈30°，有时可见沿一条宏观裂缝有较小的剪切位移，但样品仍保持有黏聚力且几乎无鼓胀现象（Paola et al.，2009；Hangx et al.，2010）。微观上，半脆性流动和碎裂流动是膏盐岩从脆性断裂到完全塑性流动转化的一个重要过程（Chester，1988；Peach and Spiers，1996；Brantut et al.，2011；Zhu and Wong，1997），因此其破裂模式既有局部的变形也有分散的变形，细粒硬石膏样品有时可形成较窄但连续的雁列式结构碎裂带，局部裂缝横切碎裂带且碎裂带之间可观察到高密度的晶内和晶间裂缝。从应力–应变曲线上观察脆–韧性阶段的膏盐岩介于应变软化和应变硬化之间，破裂处应力明显减小（Paola et al.，2009）。纯石膏样品在脆–韧性阶段还可观察到由于压碎和扭转的颗粒局部混合形成的微米级剪切带（Brantut et al.，2011）；脆–韧性阶段膏盐岩的声发射速率增大（Alkan et al.，2007）。

### 3. 韧性阶段

韧性阶段的盖层具有流动特征，发生褶皱变形，一般沿着断裂塑性流动挤出并在断裂顶部出露，为典型的塑性变形，在西秋构造带发现了出露地表的库姆格列木组膏盐岩（付晓飞等，2015）。硬石膏样品宏观上无明显的局部断裂，共轭剪切裂缝更发育，有明显的鼓胀现象（Paola et al.，2009）。微观上，受位错蠕变（包括位错滑移和位错攀移）、动态恢复作用与动态重结晶作用等晶质塑性变形机制的影响（胡玲等，2017），硬石膏以分散变形为主，但是不同粒径的硬石膏样品其塑性变形方式是不同的，粗粒硬石膏样品发育与加载方向平行的高密度晶内裂缝、晶间裂缝，表现为破裂的颗粒边界，仅在强烈破碎区能观察到很少的穿晶裂缝；而细粒硬石膏样品均匀发育极窄的雁列式结构碎裂带，最宽达0.2mm，碎裂带之间可见高密度的晶内和晶间微裂缝（Paola et al., 2009）。与硬石膏不同的是，盐岩在韧性阶段发育亚晶粒，还可见由颗粒边界迁移重结晶形成的新晶粒（Schléder and Urai, 2005）。从应力–应变曲线上观察韧性阶段的膏盐岩发生应变硬化，几乎无应力降；渗透率增加 1~2 个数量级并最终达到一个稳定值；屈服点之前体应变减小，此阶段较脆性域的持续时间短，超过屈服点体应变开始逐渐增大（Paola et al., 2009）。韧性阶段无声发射响应。

## 5.1.2  盖层脆韧性变形的影响因素

对于膏盐岩而言，影响膏盐岩（非孔隙性岩石，孔隙度普遍小于5%）脆韧性变形的主要因素是围压（Fuenkajorn et al., 2012；Hangx et al., 2010；Paola et al., 2009；Brantut et al., 2011；Popp et al., 2001；高小平等，2005；Hamami, 1999；Zhu and Wong, 1997；Handin and Hager, 1957）和温度（高小平等，2005），其次是加载速率（Fuenkajorn et al., 2012；Hamami, 1999）、流体压力（Hangx et al., 2010）、组成（Price, 1982）和内部结构（Paola et al., 2009）。温度和加载速率不变，随着围压的增加干燥的膏盐岩向脆–韧性域过渡甚至向韧性域转变（图 5.5）（Liang et al., 2007）；同理，加载速率和围压保持一定，温度越高干燥的膏盐岩韧性变形特征越明显（图 5.6）（高小平等，2005）。盐岩的力学实验证明，加载速率足够大时盐岩就会发生脆性变形（图 5.7）（Spiers et al., 1988；Thorel and Ghoreychi, 1996），但是在大多数盐构造背景下应变速率很少大于 $10^{-12}\,\mathrm{s}^{-1}$，只有在孔隙流体超压条件下，盐岩才会发生脆性破裂（Schléder et al., 2008），否则，孔隙流体对盐岩的脆韧性影响可以忽略（Hangx et al., 2010）。由于盐岩的可韧性大于膏岩，因此发生脆韧性变形的难易程度为盐岩>含盐夹层的膏岩>纯膏岩。此外，粗粒硬石膏样品比细粒硬石膏样品更易发生脆韧性变形，平行于面理方向的压缩比垂直于面理方向的压缩更易发生脆韧性变形（Paola et al., 2009）。

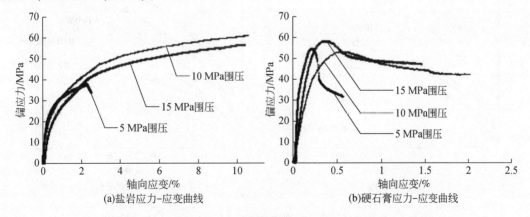

图 5.5  不同围压下盐岩和硬石膏样品的应力–应变曲线 ［据 Liang 等（2007）］

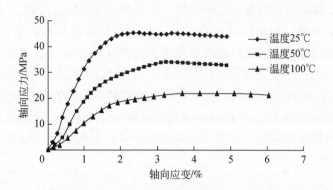

图 5.6　膏盐岩压缩实验的应力-应变曲线（高小平等，2005）

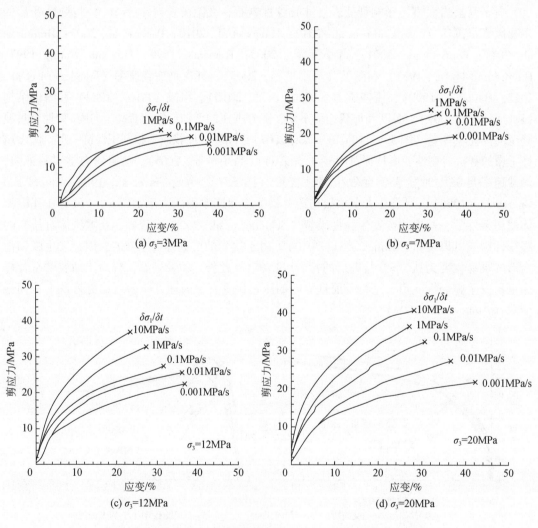

图 5.7　加载速率对盐岩脆韧性的影响（Fuenkajorn et al.，2012）

对于泥页岩而言，除了温度、围压、加载速率、流体压力、组成和内部结构影响外，矿物成分（Alqahtani，2013）、成岩作用（Hoshino et al.，1972；Ingram and Urai，1999；Corcoran and Doré，2002）和流体性质（Nygård et al.，2006）也影响脆韧性变化。泥页岩中石英为典型的脆性矿物，其含量越高，泥页岩脆性程度越高（Jarvie et al.，2005），Alqahtani（2013）提出了利用岩石矿物分析法判断岩石脆性程度（图5.8）。泥岩在未固结–半固结成岩阶段密度很低，Hoshino 等（1972）认为在大多数沉积盆地内页岩的密度在大致小于2.1g/cm³的情况下只发生韧性变形，如果页岩的密度大于2.1g/cm³时，在足够应变作用下页岩将发生脆性破裂。为此，提出了利用密度定量判断泥页岩脆韧性变形评价方法（Ingram and Urai，1999；Corcoran and Doré，2002）。Nygård 等（2006）和付晓飞等（2015）对比研究表明，含油页岩比纯页岩更容易发生韧性变形（图5.9），在15MPa围压条件下即发生韧性变形。

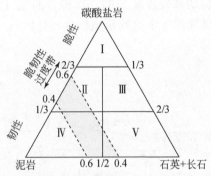

Ⅰ–白云质泥岩　Ⅱ–泥灰岩　Ⅲ–硅质泥灰岩
Ⅳ–泥页岩　Ⅴ–硅质泥岩

图5.8　泥岩矿物成分与脆韧性关系（Alqahtani，2013）

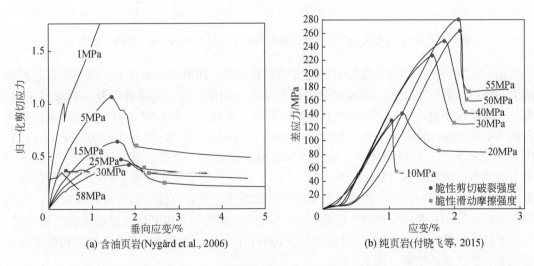

(a) 含油页岩(Nygård et al.，2006)　　　(b) 纯页岩(付晓飞等，2015)

图5.9　页岩含油气性对脆韧性变形的影响

### 5.1.3  盖层脆韧性转化过程定量评价

**1. 拜尔利摩擦定律和应力降规律联合判断盖层脆韧性**

由于影响膏盐岩脆韧性的因素主要是围压和温度，因此依据三轴压缩试验可以获得不同围压和温度条件下峰值强度和残留强度（图5.10）（Scott and Nielsen，1991；Faulkner et al.，2008）。在岩石力学中，脆性破裂的表征方法一般有库仑破裂准则、格里菲斯准则、修正格里菲斯准则以及莫尔-库仑破裂准则（Goetze，1971；陈颙等，2009）。脆性剪切破裂强度对应峰值差应力，其强度随着围压的增加而增加。莫尔-库仑破裂准则为试验准则，其包络线一般为二次曲线（Kohlstedt et al.，1995；Myrvang，2001），即为岩石不同围压应力-应变曲线上峰值强度（剪切破裂强度）的二次拟合曲线（Petley，1999）。依据拜尔利（Byerlee）摩擦定律和应力降规律来定量判断脆韧性转化阶段（图5.11）（Byerlee，1978；Goetze，1971）。

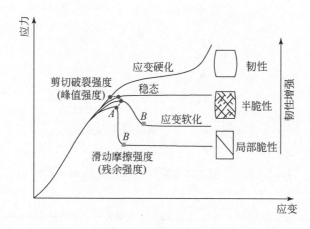

图 5.10　应力-应变曲线特征及相关参数的确定［据 Faulkner 等（2008）修改］

Byerlee（1978）通过大量岩石摩擦滑动实验证实：在低围压条件下，脆性岩石破裂后的滑动摩擦系数约为0.85，滑动摩擦强度与摩擦力相等，这一定律称为拜尔利摩擦定律。拜尔利摩擦定律是一个与岩石类型和滑动面特征（粗糙度）等因素完全无关，普遍适用于自然界中的各种摩擦滑动现象（陈颙等，2009；Byerlee，1978）。在差应力（$\sigma_1-\sigma_3$）和围压 $\sigma_3$ 坐标系中，在低围压下，岩石体现出纯脆性破裂，峰值破裂曲线是直线，斜率与破裂后的滑动摩擦曲线（Byerlee's friction law）相近，随着围压增大，岩石中部分矿物体现出塑性变形，岩石的内摩擦角及滑动摩擦角都减小，当岩石破裂强度（峰值强度）与围压恰好满足拜尔利摩擦定律时，即莫尔-库仑破裂包络线与拜尔利的摩擦滑动曲线相交时，岩石开始从脆性向脆-韧性转变（陈颙等，2009；Byerlee，1978）。因此，拜尔利摩擦定律标志着脆性破裂的结束（图5.11）。

应力降是指岩石破裂峰值强度与残余强度的差值（Goetze，1971），微观上脆性和脆-塑性变形，岩石普遍存在微观破裂和声发射现象。从应力-应变曲线上看，岩石具有明显

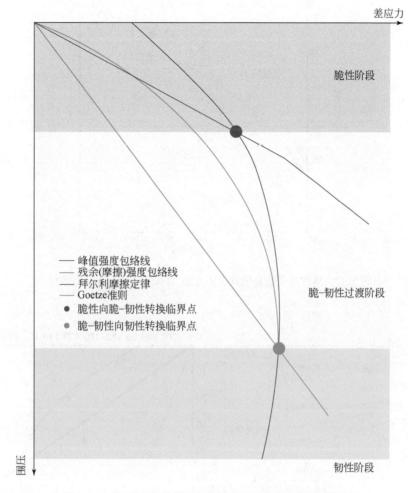

图 5.11　岩石剪切破裂强度包络线及脆韧性变形阶段厘定

的应力降，随着围压的增加，岩石塑性成分逐渐增多，应力降逐渐减小，当围压增加到某一临界值时，应力降为零，即岩石残余强度包络线与莫尔-库仑破裂包络线相交时（图 5.12），岩石开始转变为塑性变形，不发生脆性破裂。Goetze（1971）表明，当应力降为零时，大部分数据表明所施加的围压（或有效围压）约与破裂强度（$\sigma_1-\sigma_3$）相近时，标志着半脆性向塑性过渡的转变。

付晓飞等（2015）依据拜尔利摩擦定律和应力降规律定量判断库车拗陷膏盐岩脆韧性转化围压，白色纯膏岩脆性向脆-韧性转换的临界围压为 46MPa，相当于埋深 1740m，脆-韧性向韧性转换的临界围压为 90MPa（图 5.13），相当于埋深 3400m。含盐泥岩脆性向脆-韧性转换的临界围压为 74MPa，相当于埋深 3200m，脆-韧性向韧性转换的临界围压为 121MPa，相当于埋深 5232m（图 5.14）。结果表明（图 5.15），膏岩脆韧性转换临界围压明显低于含盐泥岩，即相同围压条件下，泥岩表现为脆性时，膏岩可能已经转变为脆-韧性甚至韧性。因此，以膏岩脆韧性转换临界深度作为库姆格列木组区域盖层的脆韧性转换的临界条件，脆韧性转换临界深度分别为 1740m 和 3400m。

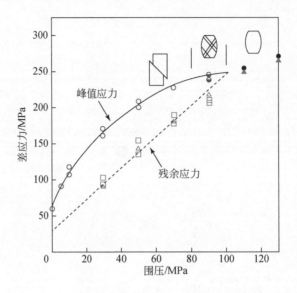

图 5.12　塑性蠕变临界定量表征方法（Scott and Nielsen，1991）

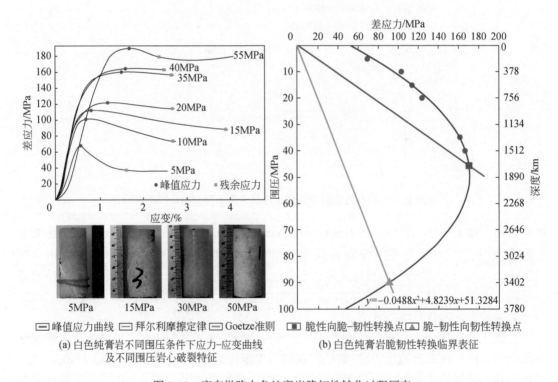

(a) 白色纯膏岩不同围压条件下应力-应变曲线　　　(b) 白色纯膏岩脆韧性转换临界表征
及不同围压岩心破裂特征

图 5.13　库车拗陷白色纯膏岩脆韧性转化过程厘定

## 2. 基于能量守恒法的盖层脆韧性评价

在三轴压缩试验中，完整岩石在加载过程中首先发生弹性变形，到达屈服强度后，岩石将经历不可恢复的非弹性变形，直到峰值强度（即破裂临界点），岩石开始破裂，这个

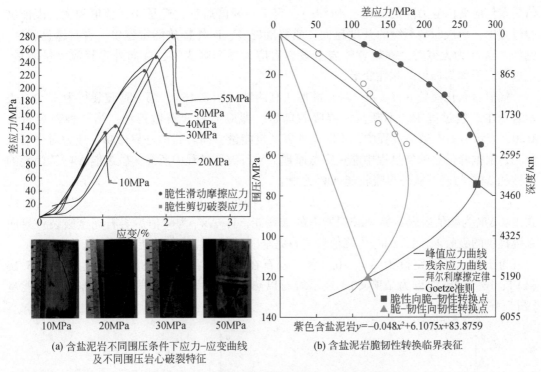

(a) 含盐泥岩不同围压条件下应力-应变曲线　　　　　(b) 含盐泥岩脆韧性转换临界表征
及不同围压岩心破裂特征

图 5.14　库车拗陷含盐泥岩脆韧性转化过程厘定

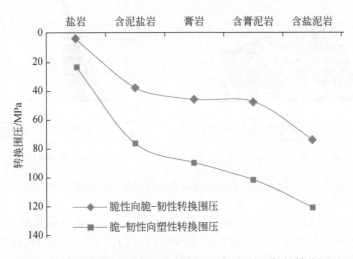

图 5.15　库车拗陷不同类型盖岩脆性、脆-韧性和韧性转化围压

过程中岩石始终在积累弹性势能，其弹性形变性质用弹性模量 $E = \mathrm{d}\sigma/\mathrm{d}\varepsilon$ 来表征。达到峰值强度后岩石破裂，并向外界释放能量。能量释放形式与峰值后破裂行为有关，其力学特征体现在峰值后应力-应变行为的变化，岩石达到峰值强度后，应力随应变开始减小，直到岩石完全破裂（剩余应力为残余应力），并形成断裂面开始滑动，在这个过程中（图 5.16 中 *BC* 段），岩石破裂越明显，峰值后应力减小程度越显著（应力释放）。为此，把峰

值后单位应变内应力降的变化（d$\sigma$/d$\varepsilon$），定义为峰值后软化模量 $M$，该值越大，表征破裂过程中，形成断裂裂缝的开度越大，或数量越多，向外释放能量越多，岩石越显脆性。例如，当 $M$ 为无穷时，那就意味岩石破裂后应力立即降为零，并向外界释放大量能量，把这种变形称为理想的脆性变形。

峰值后软化模量（$M = $ d$\sigma$/d$\varepsilon$）的形式有两种（图 5.16），第一种破裂行为 $M<0$，表示岩石在破裂过程中，不断从外界吸收能量，即应力对岩石做正功；第二种破裂行为 $M>0$，表示岩石在破裂过程中，不断向外界释放能量，即岩石向外界做功，应力对岩石做负功。根据峰值后破裂过程中能量守恒原理，岩石破裂过程中所需的破裂能 $\Delta W_r$ 为消耗的弹性能 $\Delta W_e$ 与岩石从外界吸收能 $\Delta W_a$ 之和：

$$\Delta W_r = \Delta W_a + \Delta W_e \tag{5.1}$$

式中：$\Delta W_r$ 为峰值后岩石完全破裂所需的破裂能，J；$\Delta W_a$ 为峰值后岩石完全破裂外界向系统提供的吸收能，J；$\Delta W_e$ 为峰值后岩石完全破裂所消耗的弹性能，J。

对于第一种破裂行为 $\Delta W_a>0$，表示岩石在应力作用下从外界吸收能量 ［图 5.16（a）］；第二种破裂行为 $\Delta W_a<0$，表示岩石以热能或碎片的动力学形式向外界释放能量 ［图 5.16（b）］。

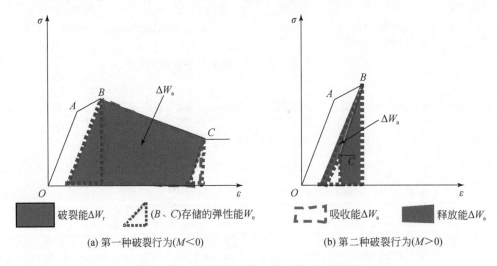

(a) 第一种破裂行为($M<0$)　　　　　　　　(b) 第二种破裂行为($M>0$)

图 5.16　岩石加载过程中的应力-应变曲线

图 5.16 中 $A$ 为岩石屈服点；$B$ 为岩石峰值破裂临界点，岩石积累最大弹性势能；$C$ 为岩石完全破裂对应的临界点，岩石存在残余弹性能。假设 $B$、$C$ 点的杨氏模量相等，都等于未加载时完整岩石的弹性模量，即加载到 $B$ 点或 $C$ 点时，然后卸载，卸载的应力路径的曲线斜率认为与 $OA$ 段加载的路径斜率相等。红色点线围成的三角形的面积为 $B$ 或 $C$ 点的弹性能，$BC$ 过程中消耗的弹性能 $\Delta W_e$ 为两三角形面积差；$BC$ 过程中岩石吸收能 $\Delta W_a$ 为 $BC$ 曲线与应变轴围成的面积（第一种破裂特征为黄色点线围成的梯形面积；第二种破裂特征为黄色区域的面积）；$BC$ 过程中岩石完全破裂所需的能量 $\Delta W_r$ 为灰色区域的面积。因此可以通过应力-应变曲线，计算相应面积来表示岩石 $BC$ 破裂过程中所涉及的能量。

消耗的弹性能 $\Delta W_e$：

$$\Delta W_{\mathrm{e}} = \frac{\sigma_B^2 - \sigma_C^2}{2E} \tag{5.2}$$

吸收能 $\Delta W_{\mathrm{a}}$：

$$\Delta W_{\mathrm{a}} = \frac{\sigma_C^2 - \sigma_B^2}{2M} \tag{5.3}$$

破裂能 $\Delta W_{\mathrm{r}}$：

$$\Delta W_{\mathrm{r}} = \Delta W_{\mathrm{e}} + \Delta W_{\mathrm{a}} = \frac{(\sigma_B^2 - \sigma_C^2)(M-E)}{2EM} \tag{5.4}$$

式中：$E$ 为岩石的杨氏模量（$OA$ 曲线段斜率），GPa；$M$ 为峰值后平均软化模量（$BC$ 曲线段斜率），GPa；$\sigma_B$ 和 $\sigma_C$ 分别为峰值应力和残余应力，GPa。

值得注意的是，如果吸收能为负（$\Delta W_{\mathrm{a}} < 0$），那意味着岩石破裂前积累的弹性能大于岩石的破裂能，即 $\Delta W_{\mathrm{e}} > \Delta W_{\mathrm{r}}$，表明 $\Delta W_{\mathrm{e}}$ 中有一部分能量导致形成大量裂缝，同时一部分能量从裂缝中以热能或运动学形式释放出去，其值为 $|\Delta W_{\mathrm{a}}|$（释放能）。释放能 $|\Delta W_{\mathrm{a}}|$ 能协助岩石破裂，有独自维持破裂的能力，一旦岩石开始破裂，其破裂行为不可控，因此释放能越大，岩石脆性越强。如果吸收能为正（$\Delta W_{\mathrm{a}} > 0$），那意味着岩石破裂前积累的弹性能小于岩石破裂能，即 $\Delta W_{\mathrm{e}} < \Delta W_{\mathrm{r}}$，此时岩石储存的弹性能不能促使岩石形成裂缝而完全破裂，因此需要应力对岩石做功，从外界吸收能量 $\Delta W_{\mathrm{a}}$，降低破裂能，最终使岩石发生宏观破裂。因此在破裂过程中，消耗的弹性能在破裂能中所占比例越大，岩石越显脆性。当 $\Delta W_{\mathrm{e}} = \Delta W_{\mathrm{r}}$ 时，表示理想脆性；当 $\Delta W_{\mathrm{e}} > \Delta W_{\mathrm{r}}$（$\Delta W_{\mathrm{a}} < 0$）时表示超脆性。为此提出评价岩石脆韧指标（BDI）为

$$\mathrm{BDI} = \frac{\Delta W_{\mathrm{e}}}{\Delta W_{\mathrm{r}}} \tag{5.5}$$

把式（5.2）和（5.4）代入式（5.5）

$$\mathrm{BDI} = \frac{M}{M-E} \tag{5.6}$$

式中：$E$ 为岩石的杨氏模量，GPa；$M$ 为峰值后的平均软化模量，GPa。

由式（5.6）可知，岩石脆韧性既依赖于完整岩石的弹性模量 $E$，也依赖于峰值后的岩石破裂行为，即平均软化模量 $M$。弹性模量是表征岩石固有属性的物理量，由岩石内在因素决定，与岩石的矿物成分、粒径、孔隙度、岩石结构等有关；软化模量不仅与岩石的内在结构有关，还对外界因素（如围压、温度、孔隙流体压力）很敏感。因此一般认为岩石的脆韧性受控于岩石内部结构和外在因素。

根据能量与脆韧性之间的内在关系，构建新的脆性指标（BDI），厘定岩石从超脆性到应变硬化韧性变形的演变过程，可将岩石变形特征定量地划分为四个阶段（图5.17）：超脆性阶段（BDI>1），$M>0$，（$\Delta W_{\mathrm{e}} > \Delta W_{\mathrm{r}}$，$\Delta W_{\mathrm{a}} < 0$），岩石破裂过程向外释放能量，具有独立维持破裂的能力，破裂过程不可控；$M = \infty$，（$\Delta W_{\mathrm{e}} = \Delta W_{\mathrm{r}}$，$\Delta W_{\mathrm{a}} = 0$）时，BDI=1，表征理想脆性；脆性阶段（0.5<BDI<1），岩石破裂过程消耗的弹性能 $\Delta W_{\mathrm{e}}$ 大于破裂能 $\Delta W_{\mathrm{r}}/2$，应力降较明显，岩石宏观上容易发生剪切破裂；$E = -M$（$\Delta W_{\mathrm{e}} = \Delta W_{\mathrm{r}}/2$）时，BDI=0.5，表征半脆性（脆性向脆-韧性转化临界状态）；脆-韧性转换阶段（1<BDI<0），

消耗的弹性能 $\Delta W_e$ 小于破裂能 $\Delta W_r/2$，应力降较小，岩石宏观上破裂不明显；$M=0$（$\Delta W_e=0$，$\Delta W_a=\Delta W_r$）时，BDI $=0$，应力降为零，为理想塑性（脆-韧性向韧性变形转化临界状态）；韧性阶段（BDI$<0$），无应力降，岩石不发生宏观破裂，为应变硬化过程。

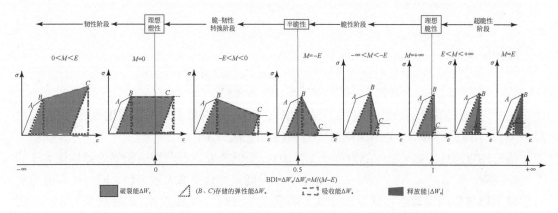

图 5.17　脆韧指标（BDI）连续厘定岩石从超脆性向韧性变形的演化过程

## 5.2　断裂在不同脆韧性盖层段变形机制及评价方法

我国含油气盆地普遍形成于多期次构造变革和多种过程叠合改造背景下（贾承造等，2006），具有"层楼式（多层系）"富集特征（李德生，2012）。勘探实践表明：盖层自身封闭能力较强，渗漏风险极低。尽管断层油气藏破坏的机制存在争议，但构造活动是泄漏的直接原因（Revil and Cathles，2002；Wilkins and Naruk，2007）；在蒂汶海（Timor Sea）盆地、海拉尔盆地和渤海湾盆地，断层活动被认为是圈闭失效的主要机制（Shuster et al.，1998；O'Brien et al.，1999；Gartrell et al.，2006；付晓飞等，2015；付广等，2015），但断裂活动是具有选择性的，并非整条断层都起到垂向调整作用，存在临界渗漏条件（Gartrell et al.，2006；褚榕等，2019）。当超过临界渗漏条件，油气发生垂向调整；若低于临界渗漏条件，油气普遍富集在区域盖层之下。在三维地震中，经常观察到与断层相关的流体包裹体数据和泄漏有关的特征，这现象证实了断层控制油气调整破坏（Whibley and Jacobson，1990；O'Brien et al.，1996，1999；Lisk et al.，1998；Cowley and O'Brien，2000；Gartrell et al.，2006；Rollet et al.，2006）。因此，断层活动是油气垂向调整或泄漏的重要原因之一（Revil and Cathles，2002；Wilkins and Naruk，2007），形成大量次生油气藏。2015年欧洲地质学家与工程师学会的"断层和盖层封闭性"国际会议上提出了4个亟待攻关的方向，其中一个议题提出"顶封性是如何失效的？"，"我们如何预测断层和裂缝在泥（页）岩封盖层中的变形规律？"。这涉及两个亟待解决的关键问题：一是断裂破坏盖层（顶封性失效）机理不明确，即不同条件下断裂破坏盖层连续性的方式不清楚，传统观点认为埋藏过程中压力和温度的变化导致盖层脆韧性变化，断裂在不同脆韧性盖层内的宏观变形样式迥然不同。二是缺少有效的断层垂向封闭性评价方法。

断裂在不同脆韧性盖层中变形机制不同，破坏油藏机制存在明显差异，其垂向封闭性评价方法也存在差异。当断裂在脆性岩层中发生变形时，随着断层断距的增大，裂缝的密度逐渐增大直至互相连通形成断层后，油气就会通过断层发生垂向运移（Bolton et al.，1998；Ingram and Urai，1999）。通常采用断接厚度（CJT，为盖层厚度与断距之差）来评价脆性域的断层垂向封闭性（付晓飞等，2015），即平行于断面的盖层厚度与目的层断层位移的差值（吕延防等，2008），该值越大，裂缝垂向导通能力越差。而当断层在脆-韧性岩层中发生变形时，往往发生泥岩涂抹。泥岩涂抹系数（SSF，为目的层断距与泥岩厚度之比）可以预测涂抹的发育程度（Lindsay et al.，1993）。多数学者认为泥岩涂抹的连续性受控于 SSF 的大小，对于规模较大的断层（断距大于 15m），泥岩涂抹保持连续性的临界值较小，一般为 4 ~ 8（Gibson，1994；Yielding，2002；Doughty，2003；Kim et al.，2003；Færseth，2006）。泥岩涂抹系数越大，越容易导致油气垂向调整或破坏，该方法适用于脆-韧性盖层条件（付晓飞等，2015）（图 5.18）。

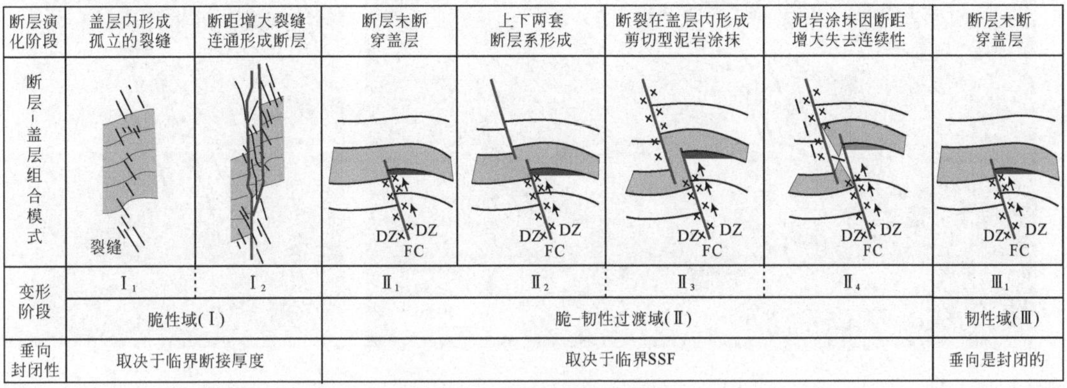

| 断层演化阶段 | 盖层内形成孤立的裂缝 | 断距增大裂缝连通形成断层 | 断层未断穿盖层 | 上下两套断层系形成 | 断裂在盖层内形成剪切型泥岩涂抹 | 泥岩涂抹因断距增大失去连续性 | 断层未断穿盖层 |
|---|---|---|---|---|---|---|---|
| 断层-盖层组合模式 | 裂缝 | | | | | | |
| 变形阶段 | I$_1$ | I$_2$ | II$_1$ | II$_2$ | II$_3$ | II$_4$ | III$_1$ |
| | 脆性域（I） | | 脆-韧性过渡域（II） | | | | 韧性域（III） |
| 垂向封闭性 | 取决于临界断接厚度 | | 取决于临界SSF | | | | 垂向是封闭的 |

图 5.18　不同变形阶段断裂在盖层段扩展模式图

DZ 为破碎带，FC 为断层核

## 5.2.1　断裂在半固结-固结泥岩中的变形机制及定量评价

### 1. 泥岩涂抹类型及形成机制

处于脆-韧性转化阶段的盖岩发育典型的涂抹结构。半固结-固结泥岩韧性很强，与其他岩性存在很大的能干性差异，断裂变形通常形成典型的涂抹结构（Weber et al.，1978；Aydin and Eyal，2002；Takahashi，2003；Doughty，2003；Koledoye et al.，2003；Eichhubl et al.，2005；Schmatz et al.，2010；Cuisiat and Skurtveit，2010）。Peacock 等（2000）综合前人研究（Perkins，1961；Knipe，1992a；Knott，1993；Lindsay et al.，1993）认为，围岩富泥物质沿着断层面分布，即为涂抹。早期对泥岩涂抹的描述主要针对生长断层，断裂变形深度不超过 50m（Weber et al.，1978；Smith，1980；Weber，1997）；Lindsay 等（1993）重点研究了成岩后断裂变形导致的泥岩涂抹作用，从而证实在未固结、半固结和固结的砂泥层序中均可形成泥岩涂抹。泥岩涂抹主要有三种类型：研磨型、剪切型和注入型（Lindsay et al.，1993）。决定断层垂向封闭能力的是剪切型泥岩涂抹，其形成与断裂导致的泥岩拖曳作用有关（Weber et al.，1978；Smith，1980；Lindsay et al.，1993），主要发育在较低的砂泥岩比率的地层中，在塑性剪切带中由于泥岩层向断裂带中流动而形成（图5.19）。这种泥岩涂抹是最常见的类型，不断被物理模拟实验（Sperrevik et al.，2000；Takahashi，2003；Schmatz et al.，2010；Cuisiat and Skurtveit，2010）、数值模拟（Egholm et al.，2008；Gudehus and Karcher，2007）、野外露头（Lehner and Pilaar，1997；Aydin and Eyal，2002；Doughty，2003；Koledoye et al.，2003；Eichhubl et al.，2005）和钻井（Færseth，2006）所证实。

图5.19　剪切型泥岩涂抹

（a）发育在南平组粉砂质泥岩和粉砂岩中的小型正断层（F4），垂直断距40cm，断裂上盘伴生断距20cm的逆断层，断裂带宽度15cm；（b）断裂带中见有明显的剪切型泥岩涂抹，涂抹带的厚度同原地层厚度相当，近20cm

　　泥岩涂抹形成机制普遍被接受的观点是分段生长连接模型，即由于泥岩和砂岩存在强度差异，塑性泥岩导致断层分段扩展，形成拉张型叠覆带，随着断层进一步活动，塑性泥岩被拖入断裂带中，形成剪切型泥岩涂抹（图5.20）（Withjack et al.，1990；Lindsay et al.，1993；Rykkelid and Fossen，2002；Takahashi，2003；Childs et al.，2009；付晓飞等，2010）。当发育多套塑性泥岩时，形成多个拉张型叠覆带并垂向叠置，从而形成复合型泥岩涂抹带（Aydin and Eyal，2002）。

**2. 泥岩涂抹连续性及定量评价**

　　多数学者认为（Lindsay et al.，1993；Gibson，1994；Yielding et al.，1997；Younes and Aydin，2001；Sperrevik et al.，2000；Yielding，2002；Doughty，2003；Kim et al.，2003；Takahashi，2003；Eichhubl et al.，2005；Færseth，2006；Childs et al.，2007），泥岩涂抹的连续性受控于断距与泥岩厚度的比率（SSF）大小［图5.21（a）］。Færseth（2006）认为小规模断层（断距小于15m），即亚地震断层，泥岩涂抹连续的SSF变化范围为1~50，SSF达到20~50时泥岩涂抹保持连续，通常泥岩层厚度为几毫米至10cm，断距为几分米至3~

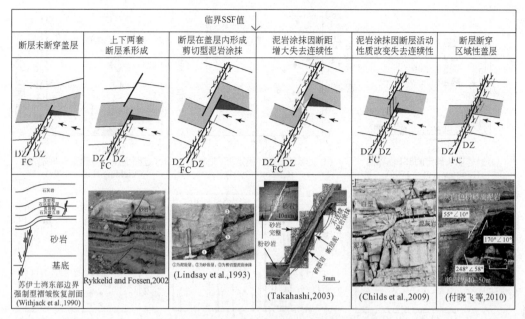

图 5.20　断层分段扩展及泥岩涂抹演化过程

DZ 为破碎带，FC 为断层核

4cm（Speksnijder，1987；Knipe，1992a；Lindsay et al.，1993；Gibson，1998；Hesthammer and Fossen，1998；Fisher and Knipe，2001；Dewhurst et al.，2002；Sperrevik et al.，2002）。对于规模较大的断层（断距大于 15m），泥岩涂抹保持连续性的临界值较小，SSF 一般为 4～8（Lindsay et al.，1993；Gibson，1994；Yielding et al.，1997；Yielding，2002；Takahashi，2003；Childs et al.，2003）（图 5.22）。Takahashi（2003）应用高温高压物理模拟表明，有效正应力为 30MPa，当 SSF 大于 4.9 时，粉砂岩形成的涂抹失去连续性；有效应力提高到 40MPa，涂抹保持连续性的临界值 SSF 为 6.6。因此，相同泥岩随着埋深增加，泥岩涂抹越发育，且越容易保持连续性。实际统计结果表明：不同岩性盖层封闭临界值 SSF 存在明显差异（图 5.23）。

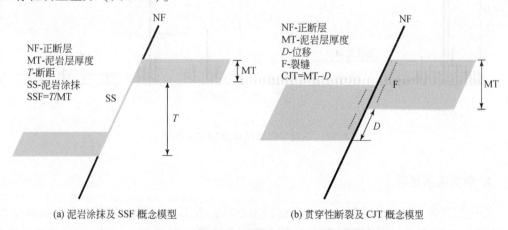

(a) 泥岩涂抹及 SSF 概念模型　　　　　(b) 贯穿性断裂及 CJT 概念模型

图 5.21　泥岩内部不同断裂结构以及评价参数

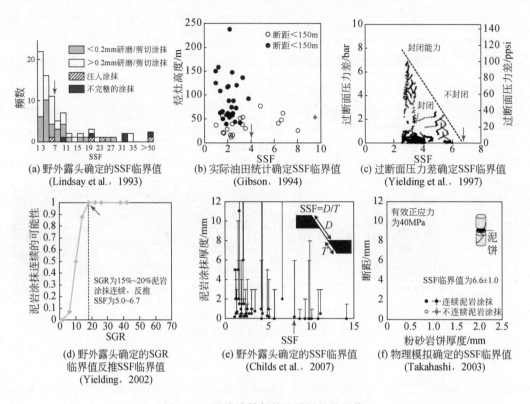

(a) 野外露头确定的SSF临界值
(Lindsay et al.，1993)

(b) 实际油田统计确定SSF临界值
(Gibson，1994)

(c) 过断面压力差确定SSF临界值
(Yielding et al.，1997)

(d) 野外露头确定的SGR
临界值反推SSF临界值
(Yielding，2002)

(e) 野外露头确定的SSF临界值
(Childs et al.，2007)

(f) 物理模拟确定的SSF临界值
(Takahashi，2003)

图 5.22　泥岩涂抹保持连续性的临界值
$1\,bar=10^5\,Pa$；$1\,ppsi=6.89476\times10^3\,Pa$

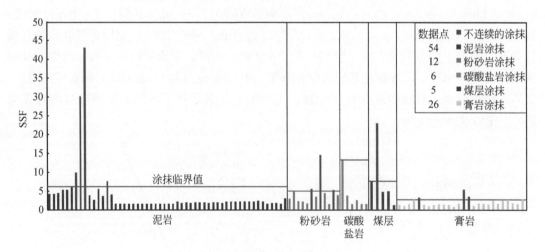

图 5.23　不同岩性涂抹连续的 SSF 临界值

### 3. 典型实例剖析

塔南凹陷多为反向断层控制的断层遮挡型油藏，大部分油聚集在南一段下部和中部，只有 F1、F9 和 F19 控制的断层圈闭在大二段发现油藏（图 5.24），该区南二段砂体不发育，南一段上部、南二段和大一段构成一套厚度较大的盖层，导致断裂在盖层上下分段扩展，形成剪切型泥岩涂抹，计算每条断层 SSF（图 5.24），控制南一段油藏的断裂在盖层段 SSF 普遍小于 5，控制大二段油藏的断裂在盖层段 SSF 普遍大于 5，但一般不超过 6，因此，认为当 SSF 大于 5 时，泥岩涂抹失去连续性。反转期断距的增加导致泥岩涂抹失去连续性，油气垂向运移。

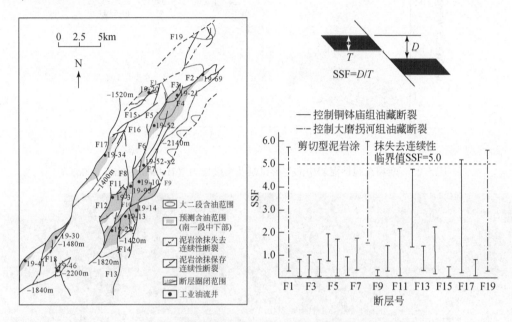

图 5.24　塔南凹陷断裂在盖层段泥岩涂抹连续性及与油气的关系

## 5.2.2　断裂在固结脆性泥岩中的变形机制及定量评价

### 1. 断裂在固结脆性泥岩中的变形特征及与油气垂向运移

尽管从断裂变形机制角度很难界定泥岩固结和超固结的界限，但从野外露头明显看到，在超固结成岩阶段泥岩涂抹不再发育，而是产生大量裂缝，之后发生碎裂作用，开始形成渗透性很高的断裂（图 5.25），伴随软的断层泥产生，断层封闭能力越来越强（图 5.25）（Holland et al., 2006）。例如，脆性的膏盐岩和泥岩一般会形成贯通性的大断层，其断裂带通常被软的断层泥（图 5.26）或断层角砾岩（图 5.27）充填。

从变形过程来看，切穿盖层的断裂，伴随着应变增强，断距增大，裂缝密度越来越高，当形成的裂缝网络连通后（图 5.28），渗透率突然增加，油气穿越盖层运移（Anderson et al., 1994；Bolton et al., 1998；Ingram and Urai, 1999）。因此，裂缝垂向导通能力取决于两个关键因素：一是断距大小，断距越大，变形越强烈，裂缝越发育；二是盖层厚度，厚度越小，裂缝越容易连通。因此，基于裂缝垂向连通程度受控于应变（盖层厚度和断距的大小函数）（Langhi et al., 2010），提出断接厚度（CJT）的概念来定量表征裂

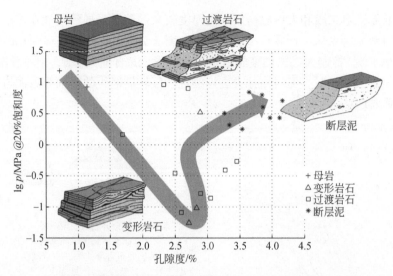

图 5.25　断裂在脆性泥岩中的变形机制及突破压力（Holland et al.，2006）

(a)断层宏观特征

(b)断层局部结构特征

图 5.26　拜城盐厂脆性盐岩盖层内断裂破裂特征

图 5.27　吐谷鲁背斜北翼东部独山子泥岩内逆冲断裂带内部结构

缝垂向连通性［图5.21（b）］，即平行于断面的盖层厚度与断层位移的差值（吕延防等，2008），该值越大，裂缝垂向导通能力越差。处于脆性域的盖层存在临界的断接厚度，断接厚度大于临界值，断裂垂向封闭能力增强（吕延防等，2008；刘哲等，2013）。

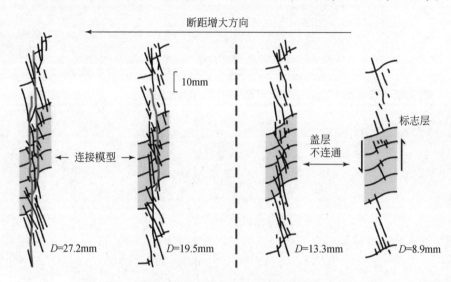

图5.28　断距和盖层厚度对裂缝连通性控制野外露头证据

**2. 典型实例剖析**

南堡凹陷构造演化历经断陷（$E_3s^{2+3}$）、断–拗转化（$E_3s^{2+3} \sim E_3d$）和拗陷（$N_1g \sim Q_p$）三个阶段。断裂强活动时期分别为沙二段—沙三段沉积时期、东一段沉积时期、明上段—第四系沉积时期，沙三段沉积时期断裂主要发生伸展变形，沙一段—东二段沉积时期断裂主要发生伸展–走滑变形，馆陶组—明下段沉积时期断裂主要为张扭变形。

东二段为泥质岩盖层，是分隔深层和中浅层油气系统的盖层，Ⅴ型和Ⅵ型断裂均断穿东二段盖层，将部分油气输导到中浅层聚集成藏。对比盖层上下油气富集规律，存在两种类型（图5.29）：一是在盖层上下均有油气聚集，表明油气穿越盖层垂向运移；二是只在盖层下有油气聚集，表明断裂在盖层段是封闭的，油气不能穿越盖层垂向运移。统计这两类控藏断裂的断接厚度（图5.29），临界的断接厚度约为90m，即当断接厚度小于90m时，断裂在盖层段垂向开启。

## 5.2.3　抬升阶段断裂在泥岩中的变形机制及定量评价

**1. 抬升阶段贯通性正断裂形成及油气垂向运移**

盆地抬升过程形成的断裂，由于应力松弛和卸载作用，泥岩塑性强度变差（Fossen，2010），剪切型泥岩涂抹不发育，断层常切割盖层。代表性断裂为海拉尔盆地灵泉煤矿地表断层，发育在海拉尔盆地灵泉煤矿伊敏组上部的张性正断层，切割的地层为黑色煤层和

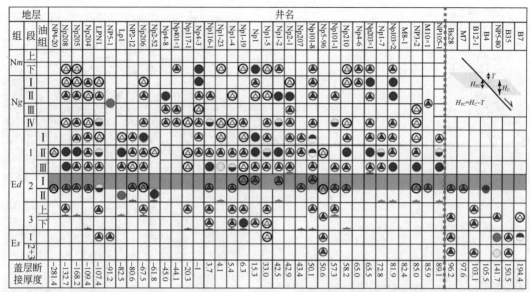

●试油油层 ▲低产油层 ◑油气层 ○气层 ◔低产气层 ◐油水同层 ◒试油水层 △解释油层 ⬕可能油气层 ◓油气显示 ▬盖层 ⌐完钻层位

图 5.29　南堡凹陷东二段盖层临界断接厚度确定

灰白色粉砂质泥岩互层，断距为 40～50m，断裂带宽度为 5～25cm（图 5.30），断裂带填充物松散，为来自两盘围岩的混合物，填充物主要为煤和泥岩的混合物，除了构造透镜体发育的地方（图 5.30），宏观看断裂带填充物成分，总体表现为煤多于泥。该断裂为典型盆地抬升过程形成的断裂，尽管发育在塑性煤层中，但没形成剪切型泥岩涂抹，而是形成了具有明显填充物的断层。

**2. 典型实例剖析**

1）海拉尔盆地乌尔逊凹陷

统计乌尔逊凹陷 65 口井油水纵向分布，具有如下特征：① 发育一套区域性盖层，为大二段下部—大一段区域性盖层，还有一套局部性盖层为南二段下部局部性盖层；② 凹陷南部油气主要富集于深层，东部油气深浅层均有富集。与野外观察的断层性质相同的是乌尔逊凹陷乌东反转背斜上的正断层，多为褶皱式反转构造翼部的正断层，该类断层形成较晚，伴随抬升，压力释放和围压减小，形成贯通性断裂（图 5.31），造成早期聚集油气被调整，如乌尔逊凹陷南部乌 20-乌 16-乌 32 大二段油藏就分布在南北向反转构造的翼部（图 5.31）。

基于油水纵向分布规律和地球化学示踪结果，统计油水纵向分布与断距和盖层厚度关系表明，大一段盖层存在封闭临界断接厚度 40～88m（图 5.32）；高于上限临界值为深层油气垂向保存区，低于下限临界值为油气调整区，盖层之上为有利目标区（大二段油气富集），过渡区为风险目标区（调整—保存共存）。

**图 5.30　海拉尔盆地灵泉煤矿伊敏组煤层和粉砂质泥岩发育的断裂**

（a）为海拉尔盆地灵泉煤矿伊敏组上部湖沼相煤系夹河流相粉砂质泥岩中发育的张性正断层（定名为 F1），断距为 40～50m；（b）断裂带宽度为 5～25cm，断裂带内部局部发育构造透镜体，两盘伴生正牵引现象；（c）断裂破碎带颜色为深灰色，介于黑色煤层和灰白色粉砂质泥岩之间，表明断裂带内部填充物为两盘地层的混合；（d）断裂破碎带填充物颜色为深黑色，两盘地层均为灰白色粉砂质泥岩，表明断裂上盘煤层滑过该点时部分卷入断裂带中

### 2）准噶尔盆地南缘泥岩盖层

准噶尔盆地南缘地区（以下简称准南地区）发育多套储盖组合，本次重点探讨安集海河组泥岩盖层垂向封闭能力。根据泥岩盖层岩石力学特征和盖层脆韧性定量评价结果，准南地区泥岩盖层从脆性到脆－韧性转换临界的有效围压约 68MPa，按有效压力梯度 13MPa/km

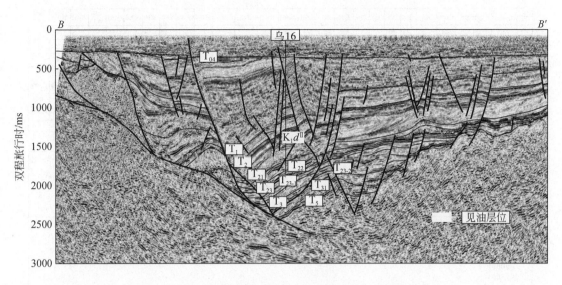

图 5.31　乌尔逊凹陷乌南洼槽反转构造及油气聚集规律

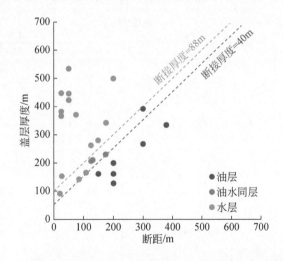

图 5.32　乌南地区大磨拐河组油气富集规律与断距-盖层厚度的关系

换算约 5231m，说明该套泥岩盖层很难达到真正的韧性阶段。通过准南地区安集海河组泥岩盖层临界断接厚度与油水纵向分布规律分析发现，存在断接厚度临界值，393～409m，当断接厚度低于临界值时，油气普遍穿越盖层在浅层聚集，当断接厚度超过临界值时，油气普遍富集在区域性盖层之下（图 5.33）。

　　综合不同地区（渤海湾盆地和海拉尔盆地）脆性盖层临界断接厚度与深度的关系：断接厚度临界值具有随埋深逐渐减小的趋势（图 5.34），即岩石力学强度（埋深影响强度）影响盖层断接厚度临界值。

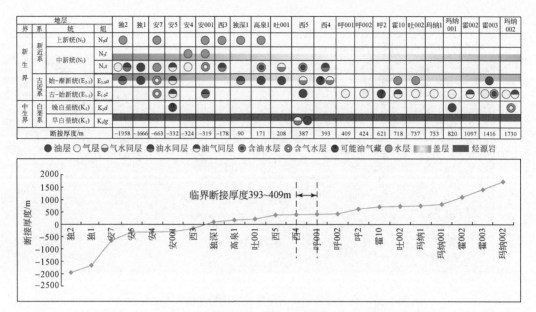

| 地层 | | | | 独2 | 独1 | 安7 | 安5 | 安4 | 安001 | 西3 | 独深1 | 高泉1 | 吐001 | 西5 | 西4 | 呼001 | 呼002 | 呼2 | 霍10 | 吐002 | 玛纳1 | 玛纳001 | 霍002 | 霍003 | 玛纳002 |
|---|---|---|---|---|---|---|---|---|---|---|---|---|---|---|---|---|---|---|---|---|---|---|---|---|---|
| 界 | 系 | 统 | 组 | | | | | | | | | | | | | | | | | | | | | | |
| 新生界 | 新近系 | 上新统(N₂) | N₂d | ● | ● | | | | ● | ● | ● | | | | | | | | | | | | | | |
| | | 中新统(N₁) | N₁t | | | | ● | ● | ● | ● | | | | | | | | | | | | | | | | |
| | | | N₁s | ◐ | ● | ● | ◐ | ○ | ● | ◐ | | ◉ | ◐ | ◐ | ◐ | | | | | | | | | | | |
| | 古近系 | 始-渐新统(E₂₋₃) | E₂₋₃a | ◐ | ○ | ◑ | | ● | | | ◐ | ◐ | ● | ◑ | ◐◐ | | | ● | ● | | ● | | | | | |
| | | 古-始新统(E₁₋₂) | E₁₋₂z | | ◑ | ● | | ◑ | | | | ● | | ○ | ○ | ◑ | ○ | ○ | ○ | ○ | ◑ | ◐◐ | ○○ | |
| 中生界 | 白垩系 | 晚白垩统(K₂) | K₂d | | ◑ | | | | | | | | | | | | | ● | | | ◑ |
| | | 早白垩统(K₁) | K₁tg | | | | | | | | ◐◐ | | | | | | | | | | |
| 断接厚度/m | | | | −1958 | −1666 | −663 | −332 | −324 | −319 | −178 | 90 | 171 | 208 | 387 | 393 | 409 | 424 | 621 | 718 | 737 | 753 | 820 | 1097 | 1416 | 1730 |

● 油层　○ 气层　◐ 气水同层　◑ 油水同层　◒ 油气同层　◉ 含油水层　◎ 含气水层　◉ 可能油气藏　◍ 水层　▨ 盖层　■ 烃源岩

图 5.33　准南地区安集海河组泥岩盖层临界断接厚度与油气分布

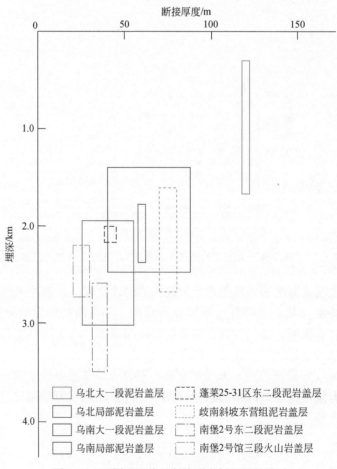

图 5.34　不同地区临界断接厚度与埋深的关系

## 5.2.4　断裂在韧性膏盐岩中的变形机制及定量评价

　　韧性膏盐岩具有流动特征，在差异压实作用下，韧性的膏岩或盐岩向构造高部位（低应力区）流动和局部集中，使得上覆地层发生隆起，形成盐构造；同时在相对薄的（几米到十几米）或厚度变化大的（从几米到上百米）盐岩区，盐岩的蠕动作用会形成一些韧性断层，这些断层断穿盐岩层，形成盐岩缺失区即"盐窗"（马中振等，2013）（图5.35），导致盖层分布的不均一性。在韧性盖层发育区，伴随断裂逆冲滑动，存在两种情况：一是盐沿着断面流动，并在逆冲带前锋挤出，形成"鼻涕"构造，韧性盖层将早期贯通性断层分割为两条断层，如库车西秋逆冲推覆体前端出露的大规模库姆格列木组盐岩（宋岩等，2012）；二是韧性盖层限制断层垂向扩展，从而形成典型的"盲断层"（图5.35）。这两种类型的断层垂向均是封闭的，典型实例如大北2气藏、大北102气藏和克深8气藏。在盐窗发育区，由于韧性盖层的缺失，断层易形成渗透性通道，导致区域性盖层之下的油气向盐上及盐间运移调整，这是大北1气藏未满圈含气的根本原因（图5.36）。

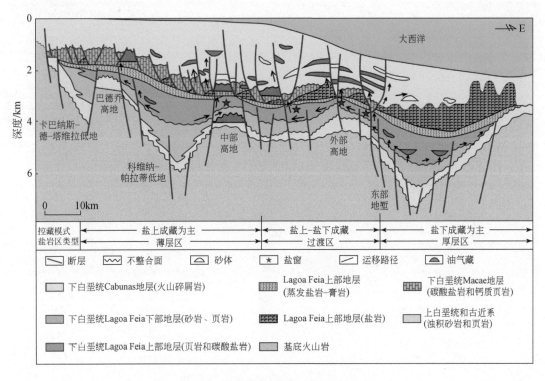

图 5.35　南美东缘巴西坎波斯盆地盐窗

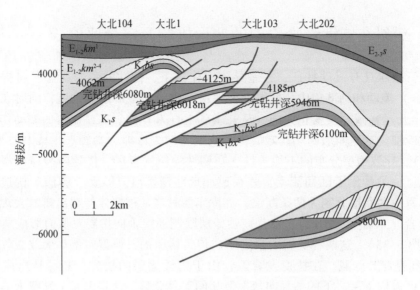

图 5.36　大北-克拉苏构造带大北 1 气藏剖面图

# 第6章　断层封闭性评价及与油气聚集

"断裂生长变形、封闭性及与流体运移"的研究是伴随石油地质理论的发展而逐渐被人们认识和认知的，大致可以分为四个阶段。第一阶段（1860年以前）：油气勘探的萌芽阶段，主要围绕"油苗"找油，没有认识到在油苗区存在断裂。1854年，弗朗西斯·布鲁尔医生买下了油苗所在的西巴德农场，成立了世界第一家石油公司——宾夕法尼亚岩石油公司，通过挖坑采集石油；后来西巴德农场落到公司股东之一的杰姆士·汤森手里，与合伙人于1858年成立了塞尼卡（Seneca）石油公司，尝试用顿钻钻井，第一口井深大约为21m，开始产量为25桶每天，随后降到了15桶每天（Weber，1997），这口井被许多学者作为石油工业的开端。第二阶段（1861~1930年）：油气勘探由露头区转入覆盖区，背斜聚油理论指导油气勘探，认识到断层在含油气盆地中普遍发育。加拿大地质调查局的Hunt注意到西安大略的石油生产与宽广的、适度的背斜有关。玛丽埃塔地质专家Andrews也发现了弗吉尼亚州西部产油井与背斜的密切关系。White（1855）对石油聚集的背斜理论进行了系统阐述。尽管在圈闭分类描述中考虑了断层，但钻井一般要避开断层。Clapp（1929）曾描述到"我们的国家似乎被断裂支解了"，表明人们对断裂在油气聚集成藏中的作用并没有清晰的概念。第三阶段（1931~1990年）：石油地质理论发展阶段，分类描述圈闭，开始考虑断层在油气运移和聚集中的作用，建立了完整的断层封闭性"概念模型"，为断层封闭性研究的初级阶段。认识到断层是形成圈闭的重要因素之一，在圈闭分类中充分考虑了断层的重要性。认识到断层在油气成藏中的作用，1955年美国石油地质学家协会的年会中《石油产出》（Weeks，1958）的绪论列举了18个问题，其中之一为"断层是否通常是充当运移的通道还是运移的遮挡物"。认识到断层封闭性的重要性（McKnight，1940；Wilhelm，1945；Willis，1961），建立了断层岩性对接的概念模型，将毛细管压力理论应用到断层封闭性研究中（Smith，1966；Perkins，1961）；确定了泥岩涂抹是断层封闭的重要因素之一（Perkins，1961；Weber and Daukoru，1975；Weber et al.，1978）；初步开展了有关断层岩组构和岩石物性方面的研究（Pittman，1981），对断层岩进行了系统分类（Sibson，1977）。Smith（1980）、Watts（1987）推广使用"sealing fault"和"fault seal"术语，并建立了完善的断层封闭机理概念模型，提供了断层封闭性分析的完善理论框架。认识到断层可作为油气运移的通道，并提出断层输导油气"地震泵"抽吸机制（Sibson et al.，1975）。指出断层输导与封闭油气作用交替出现，即为"断层阀"行为（Sibson，1978）。在碳酸盐岩中断裂和裂缝由于压溶胶结作用具有"裂开-愈合"机理（Ramsay，1980），导致流体沿断裂和裂缝流动具有"幕式"特征。第四阶段（1991年至今）：为石油地质理论和断层封闭性研究快速发展阶段。断层在石油勘探、油藏管理和生产规划上不可忽视的重要性受到普遍认可，被断层分隔的储层越来越成为人们关注的经济勘探目标（Bouvier et al.，1989；Harding and Tuminas，1989；Knipe，1992a，1992b，1993a，1993b；Gauthier and Lake，1993）。三维高分辨率地震和测井技术能够有效识别断层，基于野外露头、岩心分析，对断裂带结构有了深刻的认识（Bruhn et al.，1990；Knipe，1992a；Antonellini et al.，1994；Caine et al.，1996；Burhannudinnur and Morley，1997；Walsh et al.，1998；Wallace and Morris，1986；Gibson，1994；Shipton et al.，2002），确定了断裂带二分结构特征：断层核和破碎带（Caine et al.，1996）。识别出多种类型的断层岩（Sibson，1977；Watts，1987；Mitra，1988；Knipe，1989，1992a，1997；Weber，1997；Fisher and Knipe，1998；Gibson，1998），确定了不同类型断层岩形成的地质条件，建立了断层岩相的概念（Tveranger et al.，2005；Fredman et al.，2008；Braathen and Tveranger，2009），并确定其封闭作用。提出了评价断层封闭性的两种基础图件：断层封闭三角图和 Allan 图解（Knipe，1997；Allan，1989），在此基础上，建立了考虑多因素的断层封闭性评价方法，定性逐渐转为定量，即建立了断层面泥质含量（SGR）与封闭烃柱高度之间的定量关系，实现了断层封闭性定量评价（Yielding et al.，1996；Bretan et al.，2003）。进一步提出油气沿断裂"断-压"双控运移机制（郝芳等，2004），即油气沿断裂运移受压力驱动，且伴随着间歇性活动表现为"幕式"运移特征。

## 6.1　断裂带内部结构特征、封闭机理及类型

### 6.1.1　断裂带内部结构特征

对于固结成岩储层而言，其断裂带结构可以分为两种类型（图 6.1）：致密储层中发育的断裂，断层岩为断层角砾岩和断层泥，破碎带发育大量裂缝（图 6.1）（Chester and Logan，1986；Smith et al.，1990；Anderson et al.，1994；Scholz and Anders，1994；Goddard and Evans，1995；付晓飞等，2014），随着离断层核距离增加，裂缝密度越来越小，当裂缝密度与区域裂缝密度一致时，标志着破碎带终止（付晓飞等，2013），无黏聚力断层角砾岩比母岩渗透率提高 1~5 个数量级，破碎带比母岩渗透率提高 1~7 个数量级（Agosta and Aydin，2006），断裂带整体为高渗透性的，断层核和破碎带均是流体垂向运移的通道

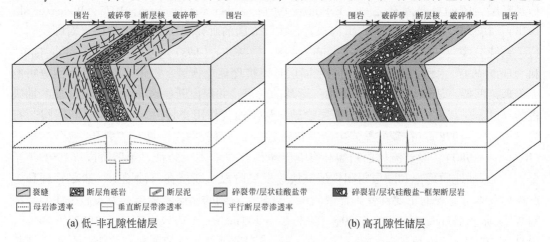

图 6.1　固结成岩储层断裂带结构特征模式图（贾茹等，2017）

（Agosta and Aydin，2006），侧向不具有封闭能力（孟令东等，2013）。解剖松辽盆地周边营城组流纹岩内断裂带内部结构（图 6.2），断层核内发育无黏聚力断层角砾岩和构造透镜体，核内网状裂缝密度高达 49 条/m，破碎带内裂缝密度为 15 ~ 21 条/m，为典型的高渗透性断裂带，在滑动面附近见有方解石胶结条带。岩心观察过程中，在 11 口井中发现了断层角砾岩，内部发育连通性裂缝（图 6.3）。统计徐中断裂两侧岩心裂缝发育规律，靠近断层的裂缝密度为 2.5 条/m，远离断层的裂缝密度越来越小（图 6.3）。

图 6.2 松辽盆地营城组流纹岩断裂带内部结构（吉林四平）

(a) 徐深12井，断层角砾岩
3667.21~3669.00m，母岩为流纹岩

(b) 徐深9井，断层角砾岩
3766.60~3769.95m，母岩为流纹岩

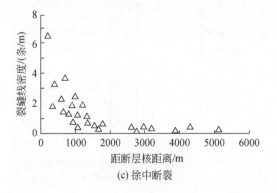

(c) 徐中断裂

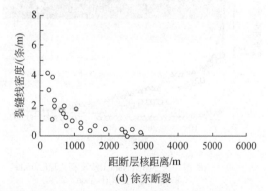

(d) 徐东断裂

图 6.3 松辽盆地徐家围子断陷钻遇断层角砾岩和断裂两侧裂缝发育规律

在常规储层中断裂带（Fossen，2010）、断层岩为碎裂岩系列，破碎带中发育变形带（图6.4），即在局部压实、膨胀或剪切的作用下，由颗粒滑动、旋转以及破碎形成的带状微构造（Dunn et al.，1973；Aydin and Johnson，1978；Pittman，1981；Gabrielsen and Koestler，1987；Jamison and Steams，1982；Antonellini et al.，1994；Manzocchi et al.，2006；Davis，1999；Fisher and Knipe，2001；Fossen et al.，2007）。随着距断层核距离增加变形带密度越来越小，当变形带密度与区域变形带密度一致时，标志着破碎带终止（Fossen et al.，2007），断裂带整体为低渗透性的，断层核和破碎带具有侧向封闭能力，滑动面为流体垂向运移通道。变形带与裂缝相比，其为流体运移的遮挡物（Pittman，1981；Jamison and Steams，1982；Gabrielsen and Koestler，1987；Antonellini et al.，1994；Beach et al.，1997；Knipe，1997；Gibson，1998；Heynekamp et al.，1999；Hesthammer and Fossen，2000；Taylor and Pollard，2000；Shipton et al.，2002；Shipton and Evans，2005；Sample et al.，2006；Fossen et al.，2007），而裂缝通常为流体运移通道。为了揭示高孔隙性储层内断裂带内部结构特征，在渤海湾盆地束鹿凹陷部署了一口穿越断裂带的井，并在断裂带附近进行了系统取心，断层核内发育泥岩涂抹、泥岩角砾和碎裂岩（图6.5），砂岩破碎带内发育变形带（图6.5），微观特征显示为碎裂带（图6.6），泥岩破碎带内发育裂缝（图6.5、图6.6），变形带密度随距断层核距离增大而逐渐减小（图6.5）。压汞实验结果表明（图6.7），变形带排替压力为1.8～2.5MPa，母岩排替压力为0.25～0.60MPa。

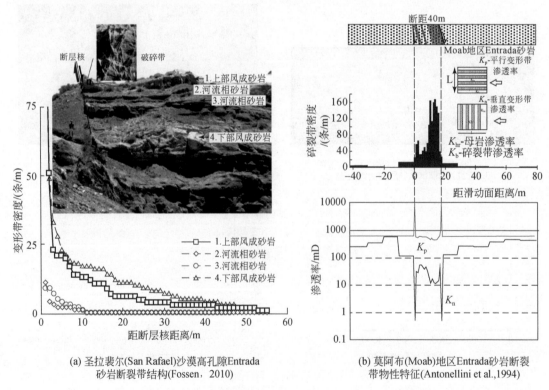

(a) 圣拉裴尔(San Rafael)沙漠高孔隙Entrada
砂岩断裂带结构(Fossen，2010)

(b) 莫阿布(Moab)地区Entrada砂岩断裂
带物性特征(Antonellini et al.,1994)

图6.4　高孔隙砂岩内断裂带结构及物性特征

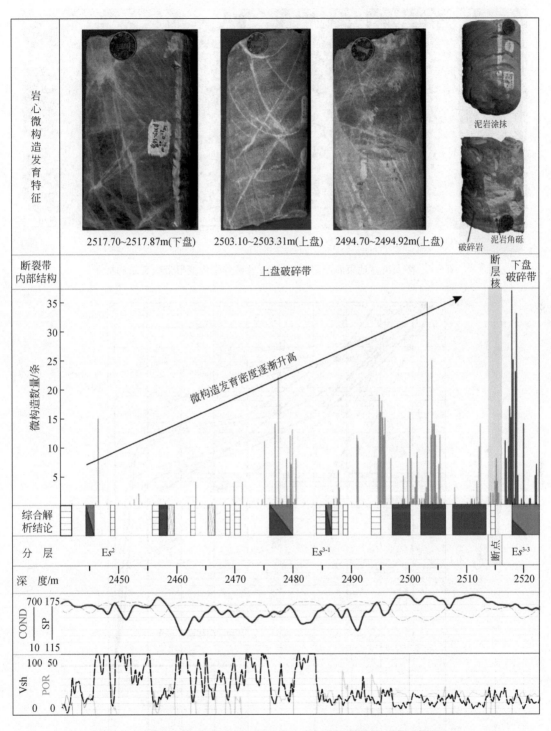

图 6.5  渤海湾盆地束鹿凹陷晋 93-41x 井钻遇的断裂带内部结构特征

对比高孔隙砂岩储层和低孔隙火山岩储层断裂带内部结构，主要存在三方面的差异：一是高孔隙砂岩内断裂带断层核发育碎裂岩和泥岩涂抹，具有较强的封闭能力（图 6.7），

图 6.6　渤海湾盆地束鹿凹陷晋 93-41x 井破碎带内变形带微观结构特征

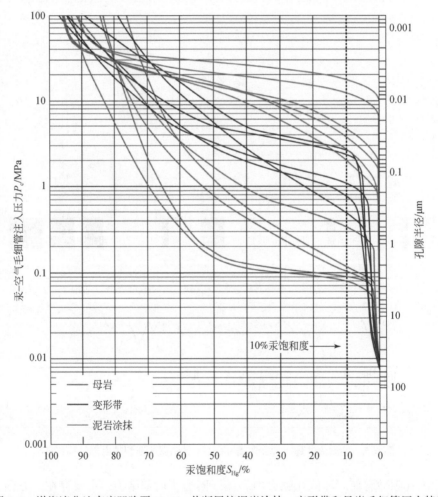

图 6.7　渤海湾盆地束鹿凹陷晋 93-41x 井断层核泥岩涂抹、变形带和母岩毛细管压力特征

而低孔隙火山岩内断裂带断层核发育无黏聚力角砾岩，不具有封闭能力（孟令东等，2013）（图 6.2、图 6.3）；二是断裂在高孔隙砂岩内伴生微构造为变形带，排替压力比母岩高 1~2 个数量级（图 6.7），在低孔隙火山岩内伴生微构造为裂缝，排替压力比母岩低；三是油气沿高孔隙砂岩内断裂带运移的主要通道是滑动面［图 6.4（b）］，低孔隙火山岩内断裂带的断层核和破碎带均是油气运移的通道（图 6.2）。

## 6.1.2　断层封闭机理及类型

断层侧向封闭的本质是断裂带与围岩之间的差异渗透能力，从断裂带内部结构看，断层侧向封闭能力取决于断层核宽度和断层岩性质，断层侧向封闭机理主要为薄膜封闭（membrane seal）即毛细管封闭（Watts，1987）（图 6.8），因此断层岩性质和两盘对接情况是决定断层封闭能力的关键因素。基于断层封闭机理的认识，断层封闭可以划分为三型五类（图 6.9）（孟令东等，2013）：对接封闭、断层岩封闭（碎裂岩封闭、层状硅酸盐-框架断层岩封闭和泥岩涂抹封闭）和胶结封闭。

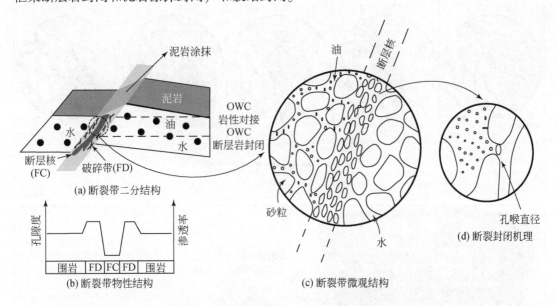

图 6.8　断裂带内部结构及封闭机理模式图

断层是一个三维地质体，三维空间中断层面形态和断裂带填充物均为非均质体，断层带内不同位置的封闭能力存在差异，类似于一个由多个木板围成的木桶，木桶的盛水量取决于高度最小的那块木板——木桶装水"短板"原理（图 6.10）。

对于一条特定的亲水断层带而言，随着油气向断层圈闭中充注，油藏中的浮压逐渐增大（浮压随深度是变化的），通过浮压和相应深度下的断层毛细管封闭压力的对比，可以看出当某一深度浮压最先达到对应深度上断带的最小毛细管压力（图 6.11$A$ 点）时，断层开始渗漏，$A$ 点即渗漏点，支撑的烃柱高度为 $h$，此时断层圈闭中的烃柱高度（$h+H$）就是断层封闭的最大烃柱高度。需要注意，渗漏点仅是在同一深度上封闭能力最弱的点，

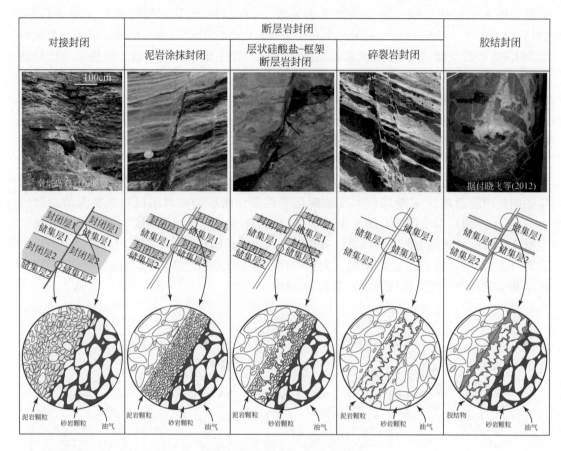

图 6.9　断层封闭类型模式图

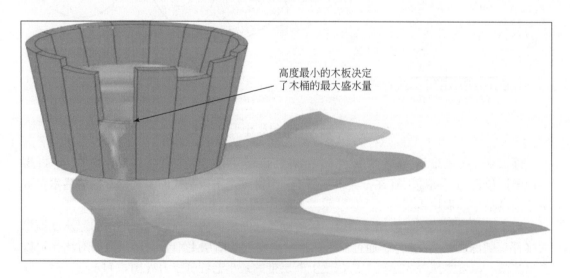

图 6.10　木桶装水"短板"原理

并非整个断层封闭能力最弱的点。依据渗漏点所处的位置，分为顶部渗漏、中部渗漏和底部渗漏三种情况（图 6.11），$B$ 和 $C$ 点同样为渗漏点，但在 $C$ 点深度至烃水界面深度范围内，仍然发育比 $C$ 点封闭能力更弱的 $D$ 点，在 $C$ 点已经达到封闭极限的情况下，封闭能力最弱点 $D$ 并未发生渗漏，相比 $C$ 点是整个断层控圈范围内封闭烃水界面最浅的点。因此断层最终封闭能力取决于断层封闭烃水界面最浅的点（图 6.12）——封闭断层的木桶原理。

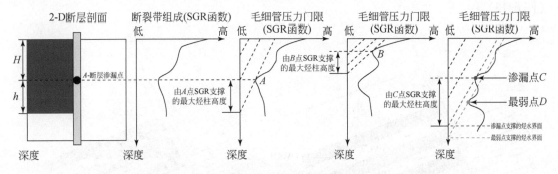

图 6.11　封闭薄弱点位置对断层封闭能力的影响

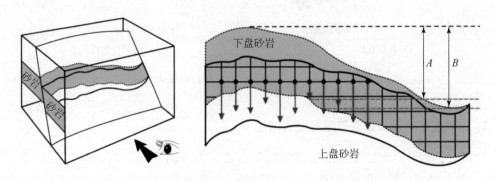

图 6.12　封闭烃水界面最高的点决定断层圈闭保存能力

$A$ 为断层封闭最大烃柱高度，$B$ 为圈闭幅度

对于同一条断层而言，断距的大小决定了断层两盘的岩性对接关系，储层–盖层对接代表断层侧向是封闭的，储层–储层对接则需要进一步划分为同层储层对接和非同层储层对接，普遍认为同层储层对接是渗漏的，非同层储层对接的断层封闭能力取决于断层岩封闭能力，即断层带泥质含量（SGR）。

## 6.2　断层封闭性定量评价

### 6.2.1　岩性对接封闭定量评价

无论断裂带内部结构、断层核中断层岩性质如何，只要断层一盘渗透性地层与另一盘非渗透性地层对接，断层侧向是封闭的（Smith，1966；Allan，1989；Knipe，1997），这种模式适用于正断层、逆断层和走滑断层，也适用于各种沉积环境地层。对于断层岩发育的断层，真正起封闭作用的不是对接封闭，而是断层岩，因此对接封闭常见有两种类型：一是小规模断层，没把主力砂岩储层完全错断，断层表现为对接封闭；二是脆性地层，如火山岩、碳酸盐岩和纯净砂岩（泥质含量小于15%），常形成碎裂岩，如断层角砾岩，断层岩本身不具备封闭能力，主要依靠一盘非渗透性岩石阻止对盘储层中油气侧向运移（图6.13）。

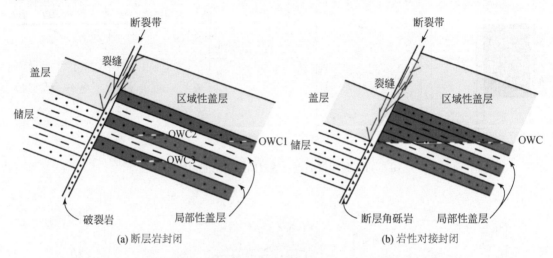

(a) 断层岩封闭　　　　　　　　　　　　　　　(b) 岩性对接封闭

图 6.13　断层岩封闭和岩性对接封闭模式差异

**1. 徐家围子断陷火山岩气藏对接封闭性**

徐家围子断陷位于松辽盆地东部断陷带中部，为西断东超的箕状断陷（付晓飞等，2010），其上叠加后期的凹陷盆地——三肇凹陷，具有典型的下断上凹的二元结构（付晓飞等，2008）。断陷期地层自下而上包括火石岭组（$K_1h$）、沙河子组（$K_1sh$）、营城组（$K_1y$）、登娄库组（$K_1d$）、泉头组（$K_1q$），地层间大部分以角度不整合接触（图6.14）。

构造演化历经初始裂陷（$K_1h$）、强烈裂陷（$K_1sh$—$K_1y$）、裂陷后（$K_1d$—$K_2m$）和构造反转［明水组（$K_2m$）末期］。初始裂陷阶段发育一套火山岩建造；沙河子期裂陷强烈活动，形成优质的烃源岩；营城期裂陷逐渐向拗陷转化，发育两套火山岩建造；登娄库期裂陷活动停止，转入裂陷期后的热冷却沉降（刘学锋等，2003，2006）。目前天然气勘探证实，营城组火山岩普遍富气，发现了大量的天然气藏（姜传金等，2009），且主要富集在火山口附近，顶部营四段致密砂砾岩和登二段泥岩为区域性盖层（图6.14）。

天然气沿徐中走滑断裂以断层气藏形式分布，包括徐深1、徐深3、徐深7和徐深14气田（图6.15），断层气藏整体具有三个典型特征：一是整体表现为块状气藏特征，每个气藏均具有独立的气水界面（图6.16），通过徐中断裂Allan图解可以看到，气藏气水界面与范围内最小断距一致（图6.17）；二是气藏均分布在营四段致密砂砾岩和登二段泥岩区域性盖层之下（图6.17），局部性盖层之下很少能形成气藏；三是天然气主要分布在断

| 地层层序 | | | 标志性岩性 | 地震标志 | 储盖组合 | 盖层属性火山旋回 | 典型气藏 |
|---|---|---|---|---|---|---|---|
| 下白垩统 | 泉头组 (K₁q) | 二段 | 暗紫红色、紫褐色泥岩夹灰绿色、紫灰色砂岩 | T₂₋₂ | 组合 IV | 区域性盖层 | 升平气田 汪家屯气田 昌德气田 |
| | | 一段 | 灰白色、紫灰色砂岩与暗紫红色、暗褐色泥岩互层 | T₃ | | | |
| | 登娄库组 (K₁d) | 四段 | 灰褐色、灰黑色砂质泥岩与浅灰绿、灰白色和紫灰色砂岩 | T₃₋₁ | 组合 III | 区域性盖层 | 徐深气田 芳深8 昌德气田 |
| | | 三段 | 灰白色块状细–中砂岩与灰褐色、灰黑色砂质泥岩互层 | T₃₋₂ | | | |
| | | 二段 | 灰黑色砂质泥岩为主，灰色与白色厚层细砂岩呈不等厚互层 | | | | |
| | | 一段 | 杂色砾岩，顶部夹砂岩 | T₄ | | | |
| | 营城组 (K₁y) | 四段 | 灰黑色、紫褐色砂泥岩，绿灰色、灰白色砂砾岩 | T₄ₐ | 组合 II | 局部盖层 第三喷发旋回 120~113Ma | 徐深气田 丰乐气田 徐深21、23 芳深8、芳深9 升深气田 汪家屯乞田 安达气田 |
| | | 三段 | 中性火山岩为主，常见类型有安山岩、安山玄武岩 | T₄ᵦ | | | |
| | | 二段 | 灰黑色砂泥岩、绿灰色和杂色砂砾岩，有时夹数层煤 | T₄ᵪ | | | |
| | | 一段 | 酸性火山岩为主，常见类型有流纹岩，紫红色、灰白色凝灰岩 | T₄₋₁ | | 第二喷发旋回 130~126Ma | |
| | 沙河子组 (K₁sh) | 上段 | 砂泥岩，局部地区见有蓝灰色、黄绿色酸性凝灰岩 | | 烃源岩 组合 I | 区域性盖层 | 升深1 升深101 |
| | | 下段 | 砂泥岩夹煤层，常为稳定的可开采煤层(5~6层) | T₄₋₂ | | | |
| | 火石岭组 (K₁h) | 二段 | 上部安山岩夹碎屑岩，下部安山玄武岩、玄武岩，见角闪石暗边化结构 | | | 第一喷发旋回 158~146Ma | |
| | | 一段 | 粗碎屑岩夹凝灰岩 | T₅ | | | |

图 6.14  松辽盆地徐家围子断陷地层层序特征及储盖组合特征

层上升盘，由于徐中走滑断裂具有典型的"丝带效应"，因此天然气沿徐中走滑断裂呈"正弦曲线"模式分布（图 6.15）。

天然气沿徐中走滑断裂特定分布模式，取决于断裂带内部结构决定的断–盖耦合封闭机理，火山岩内高渗透性断裂带决定断层封闭类型为岩性对接，岩性对接封闭形成的断层油气藏主要分布在断层上升盘，气水界面受控于圈闭范围内最小断距（图 6.18），最大气柱高度取决于圈闭范围内最大断距与最小断距之差（图 6.18）。

**2. 大港油田板中北储气库控圈断层对接封闭性**

大港油田板中北储气库位于黄骅拗陷西部的板桥凹陷，位于板桥断层和板 816 断层共同控制的上升盘，断层控圈部分断距为 6~250m。储层为古近系沙一段板 II 油组细粉砂岩，埋藏深度介于 2600~2800m。上部发育厚度 300~500m 的纯泥岩盖层。板 12–24 井三角图显示（图 6.19），在控圈断层的断距范围内，上覆盖层未被完全错断，上升盘储层与下降盘盖层形成对接封闭，如板桥断层形成的岩性对接封闭（图 6.20）。但在断距小于 10.5m 情况下，板 II 油组内的单砂层未被错断，形成同层砂岩对接渗漏窗口，如板 816 断

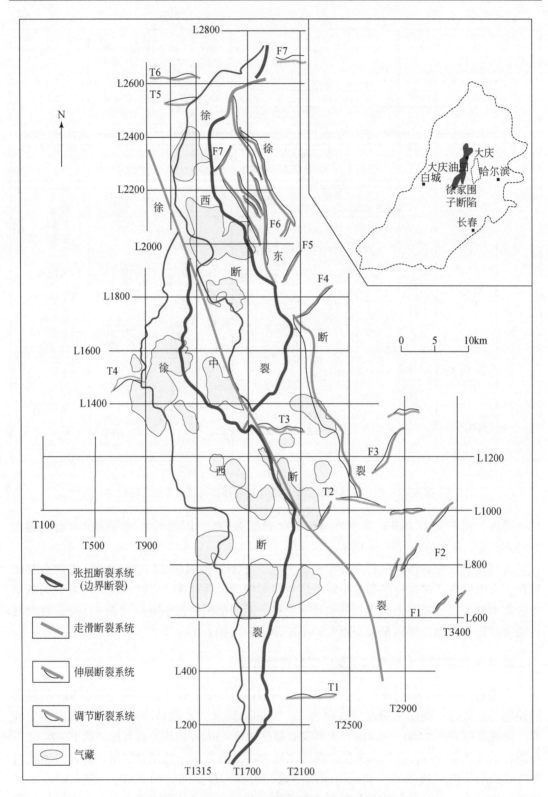

图 6.15　松辽盆地徐家围子断陷断裂与火山岩气藏分布

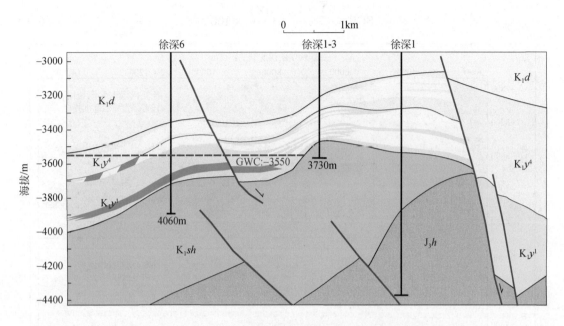

图 6.16　松辽盆地徐家围子断陷徐深 1 气藏剖面图

层的控圈高部位形成的渗漏窗口（图 6.21）。因此对于板中北储气库，对接封闭的形成条件为 10.5m<断距<300。

统计松辽盆地徐家围子断陷火山岩、塔木察格盆地塔南致密砂砾岩和塔里木盆地库车拗陷致密砂岩断层油气藏烃柱高度与控圈断层最大断距，发现烃柱高度与断层最大断距存在明显正相关关系（图 6.22）。

## 6.2.2　断层岩封闭定量评价

断裂变形过程中卷入断裂带并受变形影响的岩石，称为断层岩，当断层岩排替压力大于储层排替压力时形成的封闭条件，称为断层岩封闭，包括三种类型：碎裂岩封闭（Knipe，1993b）、层状硅酸盐-框架断层岩封闭（Knipe，1992b）和泥岩涂抹封闭（Lindsay et al.，1993；Sperrevik et al.，2000）。在无法通过岩心直接观察断层岩类型的情况下，通过预测断裂带中泥质含量可间接判断断层岩类型。研究表明（Knipe，1997），当断裂带泥质含量小于 15% 时，通常为碎裂岩；当断裂带泥质含量介于 15%～50% 时，为层状硅酸盐-框架断层岩；当断裂带泥质含量大于 50% 时，为泥岩涂抹，且随着泥质含量增加断层岩封闭能力越来越强（图 6.23），因此，合理预测断层两盘岩性对接及断裂带填充物泥质含量成为断层侧向封闭性研究的核心内容，泥岩厚度和断距共同约束断层泥比率的大小。目前存在多种计算方法，如 SSF、CPS 和 SGR（Bouvier et al.，1989；Gibson，1994；Yielding et al.，1997）。野外定量表征这些计算方法（Yielding et al.，1997），结果与实际测试的断裂带中泥质含量的误差最小的为 SGR，计算方法为

$$SGR = \frac{\sum (V_{sh} \cdot \Delta Z)}{D} \times 100\% \qquad (6.1)$$

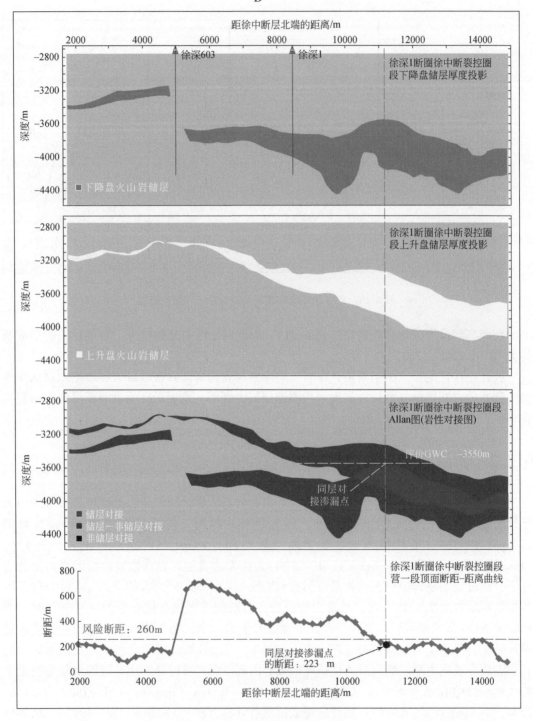

图 6.17　松辽盆地徐家围子断陷徐中断裂在徐深 1 气藏范围内 Allan 图解及断距–距离曲线图

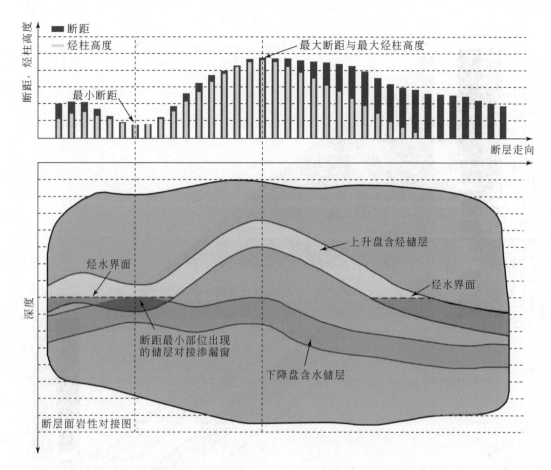

图 6.18  岩性对接封闭断距与油、气、水界面和烃柱高度关系

式中：SGR 为断裂带中泥质含量，%；$V_{sh}$ 为地层中泥质含量，%；$\Delta Z$ 为断距范围内地层厚度，m；$D$ 为断层断距，m。

Yielding 等（1997）和 Bretan 等（2003）基于埋深不同的断层建立了断裂带 SGR 与断层面支撑的压力之间的定量关系：

$$AFPD = 10^{\left(\frac{SGR}{d}-c\right)} \tag{6.2}$$

式中：AFPD 为地下同一深度断层面两侧上下盘的压力差，即断层面支撑的压力，Pa；SGR 为断裂带中泥质含量，%；$d$ 为参数，取值为 0～200，不同地层不同层位取值不同；$c$ 为常数，埋深不同该参数赋值不同，埋深小于 3.0km 时，$c$ 为 0.5，埋深介于 3.0～3.5km 时，$c$ 为 0.25，当埋深超过 3.5km 时，$c$ 为 0。

油气所产生的浮压与烃柱高度的关系为

$$P = (\rho_w - \rho_h)gH \tag{6.3}$$

式中：$P$ 为圈闭油气浮压，Pa；$\rho_w$ 为地层水密度，$g/cm^3$；$\rho_h$ 为烃类密度，$g/cm^3$；$g$ 为重力加速度，$m/s^2$；$H$ 为烃柱高度，m。

油气开始渗漏时圈闭油气的浮压等于断层面支撑的压力，即式（6.2）和式（6.3）

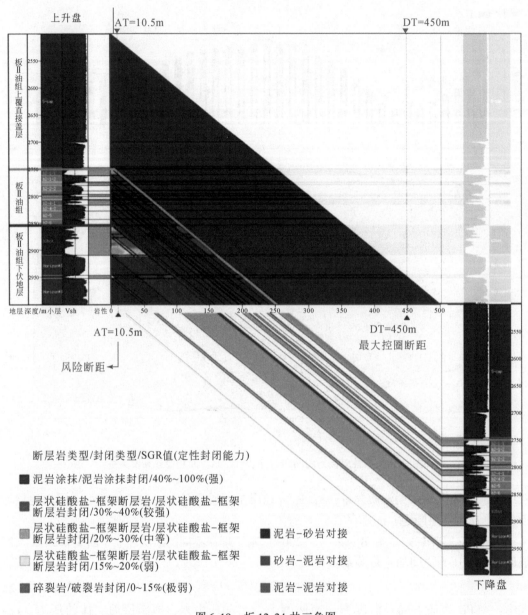

图 6.19　板 12-24 井三角图

相等，断层封闭的烃柱高度为

$$H_{\text{Seal}} = \frac{10^{\left(\frac{\text{SGR}}{d} - c\right)}}{(\rho_{\text{w}} - \rho_{\text{h}})g} \tag{6.4}$$

式中：$H_{\text{Seal}}$ 为断层封闭的烃柱高度（m）；$d$ 为与实际地质条件有关的变量，不同盆地、同一盆地不同区带存在差异，获取 $d$ 值或标定该公式有以下两个途径。

一是在早期评价区块，没有更多的断层两盘压力差资料时，只能根据油藏已知油水界面间接标定公式。假定研究区 $d$ 为一定值，根据实际 SGR 在控制油藏断层中的分布而计

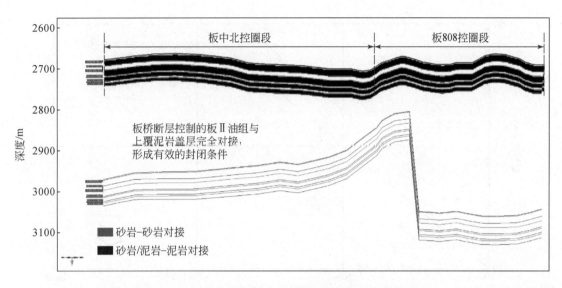

图 6.20　板桥断层在板 2-1 ~ 2-4 小层的断面岩性对接图

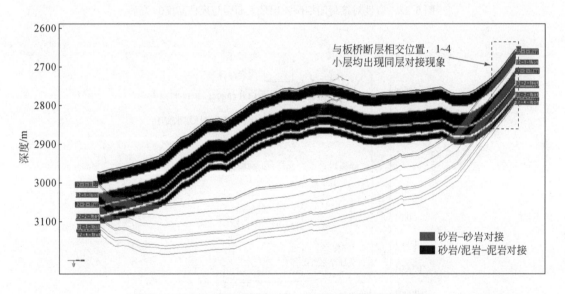

图 6.21　板 816 断层在板 2-1 ~ 2-4 小层的断面岩性对接图

算得出的所能封闭的最大烃柱高度和油水界面，如果该计算值与实际油水界面吻合，那么这个假设的 $d$ 值就标定了其研究区的断层面所支撑的烃柱高度与 SGR 的相互关系。以乌东斜坡带断层侧向封闭能力定量评价体系建立为例。乌 27 井区位于乌东斜坡带北部，在南一段主要受 TB94 和 WD64 两条断裂夹持形成断圈（图 6.24）。圈闭构造高点−1125m，在南一段发育油层，由联井油藏剖面可以确定油水界面为−1410m（图 6.25）。在油供给充足的条件下圈闭并未完全充满，断层侧向封闭能力控制了圈闭的油水界面。利用井震资料建立了乌 27 井区三维构造框架模型，并计算了控圈断裂断面构造属性及封闭属性

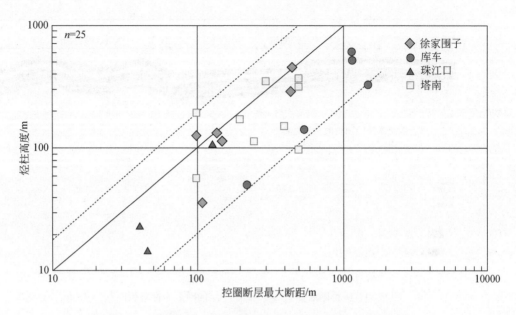

图 6.22　岩性对接封闭控圈断层最大断距与烃柱高度的关系

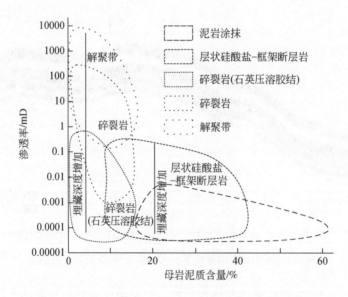

图 6.23　断层岩类型与母岩泥质含量和成岩程度的关系

（图 6.26），利用式（6.4）模拟计算，分别取不同的参数 $d$ 计算各控圈断裂所能封闭的烃柱高度（图 6.27），并转换成对应的油水界面，当计算的油水界面与实际油水界面吻合时，就确定了参数 $d$ 值。通过分析对比，考虑到误差因素，当参数 $d$ 取 50 时，计算的油水界面与实际的油水界面吻合率最高（表 6.1）。这样就成功地利用乌 27 油藏数据确定了适合于乌东斜坡带断裂的断面 SGR 值与对应的所能封闭烃柱高度的函数关系式，即乌东斜坡带断裂侧向封闭能力定量预测函数关系式：

$$H = \frac{10^{\left(\frac{SGR}{50}-0.5\right)}}{(\rho_w - \rho_o)g} \tag{6.5}$$

式中：$H$ 为控圈断裂所能封闭的烃柱高度，m；SGR 为控圈断裂断面各点 SGR 值，%；$\rho_w$ 为油藏中水的密度，g/cm³；$\rho_o$ 为油藏中油的密度，g/cm³；$g$ 为重力加速度，m/s²。

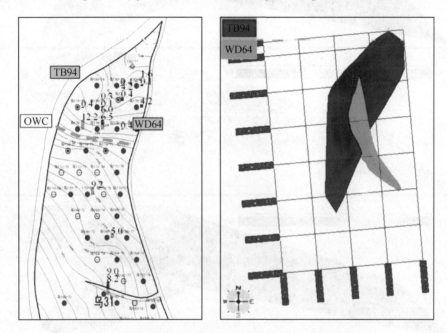

图 6.24　乌 27 井区南一段构造图及构造三维空间形态

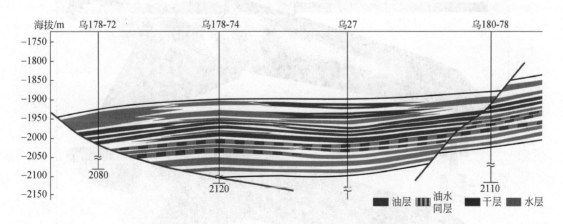

图 6.25　乌 27 井区乌 178-72—乌 180-78 联井油藏剖面

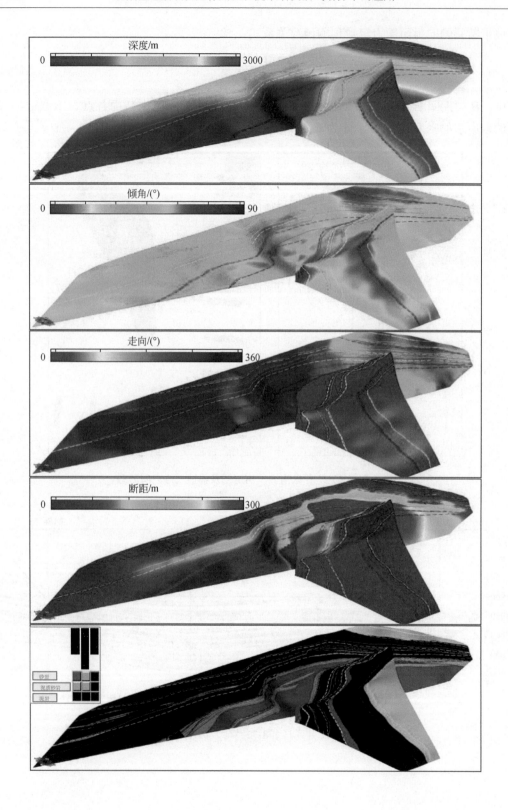

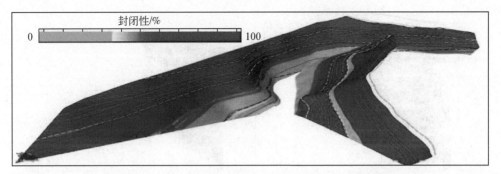

图 6.26　乌 27 井区控圈断裂断面构造属性和封闭属性图

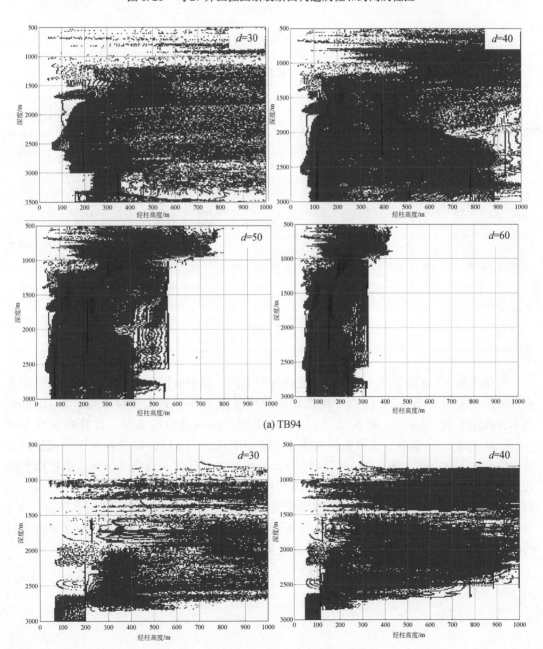

(a) TB94

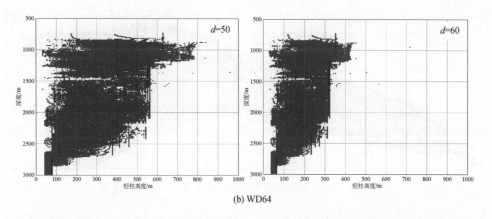

(b) WD64

图 6.27　乌 27 井区控圈断裂 TB94 和 WD64 不同 $d$ 值对应的断面可封闭烃柱高度图

表 6.1　乌 27 井区不同参数 $d$ 所对应的油水界面位置

| 圈闭名 | 地质层位 | 构造高点 /m | 圈闭溢出点 /m | 构造幅度 /m | 油水界面深度 /m | 控圈断裂侧向封闭性分析 | | | | 计算的油水界面深度/m |
|---|---|---|---|---|---|---|---|---|---|---|
| | | | | | | $d$ | 断裂名 | 控圈范围/m | 预测油水界面深度/m | |
| 乌 27 | 南一段 | −1125 | −1675 | 550 | −1410 | 30 | TB94 | −1675 ~ −1125 | −1486.7 | −1486.7 |
| | | | | | | | WD64 | −1550 ~ −1125 | −1594.3 | |
| | | | | | | 40 | TB94 | −1675 ~ −1125 | −1416.7 | −1416.7 |
| | | | | | | | WD64 | −1550 ~ −1125 | −1475.6 | |
| | | | | | | 50 | TB94 | −1675 ~ −1125 | −1410.2 | −1410.2 |
| | | | | | | | WD64 | −1550 ~ −1125 | −1418.9 | |
| | | | | | | 60 | TB94 | −1675 ~ −1125 | −1388.7 | −1388.7 |
| | | | | | | | WD64 | −1550 ~ −1125 | −1407.9 | |

　　选择国外 TN 盆地为另一个 $d$ 值标定的典型实例，其中 B 圈闭为标定对象，该圈闭为典型的断层圈闭 [图 6.28 (a)]，构造圈闭的幅度为 300m，最大闭合等高线为 −1300m，油水界面深度为 −1840m [图 6.28 (b)]。厘定断层面两盘对接关系，计算断层面 SGR [图 6.28 (c)]，计算各点支撑的最大烃柱高度 [图 6.28 (d)]，做出各点支撑烃柱高度随深度变化的散点图 [图 6.28 (e) ~ (g)]，外包络线上任何一点代表该深度断层面支撑的最小烃柱高度，包络线上最小值就是断层所能封闭的最大烃柱高度。B 圈闭受 F4、F5 和 F6 三条断层控制，分别计算各断层所能支撑的最大烃柱高度并转化成油水界面，当 $d$ 为 16 时，计算的烃柱高度为 210m，与实际烃柱高度吻合（表 6.2），从而建立了该盆地目的层断层封闭最大烃柱高度与断层面 SGR 之间的关系。

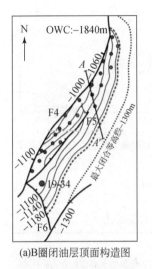

(a)B圈闭油层顶面构造图

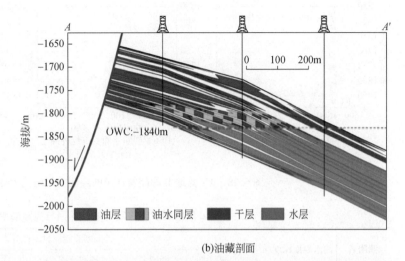

(b)油藏剖面

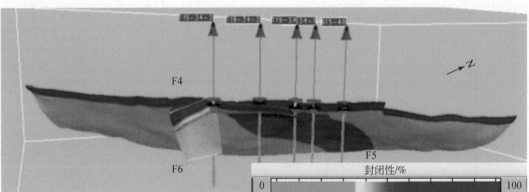

(c)断层面SGR分布图

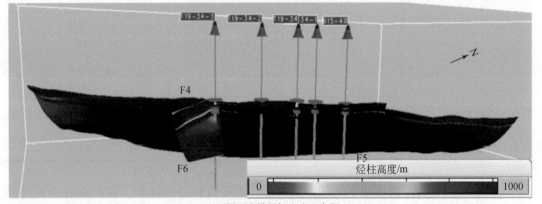

(d)断层面支撑烃柱高度分布图

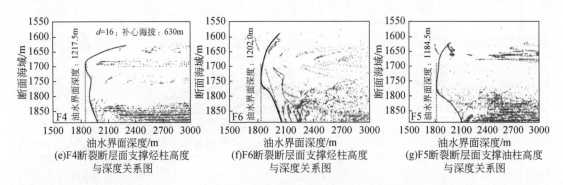

(e)F4断裂断层面支撑烃柱高度
与深度关系图　　(f)F6断裂断层面支撑烃柱高度
与深度关系图　　(g)F5断裂断层面支撑油柱高度
与深度关系图

图 6.28　TN 盆地 B 圈闭特征及断层侧向封闭能力评价

表 6.2　假定不同 d 值断裂封闭决定的油水界面与实际油水界面对比

| 圈闭名 | 油水界面深度/m | 控圈断裂侧向封闭性分析 | | | |
| --- | --- | --- | --- | --- | --- |
| | | $d$ | 断裂名 | 控圈范围/m | 预测油水界面深度/m |
| B 圈闭 | −1184 | 10 | F5 | −1200 ~ −1020 | −1275.9 |
| | | | F4 | −1200 ~ −970 | −1119.4 |
| | | | F6 | −1040 ~ −1020 | −1688.8 |
| | | 12 | F5 | −1200 ~ −1020 | −1239.8 |
| | | | F4 | −1200 ~ −970 | −1322.4 |
| | | | F6 | −1040 ~ −1020 | −1270.9 |
| | | 14 | F5 | −1200 ~ −1020 | −1217.5 |
| | | | F4 | −1200 ~ −970 | −1284.6 |
| | | | F6 | −1040 ~ −1020 | −1246.7 |
| | | 16 | F5 | −1200 ~ −1020 | −1202.0 |
| | | | F4 | −1200 ~ −970 | −1217.5 |
| | | | F6 | −1040 ~ −1020 | −1184.5 |
| | | 18 | F5 | −1200 ~ −1020 | −1193.7 |
| | | | F4 | −1200 ~ −970 | −1179.5 |
| | | | F6 | −1040 ~ −1020 | −1149.5 |
| | | 20 | F5 | −1200 ~ −1020 | −1171.2 |
| | | | F4 | −1200 ~ −970 | −1155.6 |
| | | | F6 | −1040 ~ −1020 | −1125.8 |

　　二是在滚动勘探开发区块,利用断层两盘压力差资料进行标定,建立 SGR 与其所能支撑的最大烃柱高度之间的函数关系。以西曹固构造带为例,利用断层两盘压力差标定适用于该地区的断层封闭能力评价关系式。西曹固构造带位于渤海湾盆地束鹿凹陷的中南部位,构造整体表现东断西超的特征。主力含油层位为沙河街组,纵向上沙三段与沙二段油气较沙一段富集。通过对沙二段、沙三段一亚段和沙三段二亚段控圈断层断距-距离曲线

进行统计，该构造带主体圈闭的控圈部位最小断距大于 60m（图 6.29），而该最小断距普遍大于泥岩层和储层砂体的厚度（图 6.30），形成非同层砂岩对接为主的断层岩封闭类型。因此，对于整个西曹固构造带圈闭而言，主要发育砂泥互层地层，形成以断层岩封闭为主的封闭类型。并且断层岩封闭渗漏风险较大，它也是断层封闭能力分析中重点评价的封闭类型。

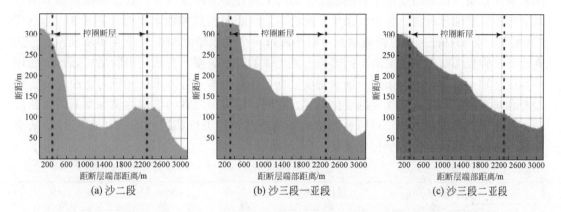

图 6.29　晋 68 圈闭沙二段、沙三段一亚段和沙三段二亚段控圈断层断距–距离曲线

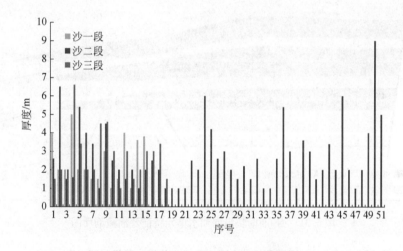

图 6.30　西曹固地区单层泥岩厚度统计

利用断层两盘压力差资料标定断层岩的封闭能力，首先要对研究区目的层段已钻探油藏控圈断层的封闭能力进行量化表征，根据断层两盘流体压力大小分析确定该断层两盘流体压力的差值，即断层实际承受的过断层压差，在油水界面完全受控于断层封闭能力的情况下，则此压力差值代表了断裂带所具备的封闭能力大小。断层两盘流体压力的确定一是通过统计实测地层流体压力拟合出流体压力随深度变化的压力剖面，二是通过对已钻探的油藏进行解剖确定断层两盘流体类型和性质，根据地层条件下流体密度分别计算出断层两盘不同深度下的流体压力，同一深度下两盘流体压力差值即为该深度下断层实际承受的过

断层压差。由于缺少实测流体压力数据，一般普遍采用第二种方法求取不同深度下断层实际承受的过断层压差。为此，首先需要根据现有的地震数据、井数据、含油气面积图等资料对研究区各个断层相关的油藏进行精细剖析，划分盖隔层，确定各圈闭盖隔层分布，同时确定出断层实际封闭的流体类型、烃柱高度以及流体密度。以晋 68 断块油藏精细解剖为例，晋 68 断块位于束鹿凹陷西曹固构造带中部，主要在沙三段一亚段以下形成有效圈闭和油气聚集，该圈闭受控于顺向断层，纵向上发育多套油水单元，根据油藏精细解剖将其划分为五套油水系统，各套油水单元具有不同的圈闭高点和油水界面（图 6.31），呈现"牙刷状"分布特征。通过油藏解剖可以明确每一个油水单元的圈闭高点和油水界面，从而能够明确控圈断层在断层的不同部位所能支撑的烃柱高度。在确定出断层实际封闭的烃柱高度基础上，结合地层条件下油水密度数据，计算出本盘各油水单元压力随深度的变化趋势和对盘地层水压力随深度的变化趋势，在同一深度下二者的差值为该深度下的过断层压差。按照此原理和方法，对西曹固构造带其他已钻探油气藏进行解剖（表 6.3），从而为断层侧向封闭性定量表征提供基础。

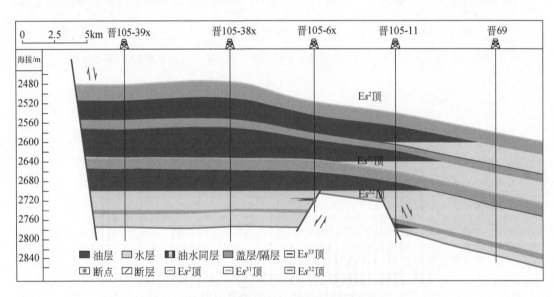

图 6.31　晋 68 断块纵向油水单元特征及油藏剖面图

表 6.3　西曹固构造主要圈闭油水单元油藏解剖要素表

| 区块 | 层位 | 油水单元 | 构造高点/m | 烃柱高度/m | 油水界面深度/m |
|---|---|---|---|---|---|
| J68 | Es$^2$ | i | 2432.29 | 143.53 | 2583.83 |
| | | ii | 2448.71 | 135.12 | 2575.82 |
| | | iii | 2489.79 | 131.78 | 2621.57 |
| | | iv | 2524.09 | 100.65 | 2624.74 |
| | Es$^{31}$ | i | 2620.3 | 75.21 | 2695.51 |

续表

| 区块 | 层位 | 油水单元 | 构造高点/m | 烃柱高度/m | 油水界面深度/m |
|------|------|----------|------------|------------|----------------|
| J93-35 东 | $Es^2$ | i | 2285.76 | 80.8 | 2366.56 |
| | | ii | 2312.28 | 33.92 | 2346.2 |
| | | iii | 2330.92 | 59.28 | 2390.2 |
| | | iv | 2361.27 | 47.33 | 2408.6 |
| | $Es^{31}$ | i | 2347.39 | 90.91 | 2438.3 |
| | | ii | 2366.54 | 64.5 | 2431.04 |
| | | iii | 2383.42 | 71.88 | 2455.3 |
| | | iv | 2409.82 | 99.99 | 2466.53 |
| | | v | 2420.38 | 69.22 | 2489.6 |
| J105 东 | $Es^{31}$ | i | 2387.3 | 99.9 | 2487.2 |
| | | ii | 2453 | 52 | 2505 |
| | | iii | 2462 | 57 | 2519 |
| J105-25 | $Es^{32}$ | i | 2258.1 | 26.77 | 2284.87 |
| | | ii | 2275.8 | 26.81 | 2302.61 |
| | | iii | 2332.73 | 10.75 | 2343.48 |
| | $Es^{33}$ | i | 2342.61 | 27.06 | 2369.67 |
| | | ii | 2370.28 | 17.96 | 2388.24 |
| J94 北 | $Es^2$ | i | 2531.15 | 55.12 | 2586.27 |
| | | ii | 2535.35 | 67.65 | 2603 |
| | | iii | 2560.55 | 49.55 | 2610.1 |
| J94 南 | $Es^2$ | i | 2487.87 | 98.4 | 2586.27 |
| | | ii | 2531.56 | 71.44 | 2603 |
| | | iii | 2564.82 | 45.28 | 2610.1 |
| | $Es^{31}$ | i | 2623.05 | 33.36 | 2656.41 |
| | | ii | 2653.47 | 23.82 | 2677.29 |
| | | iii | 2681.67 | 20.49 | 2702.16 |
| J95 北 | $Es^2$ | i | 2499.61 | 106.79 | 2606.4 |
| | | ii | 2547.27 | 23.48 | 2570.75 |
| | | iii | 2567.27 | 35.46 | 2602.73 |
| J95 南 | $Es^2$ | i | 2496.86 | 116.37 | 2613.23 |
| | | ii | 2559.19 | 59.89 | 2619.08 |
| | | iii | 2587.97 | 46.31 | 2634.28 |
| | | iv | 2598.17 | 33.16 | 2631.33 |

　　由于断层带泥质含量（SGR）与断层封闭压差（AFPD）存在一定相关性，因此对断层岩封闭能力的标定采用统计学方法，分析控圈断层的 SGR 与对应位置的原始油藏断层

两侧压差（AFPD）的关系，建立 SGR-AFPD 的定量表达式，作为断层封闭能力定量评价的依据。SGR 的计算主要是利用三维地震数据体和单井数据（泥质含量数据、岩性、分层、井斜）构建数值模拟模型，从而根据 SGR 计算公式，计算出控圈段断层面上任意一点 SGR 值（图6.32），并根据实际油藏特征提取出含油层段所对应的 SGR。在计算并提取出控圈断层含油层段所对应的实际过断层压差和断面 SGR 后，将过断层压差与断层面上对应深度的一系列 SGR 联立，确保 AFPD 与对应深度的一系列 SGR 相对应，即可得到该圈闭的 SGR-AFPD 关系投点图（图6.33）。

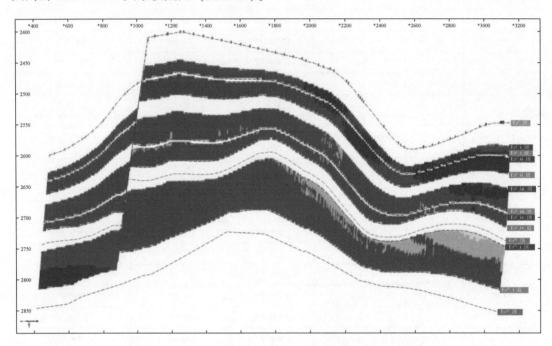

图6.32　晋68断块控圈部位含油单元断面 SGR 值显示图

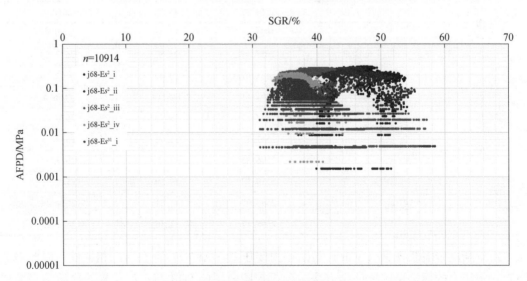

图6.33　晋68断块纵向含油单元控圈部位断面 SGR-AFPD 标定图

　　利用上述原理和方法，对西曹固地区其他含油断圈采用同样的 SGR-AFPD 关系标定方式。然后以过断层压差（AFPD）作为纵坐标，以对应深度的一系列断面 SGR 作为横坐标，将每个圈闭的 SGR-AFPD 数据投点到同一坐标系中，得到表征西曹固地区断层侧向封闭能力的 SGR-AFPD 关系投点图，拟合出代表不同 SGR 的断层可支撑最大过断层压差的断层封闭失效外包络线（图 6.34），以及表征断层封闭失败外包络线线性关系的断层可承受最大过断层压差随断层泥含量 SGR 变化的函数关系式［式（6.6）］。根据断层封闭失效外包络线可以确定西曹固地区断层岩封闭临界 SGR 下限为 16%，低于该值断层具有较大的渗漏风险，随着 SGR 的增大，断层可支撑的过断层压差呈现对数增大的趋势。当断层支撑的过断层压差与油气的浮压相等时，断层达到封闭烃柱高度极限，据此可确定断层封闭的烃柱高度与断面 SGR 的定量关系［式（6.7）］，利用此关系式即可对西曹固构造带及邻区其他断层封闭能力进行预测。

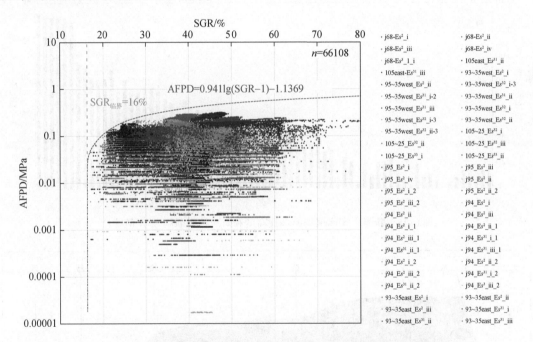

图 6.34　西曹固地区断层圈闭断面 SGR-AFPD 定量关系

$$AFPD = 0.941 \lg(SGR - 1) - 1.1369 \tag{6.6}$$

$$H = \frac{AFPD}{(\rho_w - \rho_o)g} = \frac{0.941 \lg(SGR - 1) - 1.1369}{(\rho_w - \rho_o)g} \tag{6.7}$$

式中：AFPD 为过断层压差，MPa；$H$ 为烃柱高度，m；$g$ 为重力加速度，m/s$^2$；$\rho_w$ 和 $\rho_o$ 分别为地层条件下水和烃的密度，kg/m$^3$。

　　油气的聚集受控于多个地质因素，对于断层圈闭极其发育的西曹固构造带，断层封闭能力是影响该区圈闭内油气聚集程度的重要因素。西曹固地区断面 SGR-AFPD 定量关系表明，随着断层泥质含量的增加断层封闭能力呈现增强的趋势，可封闭的烃柱高度也随之增大。通过统计西曹固地区断圈内实际聚集的烃柱高度和对应控圈断层 SGR 值，二者之间存在明显的正相关性（图6.35）。这一结果表明断层封闭能力决定了西曹固地区断圈内油气富集程度。在油藏未被后期破坏的条件下，断圈内烃柱高度主要受控于断层封闭能力，典型实例如晋105-25断块。西曹固地区晋105-25断块整体位于斜坡带上，上倾方向受断层遮挡，在沙三段形成断层圈闭。晋105-25断块在沙三段可划分出三个油水单元，均具有独立的油水界面，呈现"牙刷状"油藏的特征（图6.36）。从上至下三个油水单元的油水界面分别为-2487.2m、-2512.79m、-2519m（图6.36）。为分析三个油水单元的含油气性差异，分别计算了三个油水单元的断层面SGR值（图6.37）。从上至下三个油水单元的油水界面所对应的SGR分别为16.8%、18.5%、19.2%，油水界面之下的SGR低于断层封闭临界值（图6.37）。据此分析可明确该断块各油水单元的烃柱高度主要受控于断层渗漏点，断层封闭能力决定了"牙刷状"油藏的"刷毛"长度。

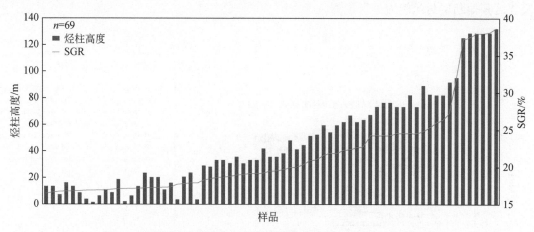

图6.35 断圈内实际聚集的烃柱高度和对应控圈断层SGR值统计

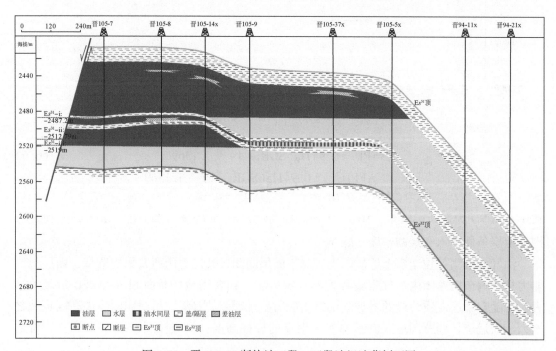

图6.36 晋105-25断块沙三段一亚段油组油藏剖面图

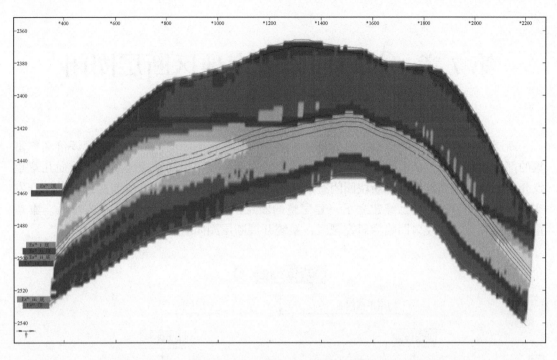

图 6.37 　晋 105-25 断块沙三段一亚段油组控圈断层带泥质含量属性分布图

# 第7章　歧口凹陷歧南地区断层圈闭有效性综合评价

断层圈闭有效性研究的最终目的是评价实际探区断层圈闭的风险性，定量评价油气富集的部位和有效性，从而有效地降低断层圈闭的勘探风险，提高钻探成功率。前面几章重点介绍了影响裂陷盆地复杂断块圈闭有效性的理论基础和相关方法，目前，结合勘探开发实践和联合项目攻关，已经建立了一套完整的断层圈闭有效性评价体系（图7.1）。本章重点以渤海湾盆地歧口凹陷为研究靶区，系统开展断层圈闭有效性综合评价。

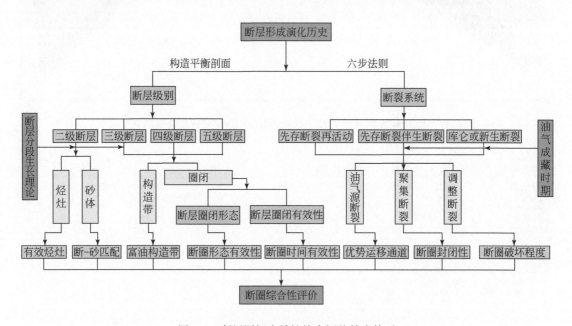

图7.1　断层圈闭有效性综合评价技术体系

## 7.1　歧口凹陷地质概况和石油地质条件

歧口凹陷位于渤海湾盆地黄骅坳陷中北部，属于古近纪以来形成的新生代陆内伸展盆地。南至孔店构造带和埕宁隆起，西北边界为沧县隆起，凹陷总体走向 NE 向，总面积约 6640km²，属于大港探区的面积为 5280km²。本次重点以歧口凹陷歧南地区为研究靶区（图7.2）。

## 7.1.1 构造和断裂发育特征

歧口凹陷是渤海湾盆地中典型的新生代箕状断陷盆地，表现为北西断南东超的结构特征（图 2.12）。自北向南依次发育板桥次凹、歧北次凹和歧南次凹，这三个小型断陷盆地分别以沧东断层、滨海断层、港东断层和南大港断层为边界断层，断层走向为 NNE–NE 向，在凹陷内部也发育了如海河断层等一系列 EW 向的断层。主干基底断层普遍呈断阶状、"V"字形、"A"字形展布；次级断层普遍分布在主干断层附近，且末端与主干断层相交，整体呈似花状及"y"字形结构，这些似花状构造的"根部"主要汇于渐新统及新近系内。

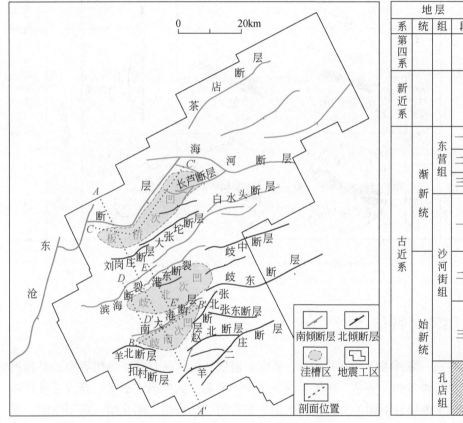

图 7.2 歧口凹陷构造纲要及断裂分布

研究区发育 4 组方位断层，以 NE–NEE 向、近 EW 向断层为主，其次是 NNE 向断层，NWW 向断层零星分布。中生代末期，歧口凹陷受 NWW–SEE 向伸展作用，形成大量 NNE 向伸展断层；裂陷 I 幕歧口凹陷受 NW–SE 向伸展，发生了大规模强烈断陷活动，NE–NEE 向断层开始发育；裂陷 II 幕区域应力场方向转变为近 SN 向伸展，发育大量近 EW 向断层（图 7.3）。受多期构造运动的作用，歧口凹陷断层走向以 EW 向及 NE–NEE 向为主，且主要以平行式及羽状的构造样式排布；在长期活动断层的上盘断层密度相对较大，复杂断裂带较为发育，这些长期活动的断层主要为 NE–NEE 向，而由次级断层组成的复杂断裂带走向呈近 EW 向展布（图 2.16）。

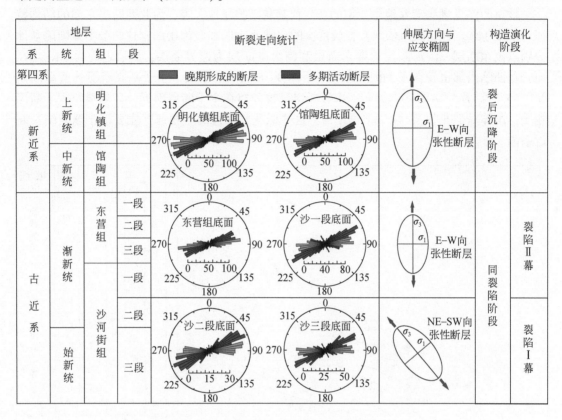

图 7.3　歧口凹陷不同层位断裂走向分布及应力机制

## 7.1.2　地层发育特征

油气勘探实践、野外考察和钻井揭示，研究区地层从老到新包括下古生界寒武系和奥陶系，上古生界石炭系和二叠系，中生界侏罗系和白垩系，新生界古近系、新近系及第四系。新生代盆地中地层自下而上分为沙河街组、东营组、馆陶组、明化镇组和平原组，其中古近系沙河街组和东营组构成下部构造层序，新近系馆陶组和明化镇组上覆于整个盆地，构成上部构造层序，二者之间呈区域性不整合接触（图 7.4）。

### 1. 古近系

1）孔店组（Ek）

孔店组是黄骅拗陷基底之上最老的新生代地层，主要分布于黄骅拗陷南部地区，而在歧口凹陷主要分布于靠西南近沧东断层处。在岩性上可以分为孔一段、孔二段、孔三段，孔店组下部主要为紫红色泥岩夹薄层灰白色砂岩、砂砾岩及灰绿色、棕红色泥岩，中部为深灰色泥岩夹薄层灰岩、白云岩，上部为紫红色泥岩与灰白色含砾砂岩及砂砾岩的互层。

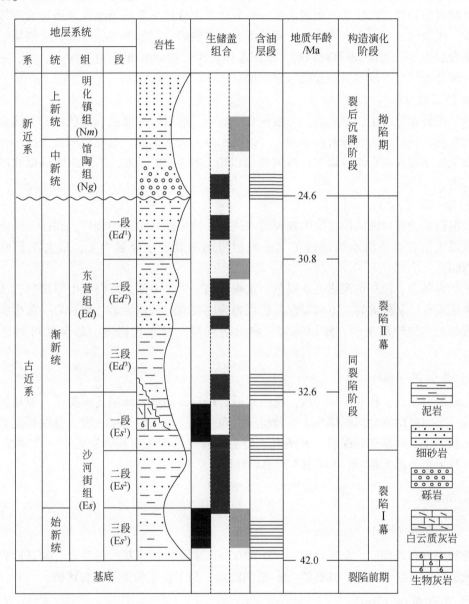

图 7.4　歧口凹陷地层发育简表

2）沙河街组（Es）

沙河街组主要分为沙三段、沙二段、沙一段，地层厚度为 100~3000m。

a. 沙三段（Es³）

沙三段沉积时期，裂陷作用强烈，凹陷多个独立的沉积单元，分别由不同的物源进行充填，因此各个地区的沉积岩性有较大的不同，是一个大规模水进期。北塘次凹物源主要来自燕山褶皱带，砂岩一般以含泥含砾不等粒混合砂岩、岩屑砂岩为主，大段泥岩以深灰色为主，砂岩段的夹层泥岩色较杂，有灰绿色、灰褐色和深灰色等。板桥次凹主要接受西部沧县隆起的物源，以砂岩、泥岩为主，砂岩以含泥含砾不等粒及细粒岩屑质长石砂岩为主。羊二庄地区沉积以埕宁隆起为主要物源区，以砂岩、泥岩为主，砂岩以岩屑质、长石质石英砂岩为主，细粒–不等粒结构。根据总体岩性（粗–细–粗）可分为一、二、三三个亚段，部分地区缺失沙三段一亚段、三亚段。

b. 沙二段（$Es^2$）

沙二段分布范围小，厚度薄，一般在 0~400m，地层以灰绿色、灰色泥岩与浅灰色砂岩组成互层，砂岩以岩屑长石砂岩为主。该沉积时期为水退期，盆地沉积范围减小，沙二段分布范围主要在沧东断层以东，海河断层以南，孔店–羊三木、羊二庄断层以北所围限的范围内。

c. 沙一段（$Es^1$）

该沉积期为歧口凹陷第二次大规模的水进期，沙一段分布范围较广，在沙一段沉积时期形成最大湖泛区，沉积物越过羊二庄断裂带超覆到埕宁隆起之上，最大沉积厚度超过 2000m。

上部为灰色、深灰色泥岩夹灰褐色、黄褐色白云岩，中部为灰白色中厚层砂岩或生物灰岩夹深灰色、灰色泥岩。下部以深灰色泥岩为主夹薄层云质泥岩、油页岩、微生物白云岩。底部为生物碎屑灰岩、鲕粒灰岩、白云岩互层，分布较稳定，是全区可对比的标志层。

3）东营组（Ed）

东营组沉积期，相对于沙一段，发生水退，歧口凹陷进入断陷萎缩阶段，但是整个凹陷形成一个完整的湖盆沉积体系。东营组分为东一段、东二段、东三段，以湖相泥岩、油页岩沉积为主，局部夹辉绿岩、玄武岩；而上部以三角洲相前积砂岩为主，总厚度 800m 以上。自上至下形成粗–细–粗–细不同的岩性段。

## 2. 新近系

### 1）馆陶组（Ng）

馆陶组分布范围广，全区厚度为 400~500m。主要岩性为灰白色砂岩、含砾砂岩、砾岩夹灰绿色、紫红色泥岩，具有粗–细–粗的特点，与下伏东营组不整合接触。

### 2）明化镇组（Nm）

明化镇组也具有分布范围广、厚度大（在 1000~2000m）的特点，可分为上、下两段，下段岩性主要为紫红色、灰绿色、棕红色泥岩，夹灰白色砂岩；上段为厚层状灰绿色、浅灰色砂岩与浅棕色、黄绿色及杂色泥岩互层。

## 3. 第四系

第四系平原组（Qp）岩性主要为灰黄色、土黄色黏土、砂质黏土与灰色、浅灰绿色

粉细砂层、泥质砂层互层，多含钙质团块。普遍含螺、蚌壳碎片及植物碎片，厚
200～400m。

## 7.1.3　构造演化及沉积充填规律

古近纪至今，歧口凹陷主要经历两期裂陷阶段及后裂陷阶段（图 7.5）（周立宏等，
2011）；裂陷Ⅰ幕为沙三段至沙二段沉积时期，裂陷Ⅱ幕为沙一段至东营组沉积时期；
后裂陷阶段为馆陶组沉积时期至今，该时期黄骅拗陷整体较为稳定，盆地形成全面进入
裂后沉降阶段，构造活动十分微弱，对盆地的沉积基本不起控制作用（任建业等，
2010）。

**1. 裂陷前期**

相当于孔店组沉积时期，盆地沉积层与下伏地层的不整合关系比较清楚，在燕山运动
末期，在 NW 向挤压作用下，华北地区普遍上升，早期沉积地层发生褶皱，白垩系部分遭
受剥蚀，造成新生代地层与中生代地层之间广泛不整合，在古新世早期未能接受沉积。从
古新世中后期至始新世，整个滨太平洋构造域受到了广泛的 NW-SE 向拉伸，渤海湾盆地
在区域隆起背景上开始形成新生代裂陷作用旋回，黄骅拗陷快速沉降，接受孔店组沉积，
古新世末期发生的喜马拉雅运动使得渤海湾盆地表现为地壳的抬升，形成沙河街组与孔店
组的区域不整合面。

**2. 同裂陷期**

孔店组之后，歧口地区发生了大范围强烈的裂陷作用，沙河街组沉积时期是古近纪主
要裂陷期。此时期可分为沙三段—沙二段裂陷Ⅰ幕、沙一段—东营组裂陷Ⅱ幕。与之所对
应，歧口地区经历了沙三段—沙二段的湖盆沉积期，沙一段—东营组的裂陷增强、湖盆沉
降快速、多个沉积中心发育期。

1）裂陷Ⅰ幕

裂陷Ⅰ幕相当于沙三段—沙二段沉积时期（图 7.5），沙三段的湖盆范围最大，并表
现出伸展裂陷盆地特征。在沙三段沉积时期歧口地区为较广阔的湖盆沉积，歧口深凹和各
次凹处于连通状态，沉积范围较广，北部边界为燕山隆起带，西部边界可达到白塘口，南
部边界部分覆盖孔店凸起，东部边界部分覆盖沙垒田凸起。在孔店凸起和沙垒田凸起上皆
可发现沙三段被剥蚀的现象，故南部和东部沉积范围皆大于现今残留地层范围。该时期北
大港凸起、南大港凸起等也未形成，仅北大港凸起有不到 $10km^2$ 的小岛位于盆地中，沧县
隆起尚未抬升，板桥次凹西侧仍有大面积沉积。

2）裂陷Ⅱ幕

沙一段沉积时期，歧口凹陷断层活动增强，沉积速率加快（图 7.7）。前期凹陷中一
些主要的大型 NE 向断层重新活动，控制凹陷的沉积，同时新形成了一些 NEE 向或近 EW
向的同沉积断层，如大张坨断层、港东断层等，这些断层在凹陷演化过程当中开始起到控

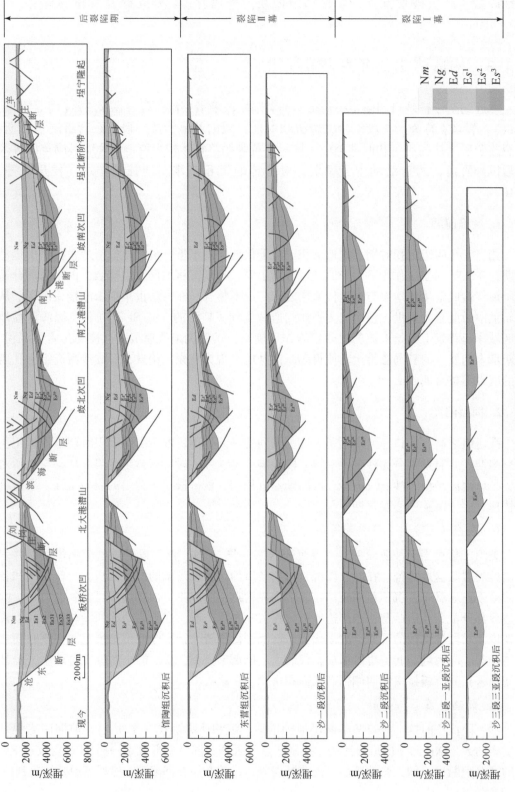

图 7.5　岐口凹陷西部 NW–SE 向构造演化剖面

制沉积和分隔构造单元等作用。新形成的断层多集中于凹陷中部地区，其活动强度由凹陷西南至北东逐渐增强。板桥次凹的沉积作用受 NNE 向断层控制，歧南次凹的沉积作用由 NE 向的南大港断层、张北断层和南端的近 EW 向的扣村断层、羊二庄断层控制。沿岸线以东海域的地层沉积主要受控于近 EW 向的断层，如歧东断层、歧中断层和海河断层等，靠近这些断层的厚度等值线均有 EW 向延伸的趋势。

东营组沉积时期，歧口凹陷持续沉降，断层发育，沉积地层与沙河街组在凹陷内呈渐变过渡关系，厚度可达 1800m，发生区域沉降，形成了一个相对稳定的统一沉降中心。这个时期歧口凹陷近 EW 向和 NEE 向断层活动加强，由凹陷南西至北东活动增强，沉降作用主要受其控制，此前主要活动的 NE 向断层活动较弱。东营组沉积末期，整个渤海湾盆地发生区域隆升，形成区域不整合面，并出现反转构造。歧口凹陷与整个盆地一样裂陷作用和沉积作用结束，隆升并发生一定程度褶皱，较高部位先期沉积地层遭受明显剥蚀。

**3. 后裂陷期**

馆陶组沉积时期，进入裂后沉降阶段，构造活动微弱，发生区域沉降，大范围接受沉积，缺失古近纪沉积的隆起开始接受沉积，馆陶组与下伏东营组呈不整合接触。歧口凹陷在馆陶组沉积速率为 50mm/a，全区厚度稳定。断层数量虽多，但活动强度和垂直断距远逊于同裂陷期，对沉积厚度没有明显控制作用。相对而言，在沿岸线东部的断层活动强于西部。

明化镇组与馆陶组一样，具有分布范围广、厚度大的特点，可分为上、下两段。明化镇组下段较馆陶组有向海域增厚的趋势，沉降速率向歧口深凹增大，可以达到 160mm/a。明化镇组上段与下段之间的不整合面比明化镇组与第四系间的不整合面更加重要，可能代表新构造运动的开始。晚期断层活动增强，形成了大量近 EW 向断层。这些断层浅层多深层少，与深层断层有着直接或者间接连接，分布相对集中。

## 7.1.4　烃源岩条件及储盖组合特征

**1. 烃源岩条件**

*1）烃源岩发育特征*

歧口凹陷为长期持续沉降的大型开阔断拗型湖盆，具有水体开阔，有机质充沛，沉积沉降速率大等特点。歧口凹陷发育多套良好的烃源岩，主要包括沙三段、沙二段、沙一段及东营组四套生油层系，生油岩最大累计厚度达 3500m 以上，其中沙三段、沙一段暗色泥质岩为主力烃源岩，累计厚度为 1500~2500m。

歧口凹陷烃源岩的有机质类型除东营组以 Ⅱ-Ⅲ 型干酪根为主外，沙河街组烃源岩主要为 Ⅰ 型和 Ⅱ 型干酪根。在平面上，凹陷中心附近，干酪根类型主要为 Ⅰ-Ⅱ$_1$ 型，到凹陷边缘构造高部位区，类型变差，为 Ⅱ$_1$-Ⅲ 型。各层烃源岩均具有较高的有机质丰度，以沙一段最高，沙二段与东营组较低。

依据我国陆相生油岩的评价标准，沙一段、沙三段烃源岩有机质类型好，有机质丰度和烃转化率较高，均属于好烃源岩；沙二段烃源岩中Ⅲ型干酪根的比例比沙三段有明显增高，总有机碳含量（TOC）在所有层系中最低，但有机质向烃类的转化程度较高，综合评价为好烃源岩；东营组烃源岩尽管有机质丰度较高，但有机质向烃类的转化程度较低，综合评价为中等烃源岩（表7.1）。

**表 7.1　陆相生油层评价标准** ［据胡见义等（1991）］

| 项目 | 生油层级别 | | | |
| --- | --- | --- | --- | --- |
| | 好生油层 | 中等生油层 | 差生油层 | 非生油层 |
| 岩相 | 深湖–半深湖相 | 半深湖–浅湖相 | 浅湖–滨湖相 | 河流相 |
| 干酪根类型 | 腐泥型 | 中间型 | 腐殖型 | 腐殖型 |
| H/C | 1.3 ~ 1.7 | 1.0 ~ 1.3 | 0.5 ~ 1.0 | 0.5 ~ 1.0 |
| TOC/% | 1.0 ~ 3.5 | 0.6 ~ 1.0 | 0.4 ~ 0.6 | <0.4 |
| 氯仿沥青/% | >0.12 | 0.06 ~ 0.12 | 0.01 ~ 0.06 | <0.01 |
| 总烃/$10^{-6}$ | >500 | 250 ~ 500 | 100 ~ 250 | <100 |
| （总烃/TOC）/% | >6 | 3 ~ 6 | 1 ~ 3 | <1 |

### 2）主干边界断层与洼槽结构–烃源岩分布的关系

歧口凹陷裂陷Ⅰ幕时期，洼槽主要分布在沧东断层、茶店断层、滨海断层、港东断层及南大港断层上盘，洼槽普遍紧邻控洼断层分布，长轴呈 NNE–NE 向分布（图7.6），这是由于 NNE–NE 向断层与水平主应力方向近直交，洼槽沉积中心主要受该类断层控制，形成如板桥等次级凹陷。在歧口凹陷沙三段厚度图上可以看出，地层厚度在控洼断层的走向上是存在差异的，这种差异主要是受控于断层不同部位的活动性差异；通过对边界断层生长机制和位移传播方式的识别，可以确定歧口凹陷洼槽的演化存在多种模式。

以沧东断层为例，通过断距–距离曲线可以看出沧东断层符合断层分段生长模式的规律（图7.7），利用最大断距回剥法恢复各地质时期古断距分布后，发现沧东断层在沙三段沉积时期仍未完全连接，整体可以分为三段（1600测线以西、1800测线至2550测线、2750测线以东），这说明了该时期这三条断层段仍未同步活动（图7.7）。

在板桥北次凹沙三段古洼槽分布图上，可以明显看出板桥北次凹在沙三段存在着两个厚度峰值区（图7.8），该处为沧东断层在2600测线附近的分段生长连接部位；在板桥北次凹的地质剖面上也能看到（图7.9），沙三段在断层分段处存在横向背斜；通过板深35井与板9井地球化学指标的差异，也证实了板桥北次凹在沙三段次级洼槽的存在（图7.10）。因此，沧东断层分段生长控制的洼槽仍存在多个次级洼槽，与"分段生长断层控制多洼槽同时发展联合模式"相符合。

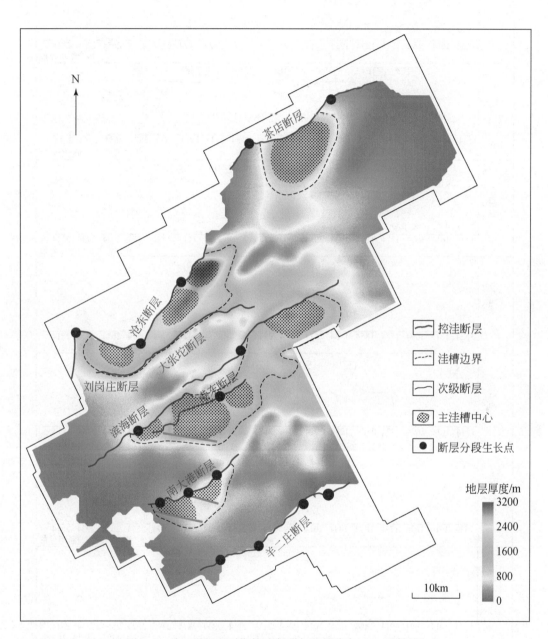

图 7.6　沙三段沉积时期控洼断裂与洼槽分布（$T_6$ 反射层）

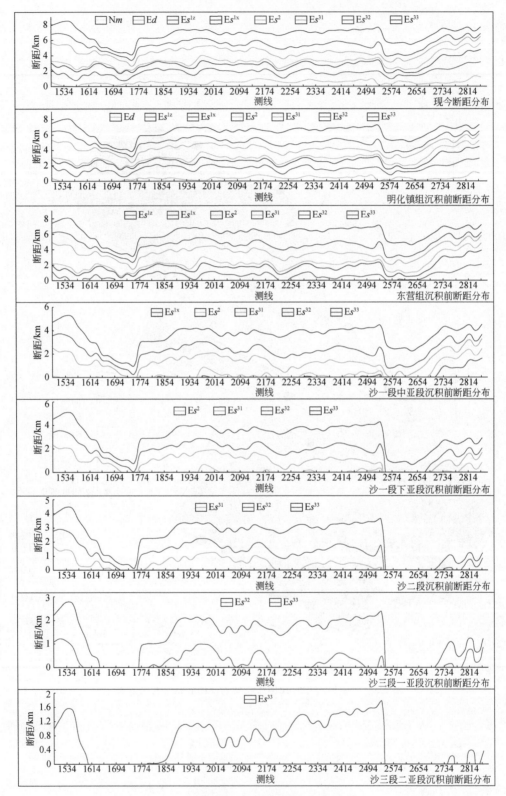

图 7.7　沧东断层不同时期断距-距离曲线图

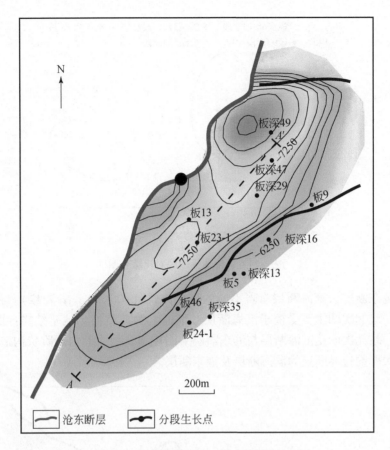

图 7.8　板桥北次凹沙三段古洼槽分布图

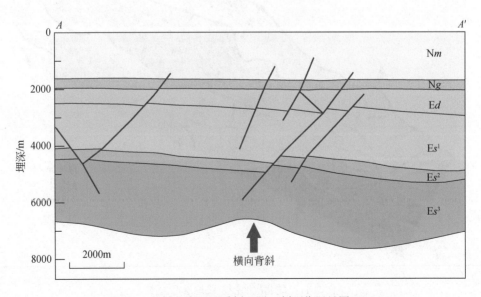

图 7.9　板桥北次凹地质剖面图（剖面位置见图 7.8）

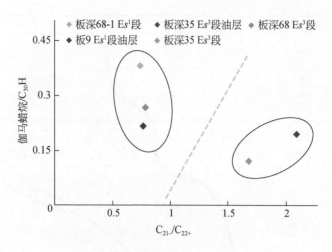

图 7.10　板桥地区油源对比综合图

相较于沧东断层，滨海断层有着不同的演化方式（图 7.11、图 7.12）。在 1704 测线地质剖面中，歧北次凹主要受控于滨海断层，剖面上为典型的半地堑结构；而 2104 测线地质剖面中，歧北次凹受滨海断层与港东断层共同控制，剖面上为断阶状构造样式，这说明整个歧北次凹的边界断层为滨海断层及港东断层。

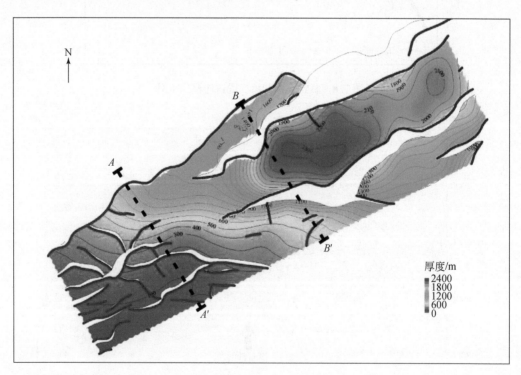

图 7.11　歧北次凹沙三段地层厚度图

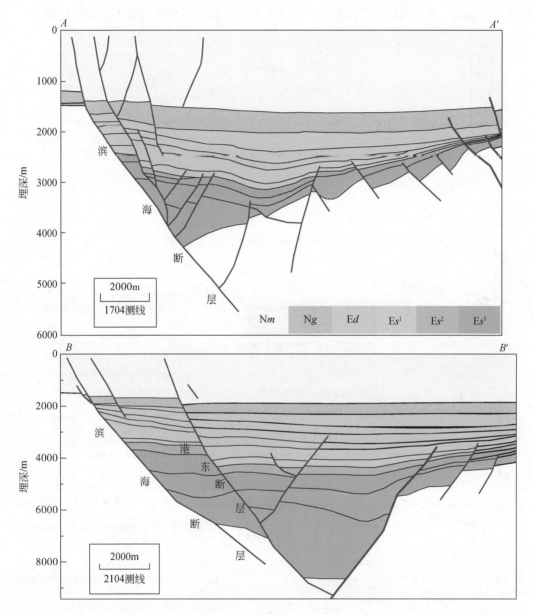

图 7.12　歧北次凹典型地质剖面（剖面位置见图 7.11）

通过滨海断层及港东断层断距-距离曲线（图 7.13、图 7.14），发现两条断层的生长方式存在差异。其中，港东断层符合"孤立断层控制洼槽双向扩展模式"，最大位移位于断层中部，向着断层两端位移逐渐减小；这说明港东断层在生长过程中，断层的长度和位移同时增加，断层西端受滨海断层的影响断距较小（与典型的孤立断层生长模式对比）。而滨海断层的生长传播方式较为复杂，滨海断层在 2300 测线附近存在明显的断距低值区，沙三段和沙二段的断距集中分布在 2300 测线以西，利用最大断距回剥法对滨海断层进行断距回剥（图 7.15），发现滨海断层是由两个断层段连接而成，裂陷Ⅰ幕只在 2300

测线以西活动，直至裂陷Ⅱ幕末期才开始向东生长传播，与东侧的新生断层相连接。

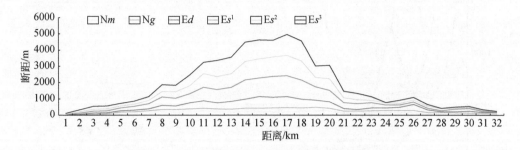

图 7.13　港东断层断距–距离曲线

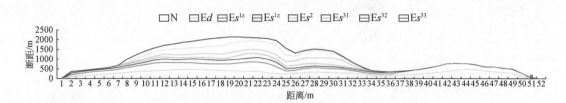

图 7.14　滨海断层断距–距离曲线

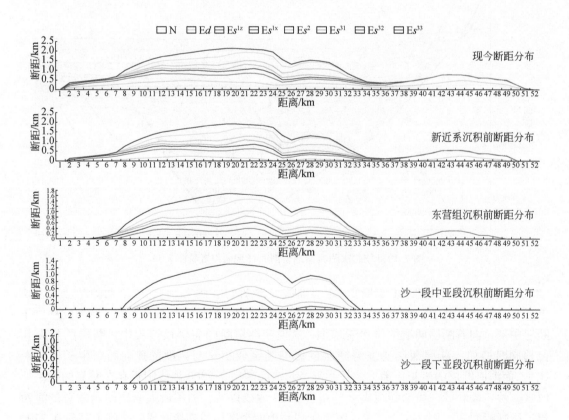

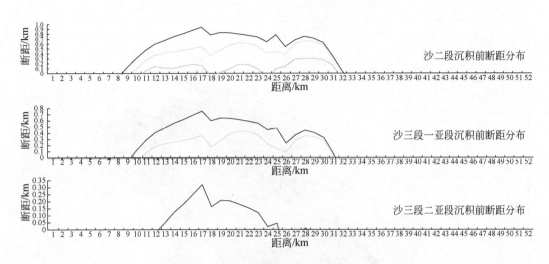

图 7.15　滨海断层不同时期断距–距离曲线图

在港东断层的"孤立断层控制洼槽双向扩展模式"与滨海断层的"分段生长断层差异活动多洼槽不同时期发展联合模式"的共同作用下，导致了歧北地区洼槽的演化规律较为复杂。

裂陷Ⅱ幕沉积中心主要是沿海河断层等 EW 向断层分布（图 7.16），这是由于区域应力场发生转变，EW 向断层与该时期水平主应力方向近直交，NNE-NE 向断层控制的洼槽发生萎缩，EW 向断层控制洼槽作用增强；同样，受断层活动性差异，在洼槽内部仍可见次级洼槽的发育（如板桥次凹）。

歧口凹陷在两期裂陷沉积中心分布位置的变化，反映了不同地质时期洼槽的迁移规律主要受控于应力场及断层走向的变化；洼槽内部次级洼槽的分布，体现了断层不同部位的活动性差异对洼槽的分割作用。

**2. 盖层分布及储盖组合特征**

歧口凹陷发育多套盖层（图 7.17），综合油气分布规律，自下而上主要发育沙三段、沙一段、东二段和明下段共四套区域性盖层，沙三段既是烃源岩，也是一套区域性泥岩盖层，分布范围较广。沙一段中部泥岩层分布范围最广，不仅厚度大且已成熟排烃并仍保持欠压实状态，具有物性封闭、超压封闭、烃浓度封闭相结合的封闭机制，封闭性能好。东二段也是连续性较好厚度较大的泥岩层，同样具有良好的封盖能力。这两套区域盖层对于古近系油气藏的保存起到了重要作用。凹陷内发育的另外一套区域性盖层明下段，以曲流河沉积为主，具有泥包砂特点，泥岩厚度大、分布稳定、封闭性能好。该套区域性盖层的存在对于阻止其下部油气的逸散起到了关键作用。此外，每套储层上部均以厚层泥岩覆盖，可作为局部盖层（如馆陶组内部泥岩），它们与区内普遍发育的三套区域性盖层共同构成了阻止油气逸散的遮挡层。

歧南地区油气主体受沙一段中亚段盖层和东二段盖层控制，纵向表现出多层系富集规律。沙一段中亚段盖层发育较稳定，厚度最大可达 800m，普遍大于 200m，这套盖层控制

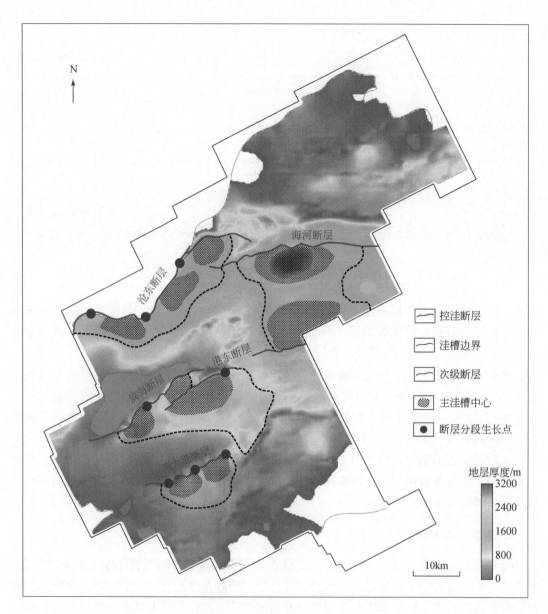

图 7.16　沙一段沉积时期控洼断层与洼槽分布（T₃ 反射层）

了深部（沙三段、沙二段、沙一段下亚段）三套油层与浅部（东营组、明化镇组、馆陶组）油层的分布与富集。如南大港、扣村、张巨河等地区，深、浅油气富集程度差异多与沙一段中亚段盖层有关。东二段区域盖层控制东营组油层与新近系油气层的分布与富集。明下段曲流河沉积具有泥包砂特点，砂泥比为 1：3，泥岩单层厚度为 5 ~ 20m，局部可达130 ~ 170m，泥岩厚度大、分布稳定、封闭性能好。同时，歧南地区沙河街组发育局部盖层，控制油气局部富集成藏。

　　歧口凹陷主要有四套生储盖组合，即沙三段泥岩区域盖层和其内部及下部储层组成的深部储盖组合；沙一段中上部泥岩区域盖层和其下砂岩储层组成的下部储盖组合；东二段

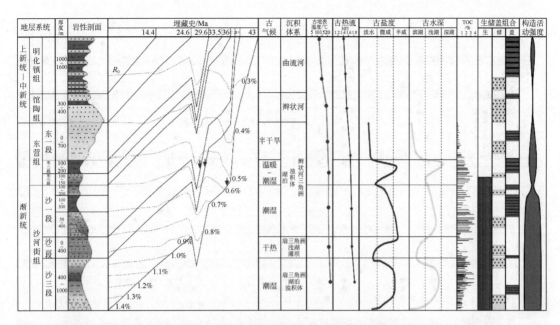

图 7.17　歧南地区地质背景及生储盖组合特征

泥岩区域盖层和东营组砂岩储层组成的中部储盖组合；明化镇组泥岩盖层和砂岩储层组成的上部储盖组合。由于储盖组合特征、油气运聚条件等差异，形成不同类型的油气藏，歧口凹陷新生界主要形成四类油气藏类型：沙三段–自生自储型油气藏；沙二段、沙一段下亚段–自生自储、下生上储型油气藏；沙一段中亚段、沙一段上亚段和东营组–自生自储、下生上储型油气藏；新近系（馆陶组、明化镇组）–下生上储型油气藏。

## 7.1.5　油气藏分布规律及与断裂的关系

### 1. 油气藏纵向分布规律及与断裂的关系

根据油气藏纵向分布规律，油主要受沙一段中上部盖层和东营组泥岩盖层控制（图7.18），纵向上划分为三套含油气系统：一是下部原生油气系统分布在沙一段盖层之下，分布层位为沙一段下亚段、沙一段中亚段、沙二段、沙三段；二是中部原生和次生含油气系统，分布在沙一段盖层之上和东二段盖层之下；三是上部（次生）含油气系统，主要分布在东二段盖层之上，包括东营组、馆陶组、明化镇组，受断层调整作用，主体油气分布在南大港断层及埕北地区（图7.19）。

三套含油气组合由于成藏时期及控制因素的差异，油气分布规律也有很大差异。区域性的泥岩盖层为油气保存提供有利条件。纵向上油气受沙一段中亚段和东二段区域盖层分隔，主要分布在下部和中部含油气组合中，从凹陷腹部至外围斜坡，油气藏分布层位逐渐变浅，在凹陷腹部的油气主要分布在东营组盖层之下（图7.19），在凹陷外围斜坡带，盖层厚度减薄，馆陶组和明化镇组构成的上部含油组合油气有所增加。凹陷内部由于盖层厚

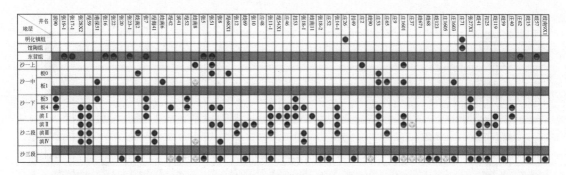

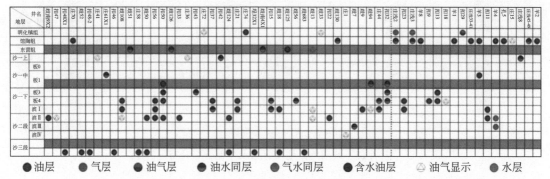

图 7.18 歧南-埕北地区油气藏纵向分布规律

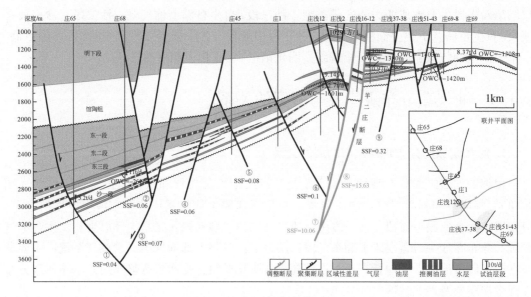

图 7.19 歧南地区油气藏剖面图

度大，具备良好的封闭能力，无论是同向断层还是反向断层，均在东二段盖层之下的储层中聚集，但也存在垂向调整的实例，如扣村同向断层，断层的活动使得油气在东二段以及沙一段中亚段这两套盖层上下均有分布。在外围斜坡区，随着盖层厚度的减薄油气垂向调整普遍，例如，在羊二庄同向断层控制下，油气在沙河街组及馆陶组均有分布。

**2. 油气藏平面分布规律及与断裂的关系**

基于油气藏纵向分布规律解剖，断裂在不同含油气系统中对油气藏平面分布的作用存在差异。

下部含油气系统：油气平面主要分布在南大港断层和张北断层下盘及西南部的斜坡上，油气宏观分布受烃源岩分布的影响较大，总体表现为围绕凹陷呈环带状、串珠状分布，具有局部高点富集、面积小而分散的特征（图7.20）。下部含油气系统主要发育两种类型控油气的隆起带：反向断层翘倾隆起带和滚动背斜隆起带。反向断层翘倾隆起带主要分布在南大港断层和张北断层下盘，沙三段沉积末期盆地区域抬升，断层活动造成下盘隆起，反向断层对油气聚集构成有利遮挡（图7.21）。滚动背斜隆起带主要发育在赵北断层上盘，是断层活动时由于两盘差异压实作用和下降盘沉积层的重力作用形成的弧形弯曲。沙三段油气近源分布，油气以侧向运移为主，临源的隆起带是有利的油气运聚指向区，控制了该层段油气的分布（图7.22）。

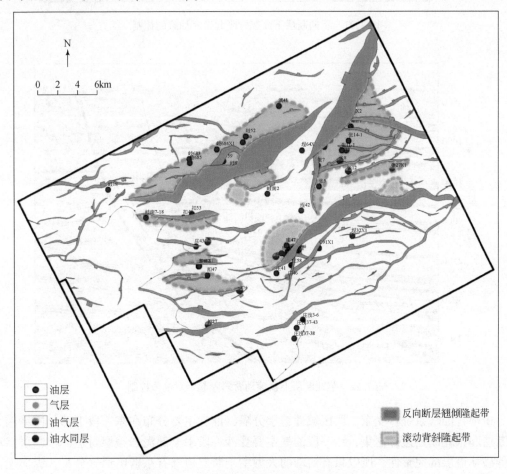

图 7.20　沙三段油气及与隆起带分布的关系

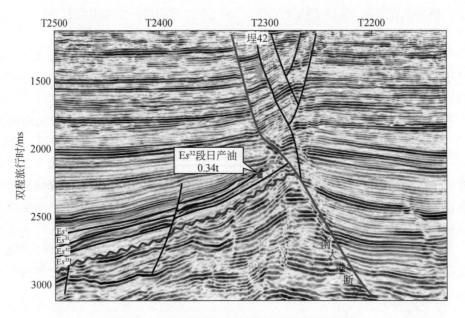

图 7.21　反向断层下盘翘倾隆起带对油藏的控制

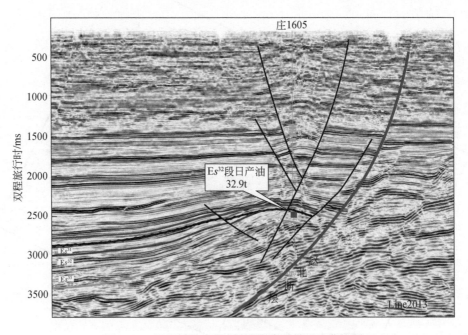

图 7.22　赵北断层上盘滚动背斜隆起带对油藏控制

　　中部含油气系统：受东二段区域性盖层分隔，油气主要分布在东三段下部，围绕南大港断层和张北断层边部富集，沙一段油气主要受沙一段中上部泥岩盖层封盖，小断层活动不能破坏盖层的完整性，所以只有活动的大型主干断层边部有东营组油气分布，纵向上油层上部受东营组上部区域泥岩盖层封盖，油气分布在东营组下部，断裂-盖层的耦合关系控制了油气纵向富集层位。而赵北断层、羊二庄断层活动强烈，可以破坏东二段盖层使油气调整到馆陶组和明化镇组成藏。

上部含油气系统：主要为分布在东二段盖层之上的油气，从馆陶组油气平面分布来看，整体表现为围绕断层附近聚集的特征，主要分布在三个区域：刘官庄油田、羊三木油田及赵北断层北段。羊三木油田位于歧口凹陷西南部，为发育在潜山上的披覆背斜构造。该区馆陶组和沙河街组油气纵向具有“此消彼长”的互补特征，两层位之间受东营组泥岩盖层分隔，盖层自凹陷向披覆背斜顶部厚度逐渐减薄，盖层厚度大的部位东营组富集油气，馆陶组未发现油气聚集，而盖层厚度较薄的区域中下部油气系统没有油气聚集，馆陶组形成了规模性油藏。因此，断层和盖层配置关系控制油气能否向上调整至馆陶组成藏。

因此，研究区油气藏平面分布具有三个典型特征。

一是反向断层翘倾隆起带和滚动背斜隆起带控制下部含油气系统：反向断层翘倾隆起带可谓“同生隆起”，是伴随控陷断裂快速沉降而形成，因此具有“长期淋滤造储、近洼不整合输导、反向断层遮挡”成藏的有利条件。翘倾隆起带频繁暴露地表，遭受风化剥蚀，在沙三段顶部形成“削截型”不整合面，改善了储层物性。反向断层上盘沙一段大套泥岩与储层对接，形成有利封堵条件，使油气聚集在沙三段储层中，油藏为不整合面遮挡、岩性上倾尖灭和断层遮挡三种类型的复合体。滚动背斜隆起带形成构造油藏，强烈断陷期在主干边界断层上盘形成小型滚动背斜带，控制沙三段油气富集，油藏范围很小，但单井产能很高。

二是张扭断裂背形隆起带控制中部含油气系统：沙一段上部油气主要来源于沙三段烃源岩，为下生上储式成藏，断裂是沟通源储的输导通道，歧南-埕北地区沙一段上部沉积时期先存 NE 向断层发生斜向伸展，形成“V”字形似花状扭动构造，张扭断裂形成的背形隆起为油气提供了良好的圈闭条件，油气成藏期隆起带与活动断裂匹配有利于断裂输导的油气侧向冲注，控制了沙一段上部油气聚集。成藏期后再活动断层部分破坏了东营组泥岩盖层，可以将油气调整至馆陶组成藏。

三是披覆背斜隆起带控制上部含油气系统：羊三木地区地层下部为凸起的潜山，拗陷期盆地整体下降，凸起带被沉积物覆盖，上覆地层继承了先存的隆起形态，成为油气侧向运移的有利指向，有利于沙河街组原生油气聚集，后期断裂活动，该区盖层厚度较薄，油气垂向发生调整至馆陶组再次聚集成藏。

歧南地区发现多个油田，包括埕海油田、刘官庄油田、扣村油田、羊三木油田、王徐庄油田和周青庄油田等，从油田分布与歧南次级构造单元的位置关系来看，王徐庄油田、埕海油田和周青庄油田主要分布于中斜坡陡坡带，少部分分布于中斜坡缓坡带，刘官庄油田、羊三木油田和扣村油田主要分布于高斜坡缓坡带。从油气平面分布来看，各含油层位油藏主要围绕断裂周围分布，表现为两个特征。一是大面积分布：南大港断层西端及东端下盘背斜、赵北断层上盘、张东断层下盘断鼻。二是串珠状分布：南大港断层上盘破碎断块、南大港与羊北之间断层上盘断块和断鼻构造、羊北南侧断层两盘断块（交叉或拐弯）、羊二庄断层下盘断鼻构造。综合分析歧南地区油水平面及纵向分布与断层位置关系可以看出，各层系的油气主要围绕断层分布，并且油藏类型以断层相关油气藏为主。

## 7.2　圈闭解释校正及时间有效性量化表征

勘探开发实践证实，同一条油源断裂控制多个断层圈闭，其含油气性存在差异。断层圈闭时空有效性包括两方面：一是断层平面组合的可靠性，即断层圈闭形态的有效性。由于地震分辨率的限制，断层解释的不确定性直接影响着控圈断层间相互作用阶段是处于"软连接"还是"硬连接"阶段，进而直接决定了断层圈闭是否存在。二是断层圈闭形成时间有效性，即成藏期断层圈闭是否已经形成。针对确定存在的断层圈闭，研究圈闭形成时间与成藏期的配置关系，成藏期尚未形成的圈闭不具备油气聚集的条件。以歧口凹陷南大港断层为例，开展圈闭解释校正及时间有效性量化表征的研究。

### 7.2.1　断层圈闭形态有效性

Sorkhabi 和 Tsuji（2005）研究表明，圈闭不落实导致的钻探失利占全部失利井的9%，断陷盆地可占到24.3%。断层解释可靠程度取决于两方面因素：一是多条分段断层被解释为一条大断层，扩大了圈闭面积，在解释存在圈闭而事实无圈闭的位置钻井导致钻探失利；二是低于地震分辨率的断层难以识别，这些断层往往与规模较大的断层联合构成断层圈闭，由于断层解释不能有效识别，错过了有效勘探目标。因此，需要开展断层质量校正分析，落实断层解释的可靠性。

南大港断层是歧南斜坡的边界断层，沙一段由 F1 和 F2 两条 NE 向断层组成 [图 7.23（a）]，后期构造活动，在馆陶组形成 f1、f2、f3 三条 NEE 向断层 [图 7.23（b）]。通过对南大港断层断距-距离曲线 [图 7.23（c）] 和地震剖面 [图 7.23（d）] 分析可知：①南大港断层断距-距离曲线 F1 段共有 4 个断距低值点，对应着 4 个分段生长点，控制着沙一段下亚段 4 个同向断层上盘圈闭；②后期断层活动导致地层倾向与断层倾向配置关系改变 [图 7.23（d）]，因此南大港断层 f1 段在馆陶组的分段生长点处未形成同向断层圈闭 [图 7.23（a）]。

地震分辨率导致断层空间组合不明确，进而控制了断层圈闭是否真实存在。转换位移/离距法（D/S 法）定量识别断层相互作用阶段："软连接"、过渡阶段、"硬连接"。针对过渡阶段的断层，应用位移梯度比法（R/G 法）预测断层继续传播的距离，进一步判别断层能否达到"硬连接"阶段。

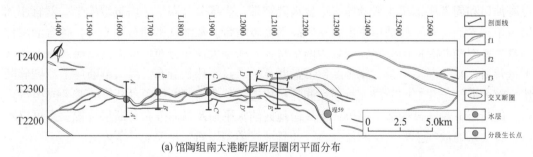

(a) 馆陶组南大港断层断层圈闭平面分布

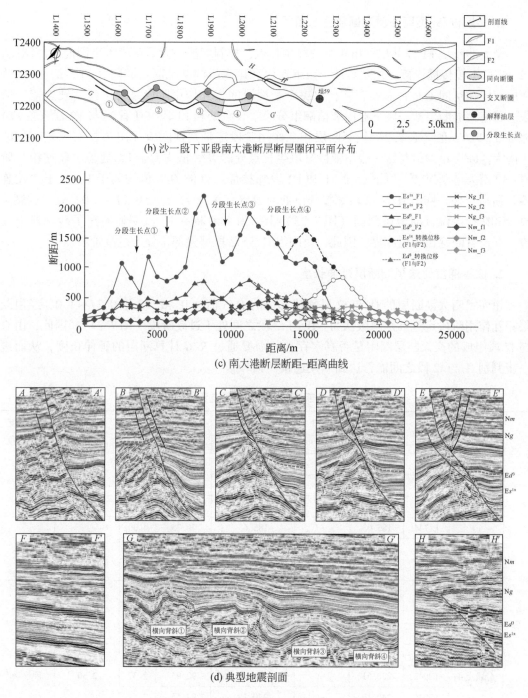

(h) 沙一段下亚段南大港断层断层圈闭平面分布

(c) 南大港断层断距-距离曲线

(d) 典型地震剖面

图 7.23　南大港断层断层圈闭的定量识别

垂直断层走向剖面为 $A–A'$、$B–B'$、$C–C'$、$D–D'$、$E–E'$，沿断层走向地震剖面为 $G–G'$，

任意走向地震剖面为 $F–F'$、$H–H'$

### 1. 转换位移/离距法厘定断层生长阶段

南大港断层 F1 段共识别出 4 个分段生长点，控制着沙一段下亚段 4 个同向断层圈闭；F2 向着 F1 段传播连接，控制着沙一段下亚段和馆陶组的交叉断层圈闭（图 7.23）。这些断层圈闭在空间上是否真实存在，取决于断层段的相互作用阶段是否达到"硬连接"阶段。将南大港断层沙一段下亚段和馆陶组分段生长点处和 F1 段（f1 段）与 F2 段（f2 段）邻接处的 $D/S$ 值（表 7.2）投至断层相互作用阶段定量判别图版（图 7.24），分析可知：①南大港断层馆陶组与沙一段下亚段分段生长点处的 $D/S$ 值均大于 1，处于"硬连接"阶段；②南大港断层沙一段下亚段 F1 和 F2 段邻接部位处的 $D/S$ 值均大于 1，处于"硬连接"阶段，而馆陶组 f1 与 f2 段邻接部位处的 $D/S$ 值为 0.4，介于 0.27～1.0，处于过渡阶段；③在特定位置的地震剖面（图 7.23）上，南大港断层 F2 段明显断穿了沙一段下亚段，并没有断穿馆陶组底界，因此，馆陶组 f1 与 f2 段邻接部位处于过渡阶段。

### 2. 位移梯度比法预测断层延伸长度

馆陶组南大港断层的 f1 与 f2 段邻接部位的 $D/S$ 值为 0.40，介于 0.27～1.0，经由断层相互作用阶段定量判别图版认为：f1 与 f2 段之间处于过渡阶段（图 7.24）。因此，由 f1 与 f2 段组成的交叉断层圈闭是否真实存在，需要通过 $R/G$ 计算断层的延伸长度，从而进一步判别 f1 与 f2 段之间能否达到"硬连接"阶段。

**表 7.2　南大港断层相互作用阶段定量判别数据表**

| 校正位置 | | 测线号 | F1 段位移/m | F2 段位移/m | 转换位移（$D$）/m | 离距（$S$）/m | $D/S$ | $D/S$ 平均值 | 断层相互作用阶段 |
|---|---|---|---|---|---|---|---|---|---|
| 馆陶组 | 分段点 1 | L1646 | 172.18 | — | 172.18 | 128.65 | 1.34 | 1.70 | "硬连接" |
| | | L1650 | 141.06 | — | 141.06 | 89.50 | 1.58 | | |
| | | L1654 | 178.23 | — | 178.23 | 82.00 | 2.17 | | |
| | 分段点 2 | L1744 | 185.63 | — | 185.63 | 46.35 | 4.00 | 4.22 | "硬连接" |
| | | L1748 | 197.59 | — | 197.59 | 46.25 | 4.27 | | |
| | | L1752 | 203.87 | — | 203.87 | 46.40 | 4.39 | | |
| | 分段点 3 | L1920 | 253.65 | — | 253.65 | 67.10 | 3.78 | 3.74 | "硬连接" |
| | | L1924 | 241.21 | — | 241.21 | 68.65 | 3.51 | | |
| | | L1928 | 273.08 | — | 273.08 | 69.25 | 3.94 | | |
| | 分段点 4 | L2038 | 219.74 | — | 219.74 | 85.15 | 2.58 | 2.50 | "硬连接" |
| | | L2042 | 220.61 | — | 220.61 | 92.95 | 2.37 | | |
| | | L2046 | 240.19 | — | 240.19 | 94.55 | 2.54 | | |
| | 邻接部位 | L2128 | 250.69 | 58.54 | 309.23 | 727.80 | 0.42 | 0.40 | 过渡阶段 |
| | | L2132 | 237.50 | 65.20 | 302.70 | 792.70 | 0.38 | | |
| | | L2136 | 276.54 | 39.16 | 315.71 | 819.40 | 0.39 | | |

续表

| 校正位置 | 测线号 | F1 段位移/m | F2 段位移/m | 转换位移（D）/m | 离距（S）/m | D/S | D/S平均值 | 断层相互作用阶段 |
|---|---|---|---|---|---|---|---|---|
| 沙一下亚段 | | | | | | | | |
| 分段点 1 | L1646 | 530.85 | — | 530.85 | 411.00 | 1.29 | 1.30 | "硬连接" |
| | L1650 | 551.55 | — | 551.55 | 425.50 | 1.30 | | |
| | L1654 | 598.36 | — | 598.36 | 461.00 | 1.30 | | |
| 分段点 2 | L1744 | 736.19 | — | 736.19 | 341.50 | 2.16 | 2.04 | "硬连接" |
| | L1748 | 715.58 | — | 715.58 | 349.00 | 2.05 | | |
| | L1752 | 720.62 | — | 720.62 | 378.00 | 1.91 | | |
| 分段点 3 | L1920 | 838.03 | — | 838.03 | 161.00 | 5.21 | 5.16 | "硬连接" |
| | L1924 | 844.13 | — | 844.13 | 162.50 | 5.19 | | |
| | L1928 | 865.04 | — | 865.04 | 170.50 | 5.07 | | |
| 分段点 4 | L2038 | 1117.46 | — | 1117.46 | 569.90 | 1.96 | 1.99 | "硬连接" |
| | L2042 | 1080.93 | — | 1080.93 | 551.30 | 1.96 | | |
| | L2046 | 1106.47 | — | 1106.47 | 541.10 | 2.04 | | |
| 邻接部位 | L2128 | 842.92 | 132.80 | 975.72 | 621.00 | 1.57 | 1.64 | "硬连接" |
| | L2132 | 878.99 | 125.59 | 1004.58 | 591.00 | 1.70 | | |
| | L2136 | 817.34 | 125.48 | 942.83 | 568.00 | 1.66 | | |

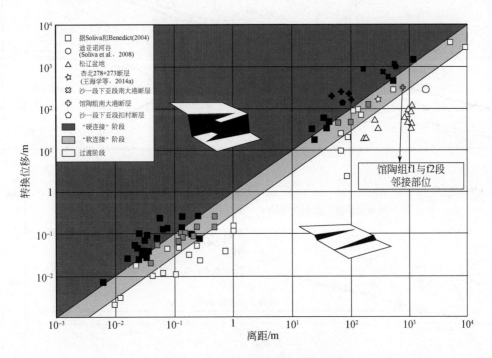

图 7.24　断层相互作用阶段定量判别图版

　　通过对歧南斜坡三维数据进行频谱分析可知，馆陶组主频在 30Hz 左右，波速为 2400m/s 左右，垂向分辨率约为 20m。馆陶组 f2 段靠近 f1 段的一端，其断距在端部以斜率 0.0897 的直线线性降低，由 $R/G$ 法预测 f2 段向 f1 段可以继续传播约 223m［图 7.25（b）、（c）］，此时 f2 与 f1 段并没有达到"硬连接"［图 7.25（b）］，因此在储层上倾方向上，f1 与 f2 段不能组成有效的封闭边界，因此馆陶组的交叉断层圈闭并不是真实存在的。

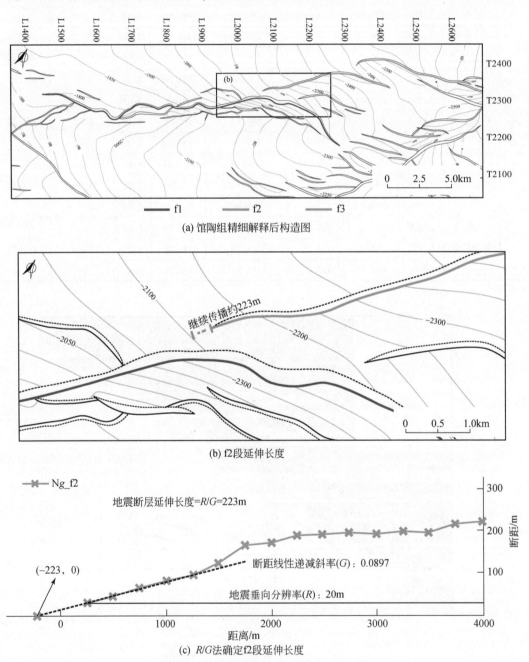

(a) 馆陶组精细解释后构造图

(b) f2 段延伸长度

(c) $R/G$ 法确定 f2 段延伸长度

图 7.25　位移梯度比法预测馆陶组南大港 f2 段断层延伸长度

## 7.2.2　断层圈闭时间有效性定量评价

由于正断层掀斜作用，反向断层开始形成，在其下盘形成鼻状构造（断圈），即断层活动期就是圈闭的形成时期，定型于断裂活动终止期，因此反向断层圈闭形成并发展于整个断层活动期。同向断层在分段生长连接作用机制下，只有当分段生长断层开始"硬连接"阶段才能在上盘形成断层圈闭，即同向断层开始"硬连接"阶段标志着圈闭开始形成；因此，相同条件下，同向断层圈闭形成时期明显晚于反向断层。

从断层圈闭的时间有效性来说，首先需要恢复油气成藏时期断层的分布规律，确定该时期是否已经形成圈闭；目前，普遍认为应用最大断距回剥法恢复断层形成演化历史（Dutton and Trudgill，2009；王海学等，2013；付晓飞等，2015），进而落实成藏关键时刻断层圈闭的形成时期及有效性。根据前人对歧口凹陷成藏期的研究，歧口凹陷共经历两期成藏：东营组末期与明化镇组早期，其中明化镇组早期成藏是本区油气聚集的关键成藏时期。

**1. 南大港同向断层时间有效性**

南大港断层是同向断层，同向断层圈闭形成于断层上盘的断距低值点处，断层连接时期为圈闭形成时期。通过对南大港断层的断距–距离曲线应用最大断距相减法，获得自沙一段以来各个时期的断层平面组合样式以及圈闭分布（图 7.26）。

（1）32.6Ma（东营组沉积时期）之前，南大港断层 F1 段由两条断层段组成，西侧断层段控制形成了同向断层圈闭①、②、③，由于西侧断层与东侧断层尚未连接在一起，因此同向断层圈闭④尚未形成，F2 段尚未出现。

（2）24.6Ma（馆陶组沉积时期）之前，F1 断层的各个断层段之间已经达到"硬连接"阶段，同向断层圈闭④在此时期形成，另外，F2 断层也在此时期开始形成，F1 与 F2 之间还没有达到"硬连接"阶段。

（3）12.0Ma（明化镇组沉积时期）之前，此时期为歧口凹陷油气大量生成与排出的时期，F1 断层与 F2 断层的长度继续增加，位移持续累积，然而 F1 与 F2 断层之间仍然没有得到"硬连接"阶段，因此沙一段的交叉断层圈闭形成于主要成藏期之前。

（4）现今，F1 与 F2 断层连接在一起，F1 与 F2 处于"硬连接"阶段，此时交叉断层圈闭形成。

从现今南大港断层沙一段下亚段的油气分布来看，在明化镇组沉积时期（研究区主要成藏期）之前形成同向断层圈闭①、②、③、④，其中同向断层圈闭①、②、③具有探明油气的发现，同向断层圈闭④与交叉断层圈闭中未有油气发现。

**2. 扣村反向断层时间有效性**

扣村断层是反向断层，断层圈闭形成于断层下盘，其与断层形成时期一致。通过对扣村断层的断距–距离曲线应用最大断距相减法，获得自沙一段以来各个时期的断层平面组合样式以及圈闭分布（图 7.27）。

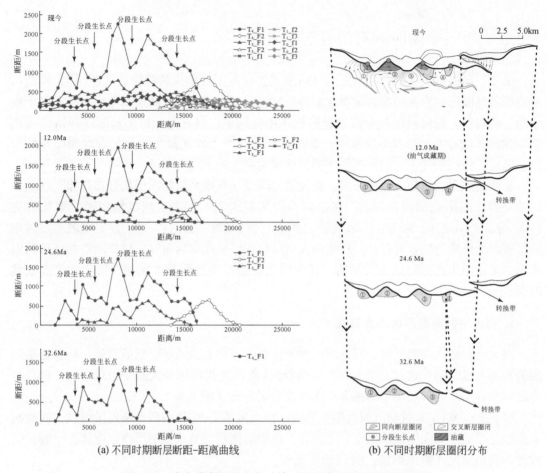

(a) 不同时期断层断距-距离曲线　　　　　　(b) 不同时期断层圈闭分布

图 7.26　南大港断层的生长连接过程及断层圈闭的形成时间

（1）32.6Ma（东营组沉积时期）之前，扣村断层由两条断层段组成，西侧断层段控制形成了反向断层圈闭①，东侧断层控制了反向断层圈闭②。由于地层走向与断层走向的夹角近 90°，西侧断层段控制的断层圈闭①的面积小于断层圈闭②的面积。

（2）27.4Ma（馆陶组沉积时期）之前，西侧断层与东侧断层的长度和位移逐渐增加，两个断层圈闭的面积也在逐渐增加，断层间仍处于"软连接"阶段。

（3）12.0Ma（明化镇组沉积时期）之前，此时期为歧口凹陷油气大量生成与排出的时期，西侧断层与东侧断层的长度继续增加，位移持续累积，此时断层间达到"硬连接"阶段，从前两个彼此独立的断层圈闭形成了一个复合的更大的反向断层圈闭。

（4）现今扣村断层已经完全形成一条大断层，由于断层周围次级断层的影响，断层圈闭的平面形态较为复杂；从现今扣村断层沙一段下亚段的油气分布来看，在明化镇组沉积时期（研究区主要成藏期）之前形成反向断层圈闭①②，其中反向断层圈闭②具有探明油气的发现，反向断层圈闭①中未有油气发现。

在断层精细解释的基础上，$D/S$ 法与 $R/G$ 法的联合应用校正了断层解释，在圈闭可靠性得以落实的基础上，通过最大断距相减法恢复到成藏期时的断层形态，从而获取成藏期

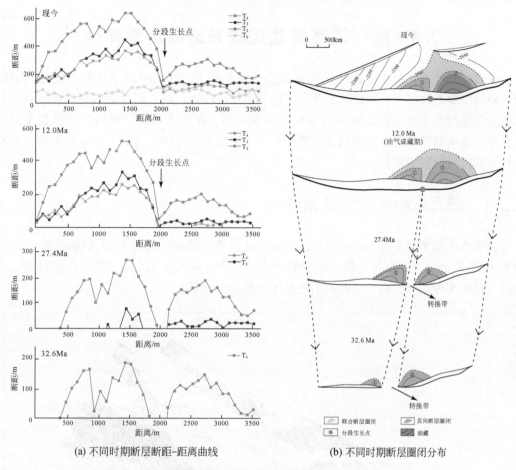

(a) 不同时期断层断距-距离曲线　　　　(b) 不同时期断层圈闭分布

图 7.27 扣村断层的生长连接过程及断层圈闭的形成时间

前的断层分布特征，进而确定了成藏期前的断层圈闭分布，恢复结果表明成藏期前共有 42 个断层圈闭形成（图 7.28）。

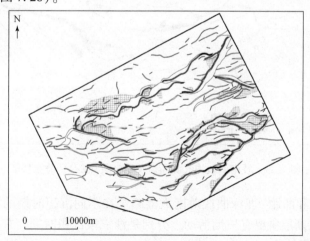

图 7.28 成藏期前（明化镇组沉积之前，12.6Ma 前）断层形态及断层圈闭分布

红色断层为成藏期前形成的断层；黑色断层为成藏期后形成的断层

## 7.3　油气沿断层优势输导通道定量评价

在歧南斜坡内，南大港断层是延伸最远、断距最大、活动时间最长的一条油气源断层，对歧南斜坡的形成、沉积体系及油气的分布影响较大，在其两盘油气藏非常富集，并且断层形态弯曲多变，经历复杂的演化、多期活动，在导通深部烃源岩和浅部新生界储层，作为垂向输导通道方面起到了重要作用。下面以南大港断层为例，对歧南斜坡区的断裂输导性能进行精细评价。

### 7.3.1　南大港断层活动演化特征

南大港断层平面呈近 NE 向展布，走向弯曲多变，延伸距离约为 21.9km（图 7.29），断面向 ES 向倾斜。断层与地层呈屋脊状组合，断距普遍大于 1000m，新生代受区域应力场及走滑断裂带影响，南大港断层附近处于走滑拉张背景。

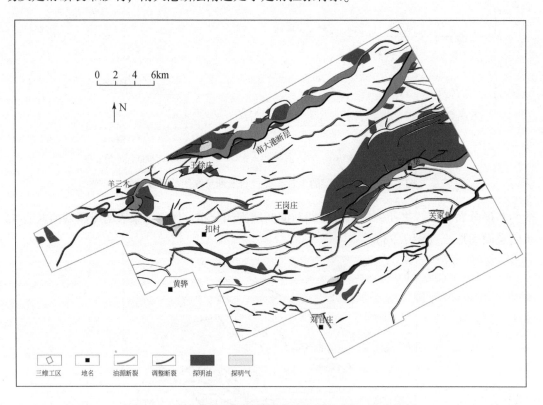

图 7.29　歧南斜坡油气源断裂及油气藏（$Es^{1x}$）分布特征

通过生长指数和断距–埋深曲线对南大港断层在不同沉积时期的活动情况进行分析（图 7.30），南大港断层主要有三期活动，分别是沙三段沉积时期、东营组沉积时期和馆陶组—明化镇组沉积时期。

　　根据成藏期确定结果，歧南斜坡区主要有两期成藏，分别是东营组沉积末期和明化镇组沉积末期，并以明化镇组沉积末期为主，因此，结合断裂活动时期和烃源岩大量排烃期，明化镇组沉积末期是主要的断裂活动开启并大量排烃的时期。由于明化镇组沉积末期之后，断裂活动非常微弱，断层断距的变化及断层面本身形态的变化不大，即关键成藏期（明化镇组沉积末期）断层面形貌与现今断层面形貌基本一致，因此，可以直接用现今断层面属性特征来刻画成藏关键期的断层面特征。

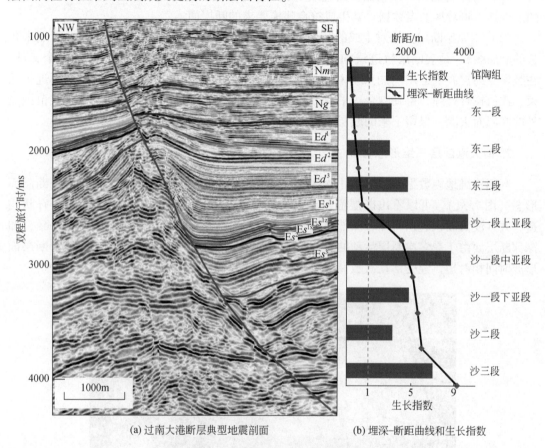

(a) 过南大港断层典型地震剖面　　　　　(b) 埋深-断距曲线和生长指数

图 7.30　歧南斜坡南大港断层及活动特征

## 7.3.2　南大港断层三维地质建模

### 1. 三维地质建模的方法和流程

　　以精细三维地震数据为基础，通过 TrapTest 软件和 Gocad 软件进行三维地质建模。在建模区选取主干断层的三维地震数据库中的断层点、线、面数据进行归类，然后按照先新后老的顺序进行模型构建。

　　断层面的构建分为以下四个步骤。

（1）断层线数据预处理。在矢量化剖面中将同一断层的线合并之后进行断层线节点等距离加密。

（2）在剖面中断层线的基础上生成断层面。运用软件中"线生成面"的功能，将同一断层相邻的断层线等间距插入数条断层线后，将同一剖面上的断层线连接构建出一个初始断层面，对初始断层面按断层走向趋势进行延伸处理。

（3）应用初始断层线数据重新生成断层面。将初始断层面节点数据转换成属性为断层的点数据。将转换的点数据重新生成符合建模要求的断层面。

（4）用原始断层数据对生成的断层面进行约束。将剖面中的原始断层线（两端未延长的断层线）、地表断层轨迹线和钻孔中的断层数据所转换成的点数据合并成一个文件。在数据点的控制下运用"约束"和"离散光滑插值"这些功能对新生成的断层面进行约束、插值拟合处理，得到吻合、平滑过渡、逼真模拟效果的断层面。将原始断层线范围之外的断层面去除，保留下来的断层面就是需要构建的断层面。

**2. 南大港断层三维形态特征**

利用三维地震数据通过 Gocad 软件进行三维地质建模，刻画出南大港断层三维断层面形态（图 7.31），可以看出断层面沿走向方向呈现出波状起伏的特征，存在多个脊状构造，并且浅部波状起伏特征较深部更为明显，这与其他学者之前的研究结果基本一致，即深部断层面由于受多次断层活动的影响，断层面强烈摩擦而导致趋于光滑，而浅部断层面形成时间相对短，经受活动次数和强度与深部相比较弱，凹凸特征更明显。

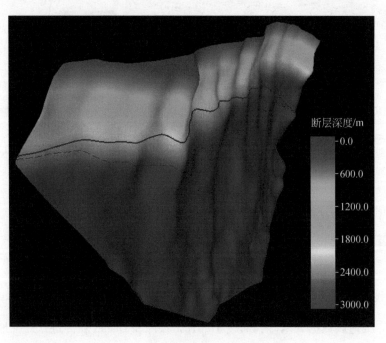

图 7.31　南大港断层面三维地质建模

### 7.3.3　断层面属性分析及凹凸体刻画

在三维地质建模的基础上，对断层面的几何学属性进行提取，主要包括反映断层面凹凸形态变化特征的倾角、表面梯度等。同时通过三维建模可以计算出断盘沿凹凸断层面滑动的真实位移，其代表了断层真实的滑动量，根据天然地震研究的结果，断层面凹凸体的部位一般是滑动量最大的部位。基于断层面的三维建模分析，综合多个几何学属性及真实位移可以定量刻画出断层面上变化比较显著的凹凸体的范围，即在几何学和运动学属性的三维图中用虚线圈定，并以"R"标示的范围为综合各类属性定量刻画出的凹凸体范围。

南大港断层共发育 8 个明显的凹凸体（图 7.32），凹凸体与断层面其他位置相比，几何学属性具有以下特点：①凹凸体部位倾角较大；②表面梯度变化明显，证明断层的真实滑动量较大。

在对断层面几何学属性分析的基础上，结合断层曲率和应力场数据的变化，进一步对断裂活动后发生的运动学属性进行提取。

（1）断层面曲率：根据前人的研究可以得出，断层面曲率与构造裂缝之间有一定的函数关系，即曲率越大，构造裂缝越发育，从南大港断层曲率变化可以看出（图 7.33），断层面脊、槽部曲率变化明显，而凹凸体处的曲率较大，是裂缝的集中发育带，并且南大港断层中部的 5 个凹凸体曲率更大，证明是流体渗滤的相对高孔渗带。

（2）纵向应变：表征了断层两盘岩石在滑动过程中的变形量，主要指的是正断层中主动盘（上盘）的变形。当应变为负值时，代表其发生挤压变形，应变越大代表上盘在滑动过程中受断层面凹凸体影响越大，形成的褶皱幅度越大。从图 7.33 可以看出，南大港断层中部的 5 个凹凸体纵向应变较大，其真实位移也较大，说明一方面断裂带内容易形成较大空间，提高渗透率；另一方面上盘变形更显著，更容易形成与断层相关的褶皱，具备圈闭条件。

（3）剪切应变：凹凸体剪切应变相对更大，代表这个部分更容易破坏上部遮挡层，是油气垂向运移更多的层位（图 7.33）。

### 7.3.4　南大港断层垂向优势输导通道刻画

基于断裂输导机理和断层面形貌，断层面凹凸体同时满足四个条件（图 7.34）：①断层活动性较强，滑动量较大，代表断裂带中活动空间较大的部位，往往孔渗性较高；②表面梯度、倾角、走向等几何学属性均为高值，代表为凸起陡变带；③曲率为高值，代表为裂缝发育带；④剪切应变为高值，代表为容易破坏上部泥岩盖层的位置。

从前面的分析中可以看出，断层面凹凸体部位大多数是活动性较强、滑动量较大，并且断层中部的凹凸体往往几何学属性和运动学属性均较大。当油气源断层已经刻画的断层面凹凸体同时满足以上四个条件时，该凹凸体即油气源断层的优势输导通道。

综合研究区三条主干断层的几何学和运动学属性的分析可知，南大港断层的 8 个凹凸体中，中部的 5 个凹凸体相比而言具备以下优势条件。

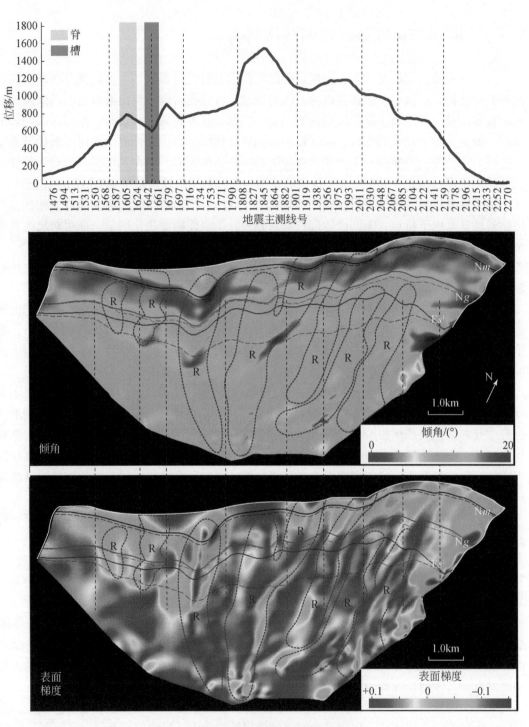

图 7.32　南大港断层断面几何学属性特征

R 表示背的位置

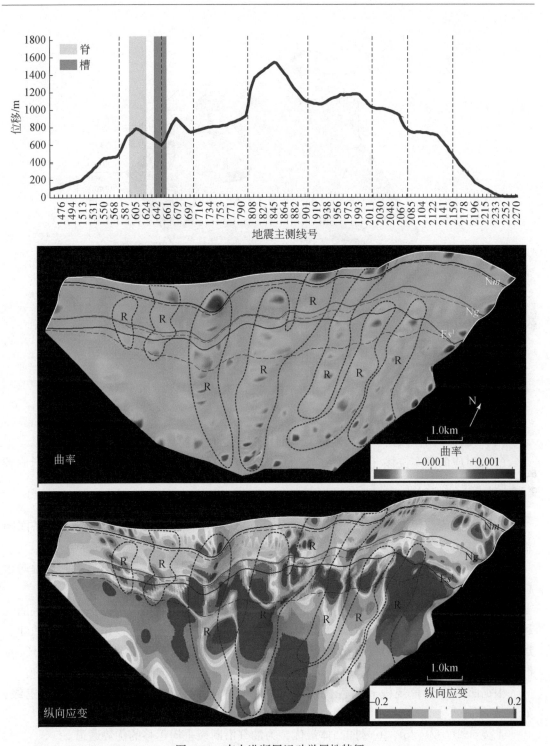

图 7.33　南大港断层运动学属性特征

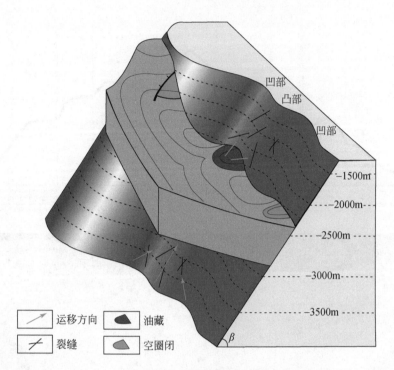

图 7.34　断层面形貌与优势输导通道的关系模式图

β 为断层倾角

（1）几何学属性倾角、走向变化及表面梯度等较大，表明凹凸体规模较大。

（2）对应的真实位移（滑动量）较大，表明在中部凹凸体的位置断裂带容易形成较大空间，提高渗透率。

（3）曲率较大，为高的裂缝集中带，证明是流体渗滤的相对高孔渗带。

（4）纵向应变较大，表明上盘变形更显著，更容易形成与断层相关的褶皱，具备圈闭条件。

（5）剪切应变相对较大，使油气在剪切应变破坏遮挡层的条件下更容易沿断裂垂向运移至浅部地层。

因此，南大港断层中部的②、③、⑤、⑥号凹凸体是其在明化镇组沉积末期发生油气运移的优势通道部位（图 7.35）。而与目前油气藏分布的对应关系可以作为最直接的油气运移证据，从图 7.35 中可以看出，②、③、⑤、⑥号凹凸体附近油气藏非常发育，①号凹凸体规模小，但其周围油气富集，经地球化学指标证实为侧向运移的结果。

根据凹凸体发育规模和属性优劣，可以将南大港断层的优势输导通道分为三级，如下。

Ⅰ类：②、③、⑤、⑥号凹凸体最优，为油气沿断裂垂向运移的优势通道。

Ⅱ类：①号凹凸体规模小，应变、曲率小；④凹凸体规模小，圈闭条件差。

Ⅲ类：⑦、⑧号凹凸体应变、曲率小。

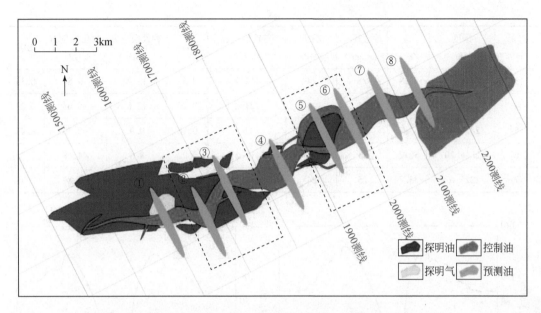

图 7.35　南大港断层凹凸体、优势输导通道及油气藏（Es$^{1x}$）分布

# 7.4　断裂–盖层配置共控油气垂向富集层位

## 7.4.1　区域性盖层脆韧性变形过程评价

基于歧口凹陷泥岩盖层埋深和地层压力条件，设定沙一段中亚段泥岩盖层试验的围压条件为 24MPa，基于 B814 井 7 块沙一段中亚段泥岩盖层样品三轴压缩试验测试，可以获得不同围压条件下应力–应变曲线特征，变形后软化模量略大于弹性模量，反映盖层表现为脆–韧性变形特征（图 7.36）。在此基础上，应用脆韧性指标（BDI）法（王升等，2018）对沙一段中亚段泥岩盖层进行脆韧性评价，结果表明：沙一段中亚段泥岩盖层 BDI 普遍介于 0 ~ 0.5（表 7.3，图 7.37）。因此，沙一段中亚段泥岩盖层处于脆–韧性阶段，因此选用泥岩涂抹因子法（SSF）评价垂向封闭性。而东二段盖层样品普遍比较破碎，无法钻取岩石力学测试柱子，结合渤海湾盆地整体勘探实践结果表明，东二段盖层主体为脆性变形，因此，采用断接厚度法评价垂向封闭性。

表 7.3　B814 井泥岩三轴压缩试验力学测试

| 样品编号 | 深度/m | 高/mm | 直径/mm | 围压/MPa | 三轴抗压强度/MPa | 泊松比 | 弹性模量 $E$/GPa | 软化模量 $M$/GPa | BDI |
|---|---|---|---|---|---|---|---|---|---|
| 1 | 2776.75 | 52.90 | 25 | 24 | 134.10 | 0.23 | 11.50 | −9.06 | 0.44 |
| 2 | 2780.12 | 51.7 | 25 | 24 | 201.8 | 0.14 | 17.9 | −16.83 | 0.48 |

续表

| 样品编号 | 深度/m | 高/mm | 直径/mm | 围压/MPa | 三轴抗压强度/MPa | 泊松比 | 弹性模量 $E$/GPa | 软化模量 $M$/GPa | BDI |
|---|---|---|---|---|---|---|---|---|---|
| 3 | 2818.96 | 50.9 | 25 | 24 | 152.7 | 0.33 | 15.4 | -9.85 | 0.39 |
| 4 | 2806.58 | 55.1 | 25 | 24 | 121.8 | 0.20 | 13.8 | -5.63 | 0.29 |
| 5 | 2821.33 | 53.7 | 25 | 24 | 132.7 | 0.16 | 9.9 | -8.76 | 0.47 |
| 6 | 2816.20 | 50.7 | 25 | 24 | 116.5 | 0.22 | 8.4 | -4.68 | 0.36 |
| 7 | 2825.62 | 53.7 | 25 | 24 | 132.7 | 0.19 | 8 | -4.89 | 0.38 |

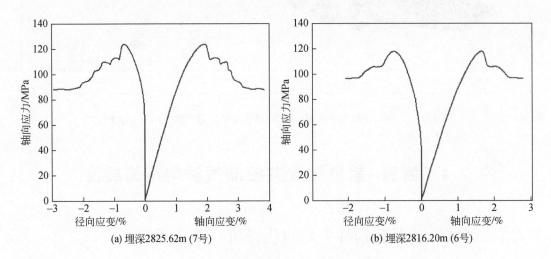

(a) 埋深2825.62m (7号)　　　　(b) 埋深2816.20m (6号)

图 7.36　典型泥岩盖层应力-应变曲线

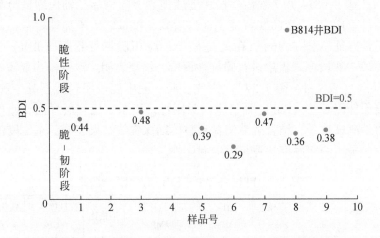

图 7.37　沙一段中亚段泥岩盖层 BDI 分布及脆韧性评价

## 7.4.2　油气纵向富集差异性及垂向封闭性定量评价

### 1. 油气纵向分布精细解剖及富集差异性分析

油藏解剖证实：油气普遍围绕断层纵向多层系富集，表明断层是油气垂向运移的通道，但不同条件下，油气纵向富集层系存在明显差异。基于研究区不同类型断层圈闭油水纵向分布规律，可将歧南斜坡区划分出五种类型油气纵向富集模式（图 7.38），其中反向

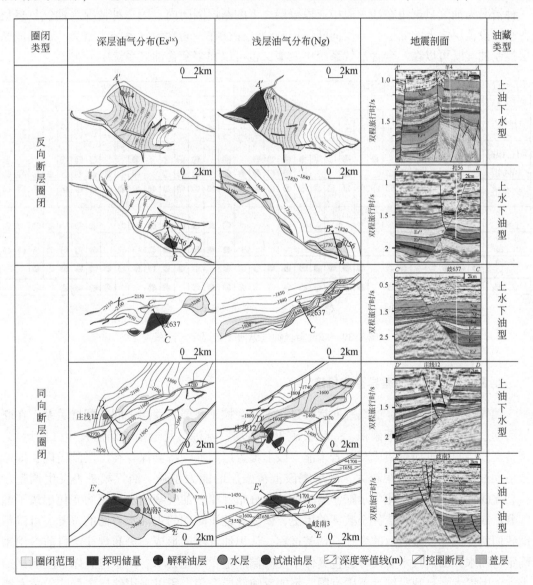

图 7.38　歧南斜坡不同圈闭油气分布特征

断层控制的断层圈闭油气纵向分布类型有两类，即上油下水型和上水下油型，而同向断层控制的断层圈闭油气纵向分布类型有三类，为上油下水型、上水下油型和上油下油型。

无论何种类型的断层圈闭，上油下水型均指油气在东二段盖层之上的断层圈闭内聚集，沙一段中亚段盖层之下断层圈闭内只含水。上水下油型则是指断层圈闭内部油气只在沙一段中亚段盖层之下聚集成藏，东二段盖层之上断层圈闭内未有油气聚集。上油下油型指的在东二段盖层之上以及沙一段中亚段盖层之下的断层圈闭内部油气均聚集成藏。这五种纵向油水分布类型在歧南斜坡区广泛存在，通过对研究区断层圈闭内部油气垂向分布层位的统计（图7.39），结果显示反向断层控制的断层圈闭内部油气分布存在两种情况，第一种情况为油气只聚集在沙一段中亚段盖层之下的断层圈闭内，第二种情况为油气只聚集在东二段盖层之上的储层，即反向断层控制油气往往在一套含油气系统中富集。而同向断层控制油气既可以在一套含油气系统中聚集，也可以在多套含油气系统中分布。

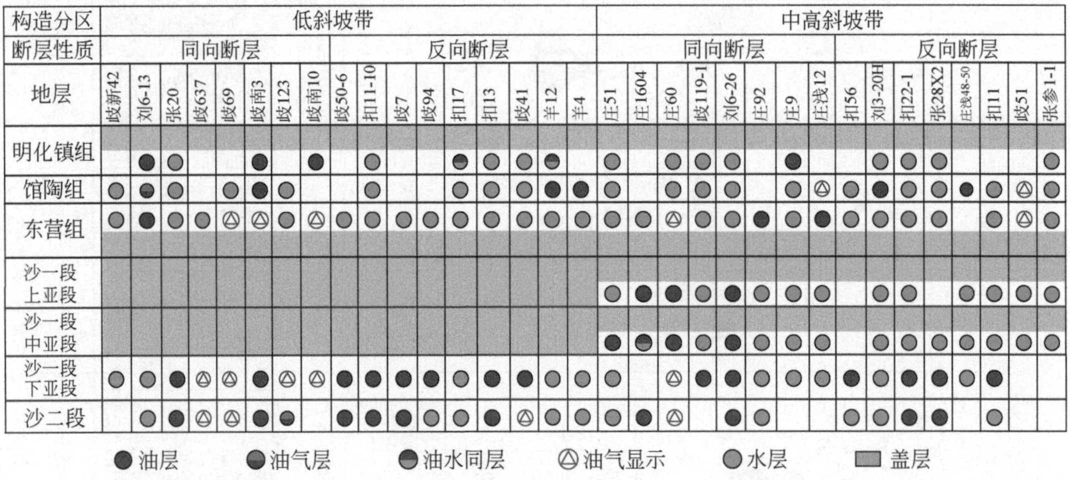

图 7.39　歧南斜坡油气纵向分布规律统计图

### 2. 断层油气藏垂向差异富集机理

油气勘探实践表明，油气垂向运移过程主要受控于断层与盖层之间的配置关系，在断层活动过程中，断距逐渐累积，一旦突破上覆盖层，则油气将会沿着断层发生二次运移，调整至浅层圈闭进而聚集成藏，若未能突破上覆盖层则油气将会保存在深层圈闭内，即断层活动过程中产生的断距越大，断层突破上覆盖层的能力越强。油气藏是否发生调整运移，需要进行油气地球化学示踪，反映古油藏分布规律。油气藏油水界面的变化记录了油气藏形成以后调整、改造甚至破坏的历史，恢复各地质时期的古油水界面的位置，可以帮助我们恢复流体成藏之后的变迁、调整过程，认识油气藏的形成、分布规律。目前常用来确定古油水界面的技术有两种，包裹体丰度和储层定量荧光技术。由于包裹体丰度测试结果人为因素大，且观察统计范围有限，不能反映储层全貌，所以采用储层定量荧光技术测试古油水界面更为准确，适用范围更广。该技术包括 QGF、QGF-E 等系列技术。有效判识古油藏、现今油层及残余油层的技术主要有两种：一是储层颗粒定量荧光（quantitative grain fluorescence，QGF），QGF 强度越大，油包裹体丰度越高，原始含油饱和度越大，可作为识别古油层的标志。通过对大量已知的现今油层、古油层和水层的 QGF 检测表明（Liu and Eadington，2005）：当 QGF≥4 时，普遍为油层；当 QGF<4 时，则为运移通道或水层。二是储层萃取液定量荧光技术（quantitative grain fluorescence on extract，QGF-E）：是通过测量储层颗粒表面吸附烃萃取液的荧光强度来识别现今油层或残余油层的技术。QGF-E 代表储层颗粒表面吸附烃的荧光特征，可用于勘探和钻井评价中现今油层或残留油层的判定。研究表明，现今油层 QGF-E 强度通常大于 40pc，而水层样品的 QGF-E 强度多数情况下小于 20pc（Liu and Eadington，2005；Liu et al.，2007），当 40pc<QGF-E<20pc 时，普遍为油气运移通道。

　　同向断层控制的圈闭两翼处于断距高值区，因此，当断层活动致使油气发生垂向调整时，油气会从圈闭两翼沿着断层发生渗漏，但由于圈闭高点处于断距低值区，在油气垂向调整过程中存在油气在圈闭高点被部分保存的可能性，所以形成了油气纵向上"上油下油"的油藏分布类型。当断层未能突破上覆盖层时会形成上水下油型，当圈闭内油气沿着断层全部发生垂向调整，则会形成上油下水型，因此，同向断层控制下，油气纵向上在多套含油气系统中分布，也可在一套含油气系统中聚集［图 7.40（a）］。如南大港同向断层，在其上盘发育的同向断层圈闭中，歧南 3 井所在圈闭具有较大的探明储量却未能满圈含油［图 7.41（a）］，为了验证歧南 3 井是否存在古油藏，进行了油气藏地球化学示踪。

　　歧南 3 井储层定量荧光测试结果显示（图 7.42），3330~3450m 的深度段内均有油藏的分布，确定该断层圈闭现今水层中曾存在厚度至少 100m 的古油藏，并且古油水界面高度必然低于 3350m 的现今油水界面。因此，该断层圈闭在地质历史时期具有更大的储量范围，由于控圈断层南大港断层的持续活动导致油气沿着断层发生垂向渗漏，调整到浅层聚集成藏（图 7.38），进而证实了同向断层控油气在多套含油气系统中富集机理的可靠性。

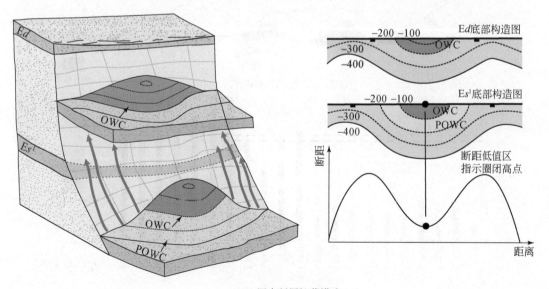

(a) 同向断层控藏模式

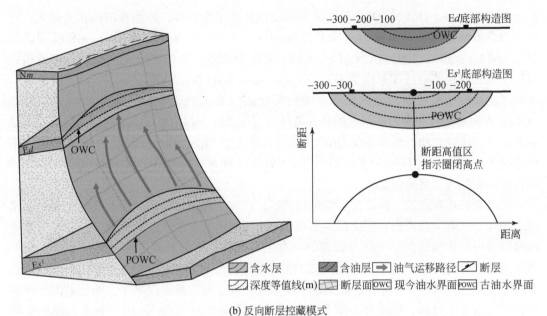

(b) 反向断层控藏模式

图 7.40　不同类型断层圈闭内油气纵向分布模式图

　　泥岩涂抹系数（SSF）是评价断层垂向封闭能力的有效方法，采用泥岩涂抹系数并结合地球化学测试结果，可确定南大港断层沙一段中亚段临界 SSF 介于 3.50 ~ 3.65 ［图 7.41 (b)］，使用该临界值可对南大港断层整体进行垂向封闭性评价，确定沿断层走向的垂向封闭段与垂向渗漏段 ［图 7.41 (a)］，且该评价结果与油气垂向分布特征相吻合（图 7.38）。

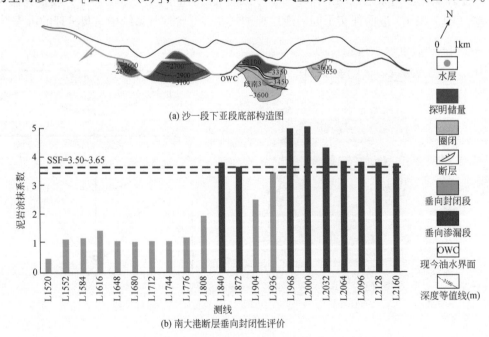

图 7.41　南大港断层垂向封闭性评价图

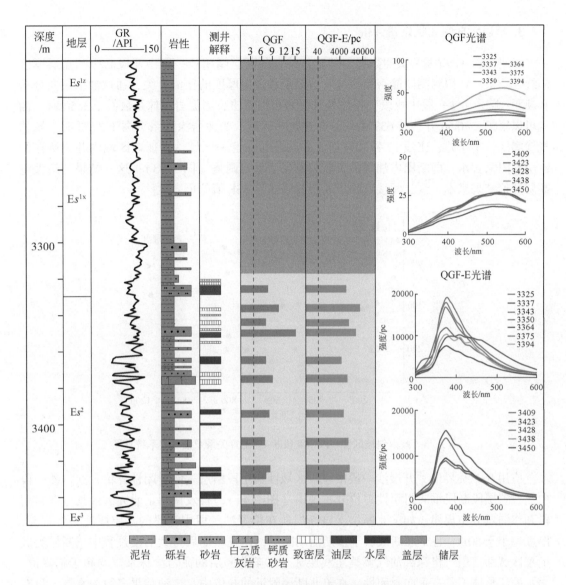

图 7.42　歧南斜坡区歧南 3 井储层定量荧光剖面

　　反向断层控制的断层圈闭，圈闭高点处于断距高值区，当断层活动导致油气渗漏时，油气会沿着圈闭高点发生垂向运移，由于溢出点位于圈闭高点，所以圈闭内部的油气均沿着断层调整至浅层圈闭聚集成藏，形成"上油下水"纵向油气分布类型。当断层活动未能突破上覆盖层时，则形成上水下油型，因此，反向断层控藏纵向上表现为在单套含油气系统中富集的规律 [图 7.40 （b）]，如扣村反向断层 （图 7.38），其下盘发育 2 个断层圈闭，其中 1 个断层圈闭在沙一段下亚段储层中具有一定的探明储量，但在馆陶组储层中并未聚集油气，且该断层圈闭内部扣 56 井在此层位试油结论为水层，这些现象表明扣村反向断层控制的断层圈闭在地质历史时期未发生油气垂向渗漏，进而证实了反向断层控藏在单套含油气系统中富集的规律。

### 3. 断层垂向封闭性定量评价

以研究区 41 口探井试油数据为基础，结合各断层圈闭沙一段中亚段断距和盖层厚度的统计结果，认识到圈闭能否聚集油气与断距和盖层厚度的比值有关，通过油水纵向分布和断距–盖层（沙一段中亚段）厚度统计图版可以看出，当泥岩涂抹系数低于 3. 50 时，油气可以聚集，扣 56 井、歧 637 井均分布在这一区域；当泥岩涂抹系数高于 3. 50 时，属油气渗漏区，羊 4 井、庄浅 12 井和歧南 3 井均分布在这一区域，表征该区域内井位所在的断层圈闭只含水，即断圈内油气沿着断裂发生了垂向调整（图 7. 43）；这一结果与南大港断层评价结果基本一致，间接反映了断层封闭临界 SSF 值的可靠性。

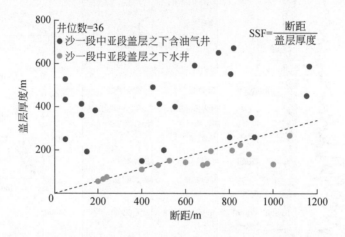

图 7. 43　歧南斜坡区沙一段中亚段断–盖配置关系及油气显示统计图

应用 SSF 临界值，开展沙一段中亚段区域性盖层段断层垂向封闭性评价，获得沙一段中亚段盖层段断层垂向封闭性评价分布规律（图 7. 44），有效预测了研究区油气垂向封闭段和渗漏段分布规律。如羊北断层，该断层所在位置沙一段中亚段的盖层厚度整体较薄，厚度均小于 50m，且羊北断层属于多期活动断层，在成藏期后持续活动过程中，断层突破上覆区域性盖层，将深部油气调整至浅层成藏。羊北断层的泥岩涂抹系数均高于临界值，表示断层整体不具有垂向封闭性，在羊北断层附近的井位中，试油结果多数为水层，只有歧 29 井的解释结论为油层，并且在馆陶组储层中具有一定的探明储量，这表明沙一段中亚段区域性盖层段断层垂向封闭性评价结果具有一定的准确性，可以为油气勘探提供理论依据及指导作用。

基于盖层脆韧性特征研究表明，东二段盖层表现为脆性变形，因此应采用断接厚度法定量评价垂向封闭性。以歧南斜坡区 59 口探井为基础，通过东二段盖层上下油水纵向分布和断距–盖层（东二段）厚度统计图版可以看出，东二段盖层存在一个临界的断接厚度，其临界值为 70m（图 7. 45）。应用临界断接厚度，开展东二段区域性盖层段断层垂向封闭性评价（图 7. 46），有效预测了油气垂向封闭段和渗漏段分布规律，已发现油水分布与评价结果具有较好的吻合度，反映了垂向封闭性评价结果的可靠性。

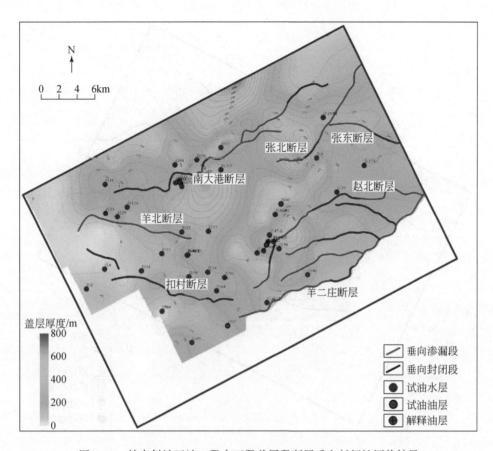

图 7.44　歧南斜坡区沙一段中亚段盖层段断层垂向封闭性评价结果

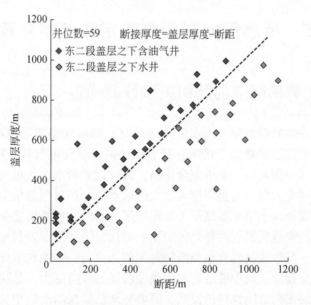

图 7.45　歧南斜坡区东二段断–盖配置关系及油气显示统计图

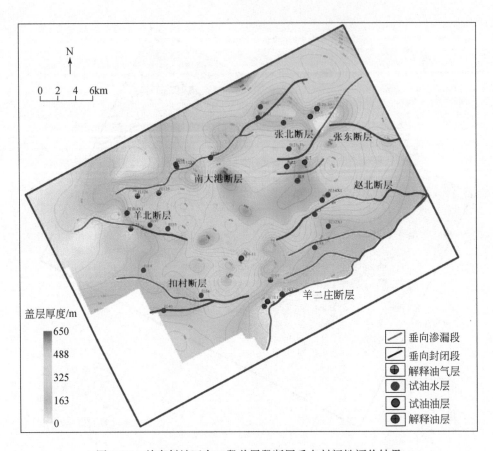

图 7.46 歧南斜坡区东二段盖层段断层垂向封闭性评价结果

# 7.5 断层侧向封闭性决定油气富集程度

## 7.5.1 断层油藏精细解剖及相关参数的确定

根据歧南地区控圈断层断距、油水单元（储层）厚度和盖隔层厚度之间的大小关系，研究区一部分泥岩盖层已经被完全错断，其下伏的油水单元可与其上覆的油水单元对接，形成断层岩封闭；部分泥岩盖层未被完全错断，其下伏的油水单元可与泥岩盖层对接，形成对接封闭，但大部分垂向上与盖层距离较大的油水单元难以与盖层对接形成封闭，而盖层之下的大部分隔层和油水单元厚度小于控圈段最大断距，被断层完全错断，从而形成断层岩封闭。因此，歧南地区发育两种封闭类型：对接封闭和断层岩封闭，以断层岩封闭为主。由于对接封闭一旦形成就具有相当强的封闭能力，当一套油水单元同时存在对接封闭和断层岩封闭两种类型时，其中断层岩封闭类型渗漏的风险更大，是我们重点评价的封闭类型。为了构建断层侧向封闭性评价模型，需要开展已钻探的断层相关油藏精细解剖，确定断层实际承受的过断层压差大小。

以刘官庄油田庄浅 1 圈闭精细解剖和过断层压差求取为例，庄浅 1 油藏发育在羊二庄断层的下盘，砂体上倾方向受断层遮挡，属于典型的断层油气藏，纵向上油气主要赋存在馆陶组，区域性盖层为厚层的明下段泥岩，在区域性盖层之下，受泥质隔层分隔作用，在馆陶组内部可划分为四个砂体单元，将其中含油的砂体单元命名为 Ng-①砂体单元、Ng-②砂体单元和 Ng-③砂体单元（图 7.47），根据钻井数据和油层顶面构造图可以确定三个砂体单元对应的构造高点分别为 -1268m、-1300m 和 -1360m，油水界面深度分别为 -1299m、-1320m 和 -1381m。与 Ng-①、Ng-②和 Ng-③三个砂体单元对接的下降盘砂岩均为水层，因此可以确定羊二庄断层对圈闭内的油气起到了封闭作用，封闭的油柱高度分别为 31m、20m 和 21m，根据三个砂体单元的油水界面、构造高点以及地层条件下油水密度数据，计算出本盘各砂体单元压力随深度的变化趋势和对盘地层静水压力随深度的变化趋势，在同一深度下二者的差值为该深度下断层实际承受的过断层压差（AFPD）（图 7.48）。按照此原理和方法，求取歧南地区其他已钻探油气藏过断层压差大小，得到各含油断层圈闭控圈断层封闭油柱高度及实际承受的过断层压差统计表（表 7.4）。

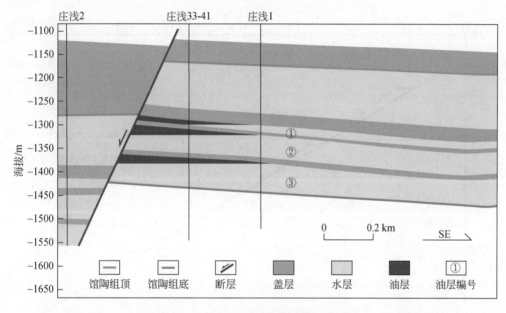

图 7.47 庄浅 1 圈闭馆陶组油藏剖面图

表 7.4 歧南地区馆陶组含油断层圈闭油柱高度及过断层压差统计表

| 断圈名称 | 层位-砂体单元 | 圈闭幅度 /m | 控圈断层名称 | 同深度下断层两侧流体类型 | | 砂体单元高点/m | 油水界面深度/m | 断层控制油柱高度/m | 最大过断层压差 /MPa |
|---|---|---|---|---|---|---|---|---|---|
| | | | | 本盘 | 对盘 | | | | |
| 扣 11 断圈 | Ng-① | 115 | 扣村断层 | 油 | 水 | -1332 | -1366 | 34 | 0.076 |
| | Ng-② | | | 油 | 水 | -1369 | -1446 | 77 | 0.16848 |

续表

| 断圈名称 | 层位-砂体单元 | 圈闭幅度/m | 控圈断层名称 | 同深度下断层两侧流体类型 | | 砂体单元高点/m | 油水界面深度/m | 断层控制油柱高度/m | 最大过断层压差/MPa |
|---|---|---|---|---|---|---|---|---|---|
| | | | | 本盘 | 对盘 | | | | |
| 庄浅1断圈 | $Ng$-① | 40 | 羊二庄断层 | 油 | 水 | −1268 | −1299 | 31 | 0.06783 |
| | $Ng$-② | | | 油 | 水 | −1300 | −1320 | 20 | 0.04376 |
| | $Ng$-③ | | | 油 | 水 | −1360 | −1381 | 21 | 0.04595 |
| 羊G1断圈 | $Ng$-① | 50 | 羊南、羊三木断层 | 油 | 水 | −1517 | −1552 | 35 | 0.07701 |
| | $Ng$-② | | | 油 | 水 | −1552 | −1583.5 | 31.5 | 0.068922 |
| 庄浅45−50断圈 | $Ng$-① | 30 | 庄浅45−50断层 | 油 | 水 | −1307 | −1307 | 10 | 0.02188 |
| | $Ng$-② | | | 油 | 水 | −1376.5 | −1394 | 27.5 | 0.060236 |
| 扣22断圈 | $Es^{1x}$-① | 160 | 扣村断层 | 油 | 水 | −2068 | −2165 | 97 | 0.212236 |

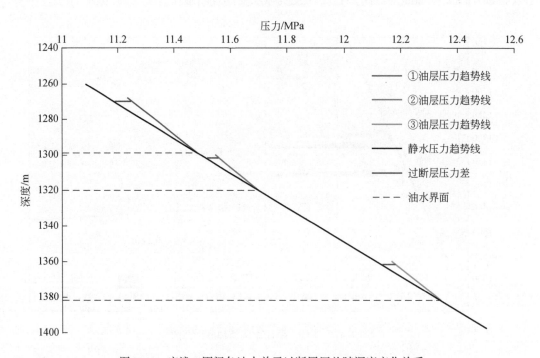

图7.48　庄浅1圈闭各油水单元过断层压差随深度变化关系

## 7.5.2　断层侧向封闭性评价标准

　　Gibson（1994）实验研究证实，断层岩中的泥质可有效降低断裂带的孔隙度和渗透率，使断裂带毛细管压力增大，因此总体上随着断裂带泥质含量增大，断层封闭能力呈现增强的趋势。目前，国内外学者已经提出了多套计算断裂带泥质含量的方法，并与断层封闭能力建立关系。Yielding等（1997）通过将过断层压差与表征断裂带泥质含量的参数建立关系发现，无论使用哪一种参数表征断裂带中泥质含量的多少，过断层压力差都随泥质含量增加而增加，其中过断层压差指同一深度下断裂带内孔隙流体压力与储层中孔隙流体压力的差值，此压力差值代表了断裂带支撑的烃柱高度所需的压力差，即断裂带此时的封闭能力。因此建立泥质含量与过断层压差之间的关系，对断层封闭性评价至关重要。

为使得 SGR 可以反映该地区断层的封闭能力，需要对研究区目的层段多个已钻探断层油藏进行 SGR-AFPD 标定。以庄浅 1 圈闭 SGR-AFPD 标定为例，前文已确定出庄浅 1 圈闭控圈断层实际封闭的过断层压差大小，还需计算出相应深度的断层面 SGR 属性。首先选取靠近目的断层（羊二庄断层）的庄浅 33-41 井，根据自然伽马测井数据解释单井泥质含量，并依据岩屑录井信息和其他测井数据对泥质含量解释结果进行校正，从而可将庄浅 33-41 井的泥质含量近似代表断层附近的地层泥质含量，而后利用数值模拟方法根据地震解释数据建立断层面和地层模型，计算出断面上任意一点 SGR 值（图 7.49），并提取出三个砂体单元含油层段所对应的 SGR 值。在确定三个砂体单元含油层段实际承受的 AFPD 和断面 SGR 值后，分别将三个砂体单元含油层段的 AFPD 与断层面上对应深度的一系列 SGR 值联立，确保 AFPD 与断层面上对应深度的一系列 SGR 相对应，从而得到庄浅 1 圈闭 SGR-AFPD 关系投点图（图 7.50）。利用上述原理和方法，对歧南地区馆陶组其他含油断圈采用同样的方法进行 SGR-AFPD 标定。而后以 AFPD 作为纵坐标，以对应深度的一系列断面 SGR 作为横坐标，将每个圈闭的 SGR-AFPD 数据投点到同一坐标系中，得到 SGR-AFPD 关系投点图，利用统计学方法拟合出代表某一黏土断层泥质含量下断层可封闭过断层压差的断层封闭失效外包络线（图 7.51），以及表征断层封闭失效外包络线函数关系的经验公式：断层可封闭过断层压差随黏土断层泥质含量变化的函数关系式 [式 (7.1)]。根据断层封闭失效外包络线可以确定歧南地区馆陶组断层岩封闭临界黏土断层泥质含量（SGR）下限为 20%，低于该临界值断层的渗漏风险极大，高于该临界值时，随着黏土断层泥质含量（SGR）的增加，断层可封闭的过断层压差（AFPD）呈现增大的趋势。根据油水密度差可推算出断面 SGR 与可支撑最大烃柱高度定量关系 [式 (7.2)]，利用此关系式可对其他断层进行封闭能力评价。

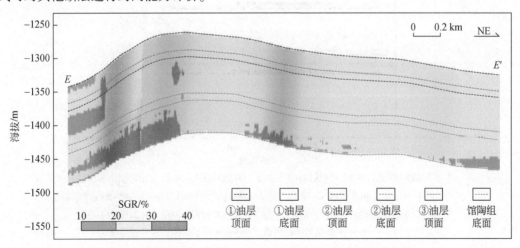

图 7.49　羊二庄断层控圈段上升盘断面 SGR 分布图

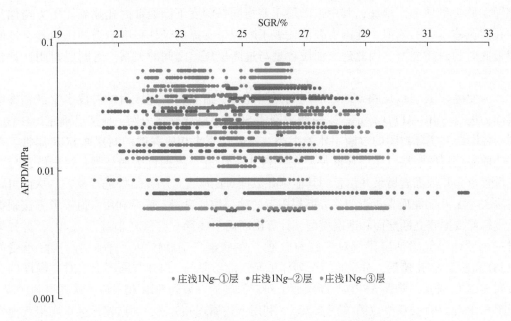

图 7.50　庄浅 1 圈闭各油水单元 SGR-AFPD 投点关系图

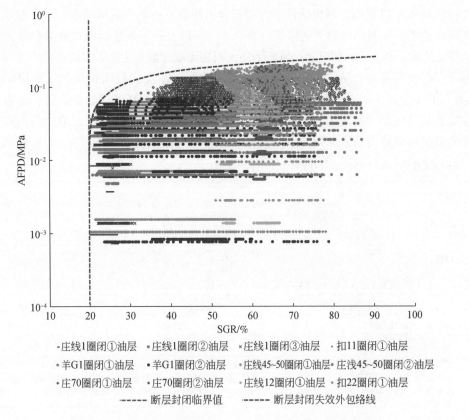

图 7.51　歧南地区断层圈闭油水单元断面 SGR-AFPD 投点图

$$AFPD = 0.1436\ln SGR - 0.393 \tag{7.1}$$
$$H = 72.644\ln SGR - 198.62 \tag{7.2}$$

### 7.5.3　断层侧向封闭性控制油气的富集程度

断层封闭性评价模型构建的主要目的是对控圈断层封闭能力进行评价，以扣村断层下降盘馆陶组发育的扣 22 圈闭为评价实例，由于圈闭范围内未布井，其含油性难以确定，为此对扣村断层控圈段侧向封闭能力进行评价，预测圈闭的含油范围（图 7.52）。扣 22 圈闭馆陶组有三个主要富砂层段，并被纯泥岩层或夹薄层砂的泥岩层所分隔，为了研究三个主要富砂层段断层侧向封闭能力，建立了扣村断层模型，并计算断层面 SGR 属性和断层支撑烃柱高度（$H$）属性。通过控圈段断层下降盘砂层断面 SGR 分布图可知，$Ng$-①、$Ng$-②和 $Ng$-③三个富砂层段对应断面 SGR 最小值分别为 31.4%、39.7% 和 26.6%（图 7.53），均已超过断层封闭临界 SGR 下限值，具有一定的封闭能力。基于断层 SGR 与烃柱高度关系可计算出断面支撑烃柱高度分布（图 7.54）。断层面各点支撑的烃柱高度不同，各点可支撑的烃柱高度和其深度决定了断层圈闭的油水界面，即断层面上的深度与所支撑的烃柱高度之和最小的点决定了断层圈闭的油水界面。根据此原理，可确定控圈段断层下降盘 $Ng$-①、$Ng$-②和 $Ng$-③三个富砂层段对应断面支撑的最小烃柱高度分别为 46.3m、65.7m 和 34.6m。由于圈闭幅度较小，约 20m，所以扣村断层控圈段封闭烃柱高度可以使得扣 22 圈闭达到"满圈状态"。利用上述方法对能够建立断层面模拟模型的断层进行封闭能力定量评价，得出主力含油层位控圈断层封闭能力级别平面分布（图 7.55）。

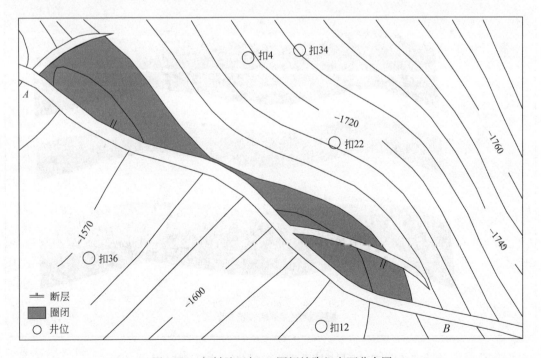

图 7.52　扣村油田扣 22 圈闭馆陶组底面分布图

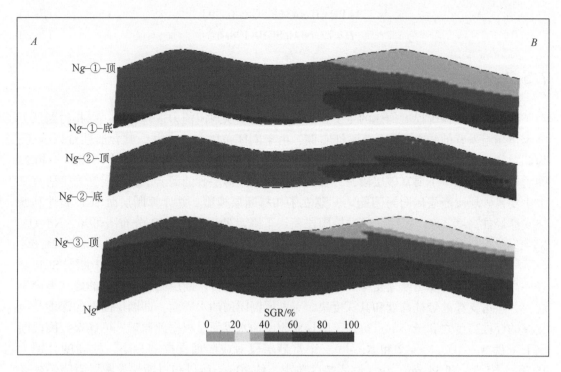

图 7.53　扣村断层控圈段下降盘砂层断面 SGR 分布图

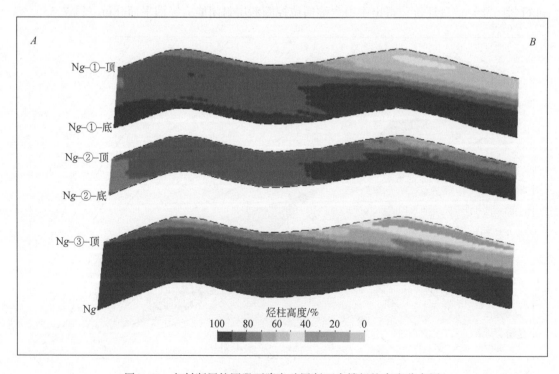

图 7.54　扣村断层控圈段下降盘砂层断面支撑烃柱高度分布图

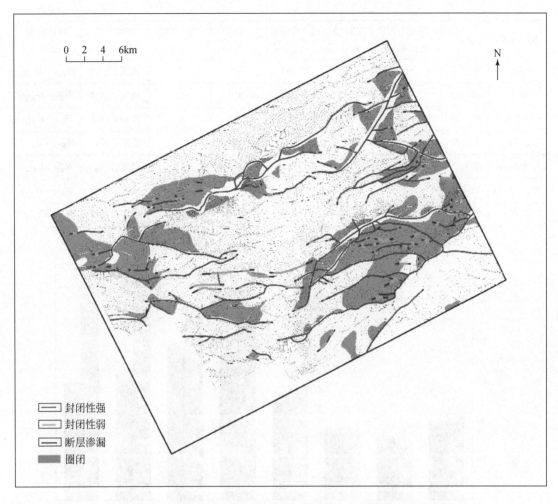

图 7.55　歧南地区沙一段下亚段底面断层侧向封闭能力平面分布图

通过将已钻探断层相关油藏实际烃柱高度与利用封闭性评价模型预测的断层侧向可封闭烃柱高度进行对比发现，部分油藏实际烃柱高度与断层侧向可封闭的烃柱高度基本一致，如扣 G1 圈闭、庄浅 45-50 圈闭等。但一些油藏实际烃柱高度明显小于断层侧向可封闭的烃柱高度，如扣 56 圈闭、庄浅 16-12 圈闭等。通过统计发现，断层侧向可封闭烃柱高度大于实际烃柱高度的圈闭，其控圈断层多为成藏后活动断层（表 7.5，图 7.56）。为分析成藏后稳定断层和成藏后活动断层构成断层圈闭后油气聚集的差异，分别以庄浅 45-50 断圈和庄浅 16-12 断圈为例进行分析。

表 7.5　含油断层圈闭实际烃柱高度与控圈断层可封闭烃柱高度对比

| 圈闭名称 | 层位 | 断层可封闭烃柱高度/m | 实际烃柱高度/m | 圈闭幅度/m | 最大断距/m | 烃柱高度差/m | 控圈断层活动性质 | 烃柱高度对比 |
|---|---|---|---|---|---|---|---|---|
| 扣 G1 | 沙一段 | 44 | 40 | 80 | 80 | 4 | 成藏后稳定 | $H_{断层} \approx H_{实际}$ |

续表

| 圈闭名称 | 层位 | 断层可封闭烃柱高度/m | 实际烃柱高度/m | 圈闭幅度/m | 最大断距/m | 烃柱高度差/m | 控圈断层活动性质 | 烃柱高度对比 |
|---|---|---|---|---|---|---|---|---|
| 庄68-11 | 东三段 | 58 | 55 | 60 | 60 | 3 | 成藏后活动 | $H_{断层} \approx H_{实际}$ |
| 扣56 | 沙三段 | 101 | 75 | 125 | 350 | 26 | 成藏后活动 | $H_{断层} > H_{实际}$ |
| 扣56 | 沙一段 | 100 | 80 | 125 | 375 | 20 | 成藏后活动 | $H_{断层} > H_{实际}$ |
| 歧119-7 | 东一段 | 30 | 32.5 | 40 | 40 | 2.5 | 成藏后稳定 | $H_{断层} \approx H_{实际}$ |
| 庄浅16-12 | 馆陶组 | 102 | 65 | 200 | 140 | 37 | 成藏后活动 | $H_{断层} > H_{实际}$ |
| 庄浅45-50 | 馆陶组 | 37 | 36 | 36 | 38 | 1 | 成藏后稳定 | $H_{断层} \approx H_{实际}$ |
| 歧南3 | 沙一段 | 100 | 60 | 250 | 1100 | 40 | 成藏后活动 | $H_{断层} > H_{实际}$ |

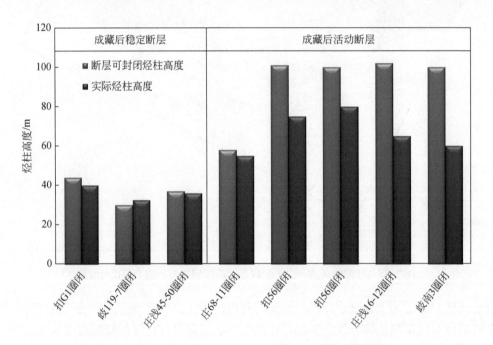

图 7.56 含油断圈实际烃柱高度与控圈断层可封闭烃柱高度统计

庄浅 45-50 断层位于歧南地区刘官庄油田羊二庄断层东南侧（图 7.57），整体断距较小，最大断距仅 38m，活动时期为沙一段至东营组沉积时期，成藏后未发生再活动。为对比实际油藏烃柱高度与预测的断层可封闭性烃柱高度是否一致，首先对庄浅 45-50 油藏进行解剖，庄浅 45-50 断层下盘馆陶组油藏可划分出多套油水单元，其中含油的为：Ng-①油水单元和 Ng-②油水单元，并确定 Ng-①油水单元油水界面为-1319m，Ng-②油水单元油水界面为-1403m（图 7.58），构造高点分别为-1299m 和-1367m，溢出点分别为-1335m和-1403m，对应的烃柱高度分别为 16m 和 36m（表 7.6）。

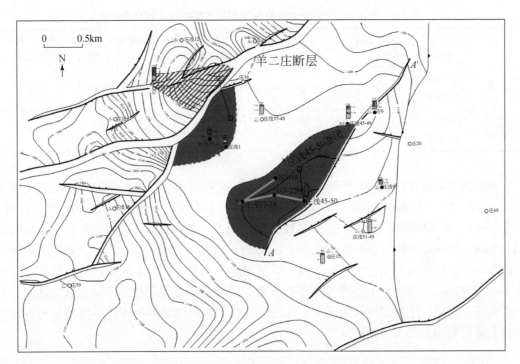

图 7.57 庄浅 45-50 圈闭馆三段顶面构造图

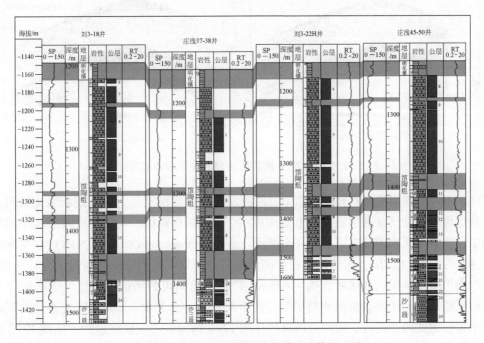

图 7.58 庄浅 45-50 圈闭油水单元连井对比图

表 7.6　庄浅 45-50 圈闭含油性及预测断层控制油水界面统计表

| 层位-油水单元 | 控圈断层 | 构造高点/m | 溢出点/m | 构造幅度/m | 实际油水界面/m | 预测断层渗漏点深度/m | 实际烃柱高度/m | 断层可封闭烃柱高度/m |
|---|---|---|---|---|---|---|---|---|
| $Ng-①$ | 庄浅 45-50 断层 | −1299 | −1335 | 36 | −1319 | −1317 | 16 | 14 |
| $Ng-②$ | 庄浅 45-50 断层 | −1367 | −1403 | 36 | −1403 | −1404 | 36 | 37 |

　　而后通过计算庄浅 45-50 断层断面 SGR，利用断层封闭性评价模型确定断层封闭临界 SGR，判断 $Ng-①$ 和 $Ng-②$ 油水单元侧向渗漏点的深度分别为 −1317m 和 −1404m（图 7.59）。从不同深度下 SGR 的分布数据也可看出，$Ng-①$ 和 $Ng-②$ 油水单元分别在 −1317m 和 −1404m 深度以下开始出现小于 20% 的 SGR 值（图 7.60），因此，可以判断两个油水单元受断层侧向封闭性所控制的油水界面深度为 −1317m 和 −1404m，对应的烃柱高度为 14m 和 37m，与实际烃柱高度基本保持一致，说明对于成藏后稳定断层构成的断圈，其烃柱高度主要受控于断层侧向封闭性，从而也反映了本章建立的封闭性评价模型可以较准确预测断层侧向封闭的烃柱高度。

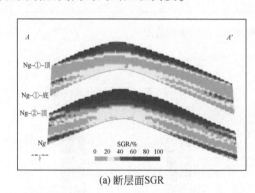 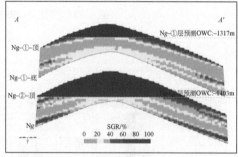

(a) 断层面SGR　　　　　　　　　　　　(b) 预测油水界面图

图 7.59　庄浅 45-50 断层断面 SGR 及预测油水界面图

　　庄浅 16-12 圈闭位于刘官庄油田羊二庄断层上盘，含油层位为馆陶组和明化镇组。羊二庄断层属于长期活动断层，在其上盘构成一个大的断层圈闭，与羊二庄断层相交的次级小断层，将整个大圈闭分隔成东西两个断圈。仅西侧断圈（庄浅 16-12 圈闭）在馆陶组含油，油水界面为 −1532m，东侧断圈在馆陶组未钻遇油气。根据断层侧向封闭性评价结果，预测馆陶组整个圈闭的油水界面为 −1635m，即断层侧向可封闭烃柱高度大于实际烃柱高度。由于断层可封闭的含油面积与实际含油面积不符（图 7.61），因此需要通过油藏地球化学示踪确定圈闭范围内、油藏范围外的庄浅 12 井馆陶组油气成藏过程。庄浅 12 井馆陶组岩心 QGF 大于 4 且 QGF-E 大于 40pc 表明（图 7.62），地质历史时期圈闭内庄浅 12 井存在油藏（古油藏），由于成藏期后经断层再活动，油气调整运移至浅层，从而导致现今馆陶组油藏实际烃柱高度小于断层侧向可封闭的烃柱高度。

　　通过对比断层侧向可封闭烃柱高度与实际烃柱高度，可以分析得出成藏后稳定断层及

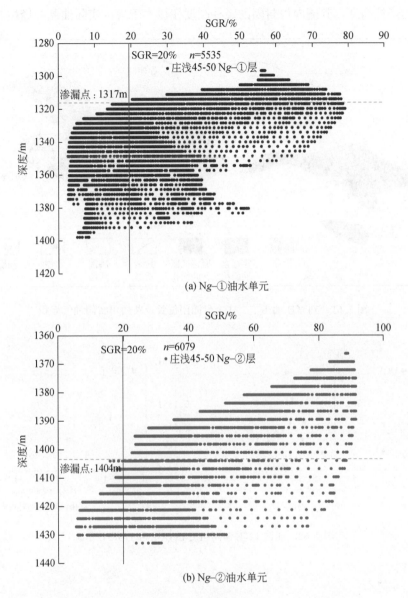

(a) Ng-①油水单元

(b) Ng-②油水单元

图 7.60　庄浅 45-50 断层 Ng-①油水单元和 Ng-②油水单元断面
SGR 与深度对应关系

成藏后再活动断层侧向封闭能力与实际烃柱高度之间的关系。对于成藏期后处于长期稳定的断层，封闭能力强弱取决于断裂带泥质含量。当充足的油气注入断层圈闭后，其油气聚集程度取决于断层侧向可封闭的烃柱高度与圈闭幅度大小，当断层封闭的烃柱高度大于等于圈闭幅度时，圈闭内充满油气，达到"满圈状态"，油水界面取决于构造溢出点的构造位置。当断层封闭的烃柱高度小于圈闭幅度时，油水界面取决于断层侧向渗漏点的构造位置，此时断层侧向可封闭的烃柱高度与实际烃柱高度相同。对于成藏期后发生强烈再活动的断层，原始油气藏中的油气沿断层部分散失或完全散失，使得现今油藏的烃柱高度小于原始油藏的烃柱高度，其侧向可封闭的烃柱高度往往大于现今实际油藏的烃柱高度。

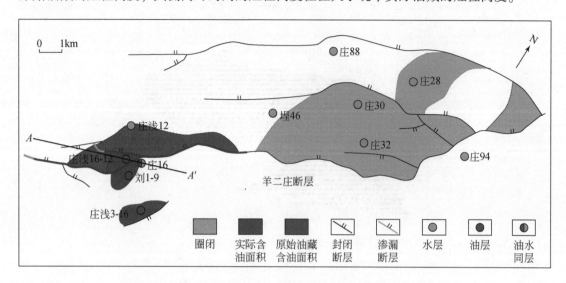

图 7.61　刘官庄油田羊二庄上盘圈闭位置及断层可封闭油气面积

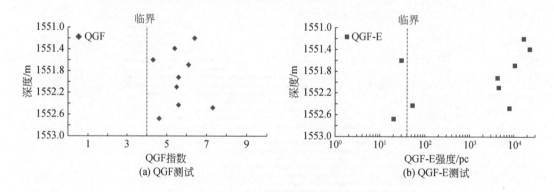

图 7.62　庄浅 12 井馆陶组岩心 QGF 和 QGF-E 示踪

# 参 考 文 献

白国平.2000.伊利石K-Ar测年在确定油气成藏期中的应用.石油大学学报（自然科学版），4：100-103，131.

陈发景，汪新文，张光亚，等.1992.中国中、新生代含油气盆地构造和动力学背景.现代地质，3：317-327.

陈书平，戴俊生，李理.1999.惠民-东营盆地构造特征及控油作用.石油与天然气地质，04：344-348.

陈书平，漆家福，王德仁，等.2007a.东濮凹陷断裂系统与变换构造.石油学报，28（1）：43-49.

陈书平，漆家福，于福生，等.2007b.准噶尔盆地南缘构造变形特征及其主控因素.地质学报，2：151-157.

陈伟.2011.含油气盆地断裂带内部结构特征及其与油气运聚的关系.青岛：中国石油大学（华东）：30-41.

陈颙，黄庭方，刘恩儒.2009.岩石物理学.北京：中国科学技术大学出版社：112-192.

褚榕，刘海涛，王海学，等.2019.不同类型断层控制油气垂向富集的差异——以渤海湾盆地歧口凹陷歧南斜坡区为例.石油学报，40（8）：928-940.

戴俊生.2000.柴达木盆地构造样式控油作用分析.石油实验地质，2：121-124.

董焕忠.2011.海拉尔盆地乌尔逊凹陷南部大磨拐河组油气来源及成藏机制.石油学报，32（1）：62-69.

费宝生.1985.二连盆地构造演化特征及其与油气关系.大地构造与成矿学，2：121-131.

冯志强，张顺，冯子辉.2011.在松辽盆地发现"油气超压运移包络面"的意义及油气运移和成藏机理探讨.中国科学：地球科学，41（12）：1872-1883.

付广，王浩然，胡欣蕾.2015.断裂带盖层油气封盖断接厚度下限的预测方法及其应用.中国石油大学学报（自然科学版），3：30-37.

付广，殷勤，杜影.2008.不同填充形式断层垂向封闭性研究方法及其应用.大庆石油地质与开发，（1）：1-5.

付晓飞.2015.断层分段生长定量表征及在油气成藏研究中的应用.中国矿业大学学报，44（2）：271-281.

付晓飞，宋岩.2008.松辽盆地三肇凹陷"T（11）"多边断层非构造成因机制探讨.地质学报，82（6）：738-749.

付晓飞，方德庆，吕延防.2005.从断裂带内部结构出发评价断层垂向封闭性的方法.地球科学，30（3）：328-336.

付晓飞，刘小波，宋岩，等.2008.中国中西部前陆冲断带盖层品质与油气成藏.地质论评，54（1）：82-93.

付晓飞，平贵东，范瑞东.2009.三肇凹陷扶杨油层油气"倒灌"运聚成藏规律研究.沉积学报，27（3）：558-566.

付晓飞，沙威，于丹，等.2010.松辽盆地徐家围子断陷火山岩内断层侧向封闭性及与天然气成藏.地质论评，56（1）：60-70.

付晓飞，董晶，吕延防，等.2012.海拉尔盆地乌尔逊-贝尔凹陷断裂构造特征及控藏机理.地质学报，86（6）：877-889.

付晓飞, 尚小钰, 孟令东. 2013. 低孔隙岩石中断裂带内部结构及与油气成藏. 中南大学学报: 自然科学版, 6: 253-263.

付晓飞, 肖建华, 孟令东. 2014. 断裂在纯净砂岩中的变形机制及断裂带内部结构. 吉林大学学报: 地球科学版, 44 (1): 25-37.

付晓飞, 贾茹, 王海学, 等. 2015. 断层-盖层封闭性定量评价——以塔里木盆地库车拗陷大北—克拉苏构造带为例. 石油勘探与开发, 42 (3): 300-309.

高先志, 陈发景, 马达德, 等. 2003. 中、新生代柴达木北缘的盆地类型与构造演化. 西北地质, 4: 16-24.

高小平, 杨春和, 吴文, 等. 2005. 温度效应对盐岩力学特性影响的试验研究. 岩土力学, 26 (11): 1775-1778.

葛荣峰, 张庆龙, 王良书, 等. 2010. 松辽盆地构造演化与中国东部构造体制转换. 地质论评, 56 (2): 180-195.

龚再升. 2005. 中国近海新生代盆地至今仍然是油气成藏的活跃期. 石油学报, (6): 1-6.

郝芳, 邹华耀, 方勇. 2004. 断-压双控流体流动与油气幕式快速成藏. 石油学报, 25 (6): 38-47.

郝芳, 郭华耀, 曾溅辉. 2005. 超压盆地生烃作用动力学与油气成藏机理. 北京: 科学出版社: 175-239.

胡见义, 徐树宝, 窦立荣, 等. 1991. 烃类气成因类型及其富气区的分布模式. 天然气地球科学, 1: 1-5.

胡玲. 1996. 韧性剪切带研究现状及发展趋势. 地质力学学报, 2 (3): 8-9.

胡玲, 刘俊来, 纪沫, 等. 2017. 变形显微构造识别手册. 北京: 地质出版社.

胡望水, 王燮培. 1994. 松辽盆地北部变换构造及其石油地质意义. 石油与天然气地质, 15 (2): 164-172.

华保钦. 1995. 构造应力场、地震泵和油气运移. 沉积学报, 3 (2): 77-85.

黄福明. 2013. 断层力学概论. 北京: 地震出版社: 100-120.

贾承造, 何登发, 石昕, 等. 2006. 中国油气晚期成藏特征. 中国科学: 地球科学, 36 (5): 412-420.

贾承造, 雷永良, 陈竹新. 2014. 构造地质学的进展与学科发展特点. 地质论评, 60 (4): 709-720.

贾东, 卢华复, 魏东涛, 等. 2002. 断弯褶皱和断展褶皱中的油气运移聚集行为. 南京大学学报 (自然科学版), (6): 747-755.

贾茹, 付晓飞, 孟令东. 2017. 断裂及其伴生微构造对不同类型储层的改造机理. 石油学报, 38 (3): 286-296.

江德昕, 王永栋, 魏江. 2002. 塔里木盆地石油运移的孢粉学证据. 沉积学报, 20 (3): 524-529.

姜传金, 苍思春, 吴杰. 2009. 徐家围子断陷深层气藏类型及成藏模式. 天然气工业, 29 (8): 5-7.

姜振学, 庞雄奇, 曾溅辉. 2005. 油气优势运移通道的类型及其物理模拟实验研究. 地学前缘, 12 (4): 505-515.

蒋有录, 刘华. 2010. 断裂沥青带及其油气地质意义. 石油学报, 31 (1): 36-41.

蒋有录, 刘景东, 李晓燕. 2011. 根据构造脊和地球化学指标研究油气运移路径: 以东濮凹陷濮卫地区为例. 地球科学-中国地质大学学报, 36 (3): 521-529.

雷裕红, 罗晓容, 潘坚, 等. 2010. 大庆油田西部地区姚一段油气成藏动力学过程模拟. 石油学报, 31 (02): 204-210.

李本亮, 王明明, 魏国齐, 等. 2003. 柴达木盆地三湖地区生物气横向运聚成藏研究. 地质论评, 1: 93-100

李本亮, 贾承造, 庞雄奇, 等. 2007. 环青藏高原盆山体系内前陆冲断构造变形的空间变化规律. 地质学报, 9: 1200-1207.

李春光.2003. 中国东部盆地油气藏同生断层的定量研究. 油气地质与采收率, 10 (4): 1-4.

李德生.2012. 中国多旋回叠合含油气盆地构造学. 北京: 科学出版社.

李明诚.2002. 对油气运聚研究中的一些概念的再思考. 石油勘探与开发, 29 (2): 13-16.

李明诚.2004. 油气运移基础理论与油气勘探. 地球科学—中国地质大学学报, 29 (4): 379-383.

李明诚.2008. 对油气运聚若干问题的再认识. 新疆石油地质, 29 (2): 133-137.

李明诚.2013. 石油与天然气运移 (第四版). 北京: 石油工业出版社, 180-190.

李双建, 周雁, 孙冬胜.2013. 评价盖层有效性的岩石力学实验研究. 石油实验地质, 35 (5): 574-586.

李思田.1995. 沉积盆地的动力学分析——盆地研究领域的主要趋向. 地学前缘, 3: 1-8.

林畅松, 刘景彦.1998. 沉积盆地动力学与模拟研究. 地学前缘, 5 (A08): 119-125.

林海涛, 任建业, 雷超, 等.2010. 琼东南盆地2号断层构造转换带及其对砂体分布的控制. 大地构造与成矿学, 34 (3): 309-316.

刘德来, 王伟, 马莉.1994. 伸展盆地转换带分析—以松辽盆地北部为例. 地质科技情报, 13 (2): 5-9.

刘恩涛, 王华, 林正良, 等.2012. 北部湾盆地福山凹陷构造转换带及其油气富集规律. 中南大学学报 (自然科学版), 43 (10): 3946-3953.

刘和甫.1993. 沉积盆地地球动力学分类及构造样式分析. 地球科学, 6: 699-724, 814.

刘亮明.2011. 浅成岩体引发的流体超压与岩石破裂及其对成矿的制约. 地学前缘, 18 (5): 78-89.

刘学锋, 孟令奎, 黄长青.2003. GIS支持下的盆地古构造再造——以松辽盆地北部古中央隆起带为例. 地球科学, 28 (3): 346-350.

刘学锋, 钟广法, 李先华.2006. 基于GIS的松辽盆地北部深层气运移路径模拟. 天然气工业, 26 (5): 33-36.

刘哲, 付广, 吕延防, 等.2013. 南堡凹陷断裂对油气成藏控制作用的定量评价. 中国石油大学学报: 自然科学版, 1: 27-34.

刘志宏, 吴相梅, 朱德丰, 等.2008. 大杨树盆地的构造特征及变形期次. 吉林大学学报 (地球科学版), 1: 27-33.

柳广弟.2009. 石油地质学-第5版. 北京: 石油工业出版社: 29-30.

鲁雪松, 蒋有录, 吴伟.2004. 对断层开启机制的再认识. 油气地质与采收率, 6: 7-9.

吕延防, 马福建.2003. 断层封闭性影响因素及类型划分. 吉林大学学报 (地球科学版), (2): 163-166.

吕延防, 孙永河, 付晓飞.2005. 逆断层中天然气运移特征的物理模拟. 地质科学, 40 (4): 464-475.

吕延防, 万军, 沙子萱, 等.2008. 被断裂破坏的盖层封闭能力评价方法及其应用. 地质科学, 43 (1): 162-174.

罗群.2002. 断裂控烃理论与油气勘探实践. 地球科学-中国地质大学学报, 27 (6): 751-756.

罗群, 白新华, 张树林.1998. 松辽盆地大安—新肇地区天然气聚集成藏条件研究. 西南石油学院学报, (1): 42-45.

罗群, 庞雄奇, 姜振学.2005. 一种有效追踪油气运移轨迹的新方法–断面优势运移通道的提出及其应用. 地质论评, 51 (2): 156-162.

罗群, 姜振学, 庞雄奇.2007. 断裂控藏机理与模式. 北京: 石油工业出版社: 1-13.

罗胜元, 何生, 王浩.2012. 断层内部结构及其对封闭性的影响. 地球科学进展, 27 (2): 154-164.

罗晓容.2003. 油气运聚动力学研究进展及存在问题. 天然气地球科学, 14 (5): 337-346.

罗晓容, 雷裕红, 张立宽, 等.2012. 油气运移输导层研究及量化表征方法. 石油学报, 33 (3): 428-436.

马中振, 陈和平, 谢寅符, 等.2013. 基于开采技术的重油-油砂可采储量计算方法. 石油勘探与开发, 40 (5): 595.

马宗晋，莫宣学 . 1997. 地球韵律的时空表现及动力问题 . 地学前缘，Z2：215-225.

蒙启安，朱德丰，陈均亮，等 . 2012. 陆内裂陷盆地的复式断陷结构类型及其油气地质意义：以海-塔盆地早白垩世盆地为例 . 地学前缘，19（5）：76-85.

孟令东，付晓飞，吕延防 . 2013. 碎屑岩层系中张性正断层封闭性影响因素的定量分析 . 地质科技情报，2：15-28.

缪淼，朱守彪 . 2012. 地下流体对地震孕育发生过程的影响研究综述 . 地球物理学进展，27（3）：950-959.

庞雄奇，罗群，姜振学 . 2003. 叠合盆地断裂上、下盘油气差异聚集效应及成因机理 . 地质科学，38（3）：413-424.

漆家福 . 2004. 渤海湾新生代盆地的两种构造系统及其成因解释 . 中国地质，31：15-22.

漆家福 . 2007. 裂陷盆地中的构造变换带及其石油地质意义 . 海相油气地质，12（4）：43-50.

漆家福，张一伟，陆克政，等 . 1995. 渤海湾新生代裂陷盆地的伸展模式及其动力学过程 . 石油实验地质，4：316-323.

邱楠生，金之钧 . 2000. 油气成藏的脉动式探讨 . 地学前缘，7（4）：561-567.

裘亦楠 . 1990. 储层沉积学研究工作流程 . 石油勘探与开发，1：85-90.

任建业，廖前进，卢刚臣，等 . 2010. 黄骅拗陷构造变形格局与演化过程分析 . 大地构造与成矿学，34（4）：461-472.

茹克 . 1990. 裂陷盆地的半地堑分析 . 中国海上油气地质，6（4）：1-10.

沈华 . 2005. 贝尔凹陷构造特征及其对油气藏的控制作用 . 北京：中国地质大学（北京）.

宋岩，赵孟军，方世虎，等 . 2012. 中国中西部前陆盆地油气分布控制因素 . 石油勘探与开发，39（3）：265-274.

孙启良 . 2011. 南海北部深水盆地流体逸散系统与沉积物变形 . 北京：中国科学院研究生院：85-100.

孙同文，付广，吕延防 . 2014. 南堡1号构造中浅层油气富集主控因素分析 . 天然气地球科学，25（7）：1042-1051.

孙同文，吕延防，刘宗堡 . 2011. 大庆长垣以东地区扶余油层油气运移与富集 . 石油勘探与开发，38（6）：700-707.

孙同文，高喜成，吕延防 . 2019. 断裂转换带作为油气侧向、垂向运移通道的研究进展 . 石油与天然气地质，5：1011-1021.

孙永河，付晓飞，吕延防 . 2007. 地震泵抽吸作用与油气运聚成藏物理模拟 . 吉林大学学报：地球科学版，37（1）：98-104.

汤良杰，贾承造，金之钧，等 . 2003. 塔里木盆地库车前陆褶皱带中段盐相关构造特征与油气聚集 . 地质论评，5：501-506.

滕长宇，邹华耀，郝芳 . 2014. 渤海湾盆地构造差异演化与油气差异富集 . 中国科学：地球科学，44（4）：579-590.

童亨茂 . 2015. 广义断层模式 . 地质论评，61：712-713.

王飞宇，何萍，张水昌，等 . 1997. 利用自生伊利石 K-Ar 定年分析烃类进入储集层的时间 . 地质论评，5：540-546.

王飞宇，郝石生，雷加锦 . 1998. 砂岩储层中自生伊利石定年分析油气藏形成期 . 石油学报，2：51-54，56.

王海学，李明辉，沈忠山，等 . 2014a. 断层分段生长定量判别标准的建立及其地质意义——以松辽盆地杏北开发区萨尔图油层为例 . 地质论评，6：81-86.

王海学，吕延防，付晓飞，等 . 2014b. 断裂质量校正及其在油气勘探开发中的作用 . 中国矿业大学学报，

43（3）：482-490.

王海学，吕延防，付晓飞.2013.裂陷盆地转换带形成演化及其控藏机理.地质科技情报，4：102-110.

王家豪，王华，任建业，等.2010.黄骅拗陷中区大型斜向变换带及其油气勘探意义.石油学报，31
（3）：355-360.

王升，柳波，付晓飞.2018.致密碎屑岩储层岩石破裂特征及脆性评价方法.石油与天然气地质，39
（6）：1270-1279.

王有功，吕延防，付广，等.2014.复式断陷边界控陷断层生长特征及油气地质意义——以松辽盆地长岭
早白垩世复式断陷群东部为例.地质学报，88（9）：1666-1667.

王志辉，黄伟.2011.鄂尔多斯盆地南部直罗油田长8油层油气沸腾包裹体群研究.地球科学与环境学
报，33（2）：146-151.

魏占玉.2010.断层面高精度形貌学定量研究.北京：中国地震局地质研究所.

邬光辉，漆家福.1999.黄骅盆地一级构造变换带的特征与成因.石油与天然气地质，20（2）：125-128.

吴根耀，李曰俊，刘亚雷，等.2013.塔里木西北部乌什—柯坪—巴楚地区古生代沉积-构造演化及成盆
动力学背景.古地理学报，15（2）：203-218.

吴锦秀.1987.地下水动力学前兆形成机制.地下流体预报地震论文集.北京：地质出版社：200-204.

吴元燕，付建林，周建生.2000.歧口凹陷含油气系统及其评价.石油学报，21（6）：18-22.

武红岭，张利容.2002.断层周围的弹塑性区及其地质意义.地球学报，23（1）：11-16.

肖安成，杨树锋，陈汉林.2001.二连盆地形成的地球动力学背景.石油与天然气地质，2：137-
140，145.

解习农，任建业，雷超.2012.盆地动力学研究综述及展望.地质科技情报，31（5）：76-84.

辛仁臣，田春志，窦同君.2000.油藏成藏年代学分析.地学前缘，3：48-54.

闫福礼，贾东，卢华复，等.1999.东营凹陷油气运移的地震泵作用.石油与天然气地质，4：295-298.

杨胜雄，梁金强，陆敬安，等.2017.南海北部神狐海域天然气水合物成藏特征及主控因素新认识.地学
前缘，24（4）：1-14.

杨树锋，贾承造，陈汉林，等.2002.特提斯构造带的演化和北缘盆地群形成及塔里木天然气勘探远景.
科学通报，S1：36-43.

杨树锋，陈汉林，冀登武，等.2005.塔里木盆地早-中二叠世岩浆作用过程及地球动力学意义.高校地
质学报，4：504-511

于翠玲，曾溅辉.2005.断层幕式活动期间和间歇期流体运移与油气成藏特征.石油实验地质，27（2）：
129-133.

于翠玲，曾溅辉，林承焰.2005.断裂带流体活动证据的确定-以东营凹陷胜北断裂带为例.石油学报，
26（4）：34-38.

于福生，李定华，赵进雍，等.2012.双层滑脱构造的物理模拟：对准噶尔盆地南缘褶皱冲断带的启示.
地球科学与环境学报，34（2）：15-23.

余一欣，周心怀，汤良杰，等.2009.渤海海域辽东湾拗陷正断层联接及其转换带特征.地质论评，55
（1）：79-84.

查明.1997.压实流盆地油气运移动力学模型与数值模拟——以东营凹陷为例.沉积学报，15（4）：
90-96.

翟裕生.1997.地史中成矿演化的趋势和阶段性.地学前缘，Z2：201-207.

张成，解习农，张功成.2005.渤中25-1地区油气运移的输导通道及其示踪分析.地质科技情报，24
（2）：27-32.

张厚福，张善文，王永诗，等.2007.油气藏研究的历史、现状与未来.北京：石油工业出版社：13-17.

张仲培, 王毅, 李建交, 等. 2014. 塔里木盆地巴-麦地区古生界油气盖层动态演化评价. 石油与天然气地质, 35 (6): 839-852.

赵健, 罗晓容, 张宝收, 等. 2011. 塔中地区志留系柯坪塔格组砂岩输导层量化表征及有效性评价. 石油学报, 32 (6): 949-958.

赵靖舟. 2002. 油气成藏年代学研究进展及发展趋势. 地球科学进展, (3): 378-383.

赵靖舟. 2005. 论幕式成藏. 天然气地球科学, 16 (4): 469-476.

赵万优, 王振升, 苏俊青, 等. 2008. 黄骅坳陷埕北断阶带油气成藏系统. 石油勘探与开发, 35 (1): 34-39.

赵文智, 方杰. 2007. 不同类型断陷湖盆岩性-地层油气藏油气富集规律——以冀中拗陷和二连盆地岩性-地层油气藏对比为例. 石油勘探与开发, 2: 129-134.

赵贤正, 金凤鸣, 张以明. 2009. 陆相断陷洼槽聚油理论与勘探实践——以冀中拗陷及二连盆地为例. 北京: 科学出版社: 114-216.

赵贤正, 金凤鸣, 邹娟, 等. 2014. 断陷盆地弱构造区地质特征与油气成藏——以冀中拗陷为例. 天然气地球科学, 25 (12): 1888-1895.

赵政权, 徐天昕, 刘凤芸, 等. 2008. 顺向断鼻构造的圈闭条件分析——以冀中拗陷束鹿凹陷中部为例. 石油天然气学报, 3: 213-216.

郑朝阳, 段毅, 吴保祥. 2007. 塔里木盆地塔河油田原油中生物标志化合物成熟度指标特征与石油运移. 沉积学报, 25 (3): 482-486.

周立宏, 卢异, 肖敦清. 2011. 渤海湾盆地歧口凹陷盆地结构构造及演化. 天然气地球科学, 22 (3): 373-382.

周心怀, 余一欣, 魏刚, 等. 2008. 渤海海域辽东湾海域 JZ25-1S 转换带与油气成藏的关系. 石油学报, 29 (6): 837-840.

周易. 2018. 分期异向分层伸展叠加变形数值模拟研究. 北京: 中国石油大学 (北京).

邹华耀, 龚再升, 滕长宇. 2011. 渤中拗陷新构造运动断裂活动带 PL19-3 大型油田晚期快速成藏. 中国科学: 地球科学, 41 (4): 482-492.

祖辅平, 舒良树, 李成. 2012. 永安盆地晚古生代—中—新生代沉积构造环境演化特征. 地质论评, 58 (1): 126-148.

Adersson J E, Ekman L, Nordqvist R. 1991. Hydraulic testing and modelling of a low-angle fracture zone at Finnsjön, Sweden. Journal of Hydrology, 126 (1-2): 45-77.

Agosta F, Aydin A. 2006. Architecture and deformation mechanism of a basin-bounding normal fault in Mesozoic platform carbonates, central Italy. Journal of Structural Geology, 28 (8): 1445-1467.

Alkan H, Cinar Y, Pusch G. 2007. Rock salt dilatancy boundary from combined acoustic emission and triaxial compression tests. International Journal of Rock Mechanics and Mining Sciences, 44 (1): 108-119.

Allan U S. 1989. Model for hydrocarbon migration and entrapment within faulted structures. AAPG bulletin, 73 (7): 803-811.

Allen J R L. 1978. Studies in fluviatiles edimentation: An exploratory quantitative model for the architecture of avulsion-controlled alluvial suites. Sedimentory Geology, 21 (2): 129-147.

Alqahtani A A. 2013. Effect of mineralogy and petrophysical characteristics on acoustic and mechanical properties of organic rich shale. Denver, Colorado: Unconventional Resources Technology Conference (URTEC).

Anders M H, Schlische R W. 1994. Overlapping faults, intrabasin highs, and the growth of normal faults. Journal of Geology, 102: 165-180.

Anderson R E, Zoback M L, Thompson G A. 1983. Implications of selected subsurface data on the structural form and evolution of some basins in the northern Basin and Range province, Nevada and Utah. Geological Society of America Bulletin, 94: 1055-1072.

Anderson R N, Flemings P, Losh S, et al. 1994. Gulf of Mexico growth fault drilled, seen as oil, gas migration pathway. Oil and Gas Journal (United States), 92 (23), 97-104.

Andrea B. 2008. Fault zone architecture and permeability features in siliceous sedimentary rocks: Insights from the Rapolano geothermal area (Northern Apennines, Italy). Journal of Structural Geology, 30: 237-256.

Antonellini M, Aydin A, Bridge D. 1994. Effect of faulting on fluid flow in porous sandstones-petrophysical properties. AAPG Bulletin, 78 (3): 355-377.

Antonellni M, Aydin A, ORR L. 1999. Outcrop-Aided characterization of a faulted hydrocarbon reservoir: Arroyo Grande oil field, California, USA. Faults and Subsurface Fluid Flow in the Shallow Crust, 133 (5): 7-26.

Aydin A. 1978. Small faults formed as deformation bands in sandstone. Pure and Applied Geophysics, 116 (4-5): 913-930.

Aydin, A. 2000. Fractures, faults, and hydrocarbon entrapment, migration, and flow: Marine and Petroleum Geology, 17, 797-814.

Aydin A, Johnson A M. 1978. Development of faults as zones of deformation bands and as slip surfaces in sandstone. Pure & Applied Geophysics, 116 (4-5): 931-942.

Aydin A, Eyal Y. 2002. Anatomy of a normal fault with shale smear: Implications for fault seal. AAPG Bulletin, 86 (8): 1367-1381.

Bally A W. 1982. Musings over sedimentary basin evolution. Philosophical Transactions of the Royal Society of London, 305: 325-338.

Barnett J A M, Mortimer J, Rippon J H, et al. 1987. Displacement geometry in the volume containing a single normal fault. American Association of Petroleum Geologists Bulletin, 71: 925-937.

Beach A, Brown J L, Welbon A I. 1997. Characteristics of fault zones in sandstones from NW England: application to fault transmissibility. Geological Society, London, Special Publications, 124 (1): 315-324.

Berg S S, Skar T. 2005. Controls on damage zone asymmetry of a normal fault zone: outcrop analyses of a segment of the Moab fault, SE Utah. Journal of Structural Geology, 27: 1803-1822.

Biddle K T, Wiechowsky C C. 1994. Hydrocarbon traps//Magoon L B, Dow W G. The petroleum system—From source to trap. AAPG Memoir, 60: 219-235.

Bolton A J, Maltman A J, Clennell M B. 1998. The importance of overpressure timing and permeability evolution in fine-grained sediments undergoing shear. Journal of Structural Geology, 20 (8): 1013-1022.

Bond C E. 2015. Uncertainty in structural interpretation: Lessons to be learnt. Journal of Structural Geology, 74: 185-200.

Bosworth W. 1985. Geometry of propagating continental rifts. Nature, 316: 625-627.

Bouvier J D, Kaars-Sijpesteijn C H, Kluesner D F, et al. 1989. Three-dimensional seismic interpretation and fault sealing investigations, Nun River field, Nigeria. AAPG, 73: 1397-1414.

Braathen A, Tveranger J. 2009. Fault facies and its application to sandstone reservoirs. AAPG Bulletin, 93: 893-917.

Brantut N, Schubnel A, Guéguen Y. 2011. Damage and rupture dynamics at the brittle-ductile transition: The case of gypsum. Journal of Geophysical Research: Solid Earth (1978-2012), 116 (B1).

Bretan P, Yielding G, Jones H. 2003. Using Calibrate shale gouge ratio to estimate hydrocarbon column heights. AAPG, 87 (3): 397-413.

Bruhn R L, Yonkee W A, Parry W T. 1990. Structure and fluid-chemical properties of seismogenic normal faults. Tectonophysics, 175: 139-157.

Burhannudinnur M, Morley C K. 1997. Anatomy of growth fault zones in poorly lithified sandstones and shales: implications for reservoir studies and seismic interpretations: Part 1, outcrop study. Petroleum Geoscience, 3: 211-224.

Byerlee J. 1978. Friction of rocks. Pure and Applied Geophysics, 116 (4-5): 615-626.

Caine J S, Evans J P, Forster C B. 1996. Fault zone architecture and permeability structure. Geology, 24: 1025-1028.

Cartwright J A, Trudgill B D, Mansfield C S. 1995. Fault growth by segment linkage: An explanation for scatter in maximum displacement and trace length data from the Canyonlands grabens of SE Utah. Journal of Structural Geology, 17: 1319-1326.

Catalan L, Fux, Chatzis I, et al. 1992. An experimental study of secondary oil migration. AAPG Bulletin, 76 (5): 638-650.

Chapman T J, Meneilly A W. 1991. The displacement patterns associated with a reverse-reactivated normal growth fault. Geological Society, London, Special Publications, 56 (1): 183-191.

Chepikov K R, Klimushina L P, Medvedeva A M. 1978. Some Features of the Processes of Migration of Hydrocarbons in the Example of Oil and Gas Fields of the West Siberian Lowland. AAPG Bulletin, 15 (6): 264-265.

Chester F M. 1988. The brittle-ductile transition in a deformation-mechanism map for halite. Tectonophysics, 154 (1): 125-136.

Chester F M, Logan J M. 1986. Implications for mechanical properties of brittle faults from observations of the Punchbowl fault zone, California. Pure and Applied Geophysics, 124 (1-2): 79-106.

Childs C, Easton S J, Vendeville B C, et al. 1993. Kinematic analysis of faults in a physical model of growth faulting above a viscous salt analogue. Tectonophysics, 228 (3): 313-329.

Childs C, Walsh J J, Manzocchi T, et al. 2007. Definition of a fault permeability predictor from outcrop studies of a faulted turbidite sequence, Taranaki, New Zealand. Geological Society, London, Special Publications, 292 (1): 235-258.

Childs C, Manzocchi T, Walsh J J, et al. 2009. A geometric model of fault zone and fault rock thickness variations. Journal of Structural Geology, 31 (2): 117-127.

Christopher P D, Langhi L, Bailey W P. 2012. Automating conceptual models to easily assess trap integrity and oil preservation risks associated with fault reactivation. Marine and Petroleum Geology, 30 (1): 81-97.

Clapp F G. 1910. A proposed classification of petroleum and natural gas fields based on structure. Economic Geology, 5: 503-521.

Clapp F G. 1929. The role of geologic structure in the accumulation of petroleum. In Powers S, Structure of typical American oil fields II. Tulsa. AAPG, 667-716.

Cloos H. 1931. Zur experimentellen Tektonik. Naturwissen-schaften, 19 (11): 242-247.

Corcoran D V, Doré A G. 2002. Top seal assessment in exhumed basin settings-Some insights from Atlantic margin and borderland basins. Norwegian Petroleum Society Special Publications, 11: 89-107.

Cosgrove J W. 2001. Hydraulic fracturing during the formation and deformation of a basin: A factor in the dewatering of low-permeability sediments. AAPG Bulletin, 85 (4): 737-748.

Cowie P A, Scholz C H. 1992. Physical explanation for the displacement-length relationships of faults using a post-yield fracture mechanics model. Journal of Structural Geology, 14: 1133-1148.

Cowie P A, Gupta S, Dawers N H. 2000. Implications of fault array evolution for synrift depocentre development:

insights from a mumerical fault growth model. Basin Research, 12: 241-261.

Cowley R, O'Brien G W. 2000. Identification and interpretation of leaking hydrocarbons using seismic data: A comparative montage of examples from major fields in Australia's North West Shelf and Gippsland Basin. APPEA (Australian Petroleum Production and Exploration Association) Journal, 40: 121-150.

Cox S F. 1995. Faulting processes at high fluid pressures: An example of fault valve behavior. Journal of Geophysical Research, 100: 12841-12859.

Cuisiat F, Skurtveit E. 2010. An experimental investigation of the development and permeability of clay smears along faults in uncemented sediments. Journal of Structural Geology, 32: 1850-1863.

Dahlstrom C D A. 1970. Structural geology in the eastern margin of the Canadian Rocky Mountains. Bulletin of Canadian Petroleum Geology, 18: 332-406.

Davatzes N C, Aydin A. 2005. Distribution and nature of fault architecture in a layered sandstone and shale sequence: An example from the Moab fault, Utah//Sorkhabi R. Tsuji Y. Faults, fluid flow, and petroleum traps. AAPG Memoir, 85: 153-180.

David M D, Bruce D T. 2009. Four-dimensional analysis of the Sembo relay system, offshore Angola: Implications for fault growth in salt-detached settings. AAPG Bulletin, 93 (6): 763-794.

Davis G H. 1999. Structural geology of the Colorado Plateau region of southern Utah, with special emphasis on deformation bands. Special Paper of the Geological Society of America, 342: 1-157.

Davison I. 1994. Linked fault systems: extensional, strike-slip and contractional. Continental deformation, 14: 121-142.

Dawers N H, Underhill R. 2000. The role of fault interaction and linkage in controlling syn-rift stratigraphic sequences: Statf Jord East area, Northern North Sea. Am Assoc. Petroleum Geology, 84: 45-64.

Dawers N H, Anders M H, Scholz C H. 1993. Fault length and displacement: Scaling laws. Geology, 21: 1107-1110.

Dewhurst D N, Jones R M, Hillis R R, et al. 2002. Microstructural and geomechanical characterisation of fault rocks from the Carnarvon and Otway Basins. APPEA Journal, 167-186.

Doughty P T. 2003. Clay smear seals and fault sealing potential of an exhumed growth fault, Rio Grande rift, New Mexico. AAPG Bulletin, 87 (3): 427-444.

Downey M W. 1984. Evaluating seals for hydrocarbon accumulations. AAPG Bulletin, 68 (11): 1752-1763.

Dutton D M, Trudgill B D. 2009. Four-dimensional analysis of the Sembo relay system, offshore Angola: Implications for fault growth in salt-detached settings. AAPG Bulletin, 93 (6): 763-794.

Dunn D E, Lafountain J, Jackson R E. 1973. Porosity dependence and mechanism of brittle fracture in sandstones. Journal of Geophysical Research, 78 (14): 2403-2417.

Ebinger C J. 1989. Geometric and kinematic development of border faults and accommodation zones, Kivu-Rusizi rift, Africa. Tectonics, 8: 117-133.

Egholm D L, Clausen O R, Sandiford M, et al. 2008. The mechanics of clay smearing along faults. Geology, 36 (10): 787-790.

Eichhubl P, D'Onfro P S, Aydin A, et al. 2005. Structure, petrophysics, and diagenesis of shale entrained along a normal fault at Black Diamond Mines, California-Implicationsfor fault seal. AAPG, 89 (9): 1113-1137.

Evans B, Fredrich J T, Wong T. 1990. The brittle-ductile transition in rocks: Recent experimental and theoretical progress. Geophysical Monograph Series, 56: 1-20.

Evans J P. 1990. Thickness displacement relationships for fault zones. Journal of Structural Geology, 12 (8): 1061-1065.

Fauld J E, Varga R J. 1998. The role of accommodation zones and transfer zones in the regional segmentation of extended terranes// Fauld J E, Stewart J H. Accommodation Zones and Transfer Zones: The Regional Segmentation of the Basin and Range Province. Geological Society of America Special Paper, 323: 1-46.

Faulkner D R, Mitchell T M, Rutter E H, et al. 2008. On the structure and mechanical properties of large strike-slip faults//Wibberley C A J, Kurz W, Imber J, et al. Structure of Fault Zones: Implications for Mechanical and Fluid-flow Properties. Geological Society of London Special Publication, 299: 139-150.

Fisher Q J, Knipe R J. 1998. Fault sealing processes in siliciclastic sediments//Knipe R J, Jones G, Fisher Q J. Faulting, fault sealing, and fluid flow in hydrocarbon reservoirs. Geological Society (London) Special Publication, 147: 117-134.

Fisher Q J, Knipe R J. 2001. The permeability of faults within siliciclastic petroleum reservoirs of the North Sea and Norwegian Continental Shelf. Marine and Petroleum Geology, 18 (10): 1063-1081.

Fossen H. 2010. Structural Geology. New York: Cambridge University Press: 119-185.

Fossen H, Schultz R A, Shipton Z K. 2007. Deformation bands in sandstone: A review. Journal of the Geological Society, 164 (4): 755-769.

Freeman B, Boult P J, Yielding G, et al. 2010. Using empirical geological rules to reduce structural uncertainty in seismic interpretation of faults. Journal of Structural Geology, 32 (11): 1668-1676.

Fredman N, Tveranger J, Cardozo N, et al. 2008. Fault facies modeling: Technique and approach for 3-D conditioning and modeling of faulted grids. AAPG Bulletin, 92: 1457-1478.

Fuenkajorn K, Sriapai T, Samsri P. 2012. Effects of loading rate on strength and deformability of Maha Sarakham salt. Engineering Geology, 135: 10-23.

Færseth R B. 2006. Shale smear along large faults: continuity of smear and the fault seal capacity. Journal of the Geological Society, 163 (5): 741-751.

Gabrielsen R H, Koestler A G. 1987. Description and structural implications of fractures in late Jurassic sandstones of the Troll Field, northern North Sea. Norsk Geologisk Tidsskrift, 67 (4): 371-381.

Gartrell A, Bailey W R, Brincat M. 2006. A new model for assessing trap integrity and oil preservation risks associated with postrift fault reactivation in the Timor Sea. AAPG Bulletin, 90 (12): 1921-1944.

Gauthier B D M, Lake S D. 1993. Probabilistic modeling of faults below the limit of seismic resolution in Pelican field, North Sea, Offshore United Kingdom. APPG, 77: 761-777.

Gawthorpe R L, Hurst J M. 1993. Transfer zones in extensional basins: Their structural style and influence on drainage development and stratigraphy. Geological Society of London Journal, 150: 1137-1152.

Gawthorpe R L, Leeder M R. 2000. Tectono-sedimentary evolution of active extensional basins. Basin Research, 12: 195-218.

Gibbs A D. 1984. Structural evolution of extensional basin margins. Geological Society of London Journal, 141: 609-620.

Gibson J R, Walsh J J, Watterson J. 1989. Modelling of bed contours and cross-sections adjacent to planar normal faults. Journal of Structural Geology, 11: 317-328.

Gibson R G. 1994. Fault-zone seals in siliciclastic strata of the Columbus Basin, Offshore Trinidad. AAPG, 78: 1372-1385.

Gibson R G. 1998. Physical character and fluid-flow properties of sandstone-derived fault zones//Coward M P, Daltaban T S, Johnson H. Structure geology in reservoir characterization. Geological Society (London) Special Publication, 127: 83-97.

Goddard J V, Evans J P. 1995. Chemical changes and fluid-rock interaction in faults of crystalline thrust sheets, northwestern Wyoming, USA. Journal of Structural Geology, 17 (4): 533-547.

Goetze C. 1971. High temperature rheology of Westerly granite. Journal of Geophysics Research, 76: 1223-1230.

Gudehus G, Karcher C. 2007. Hypoplastic simulation of normal faults without and with clay smears. Journal of Structural Geology, 29: 530-540.

Gudmundsson A. 2001. Fluid overpressure and flow in fault zones: field measurements and models. Tectonopyysics, 336: 183-197.

Gupta A, Scholz C H. 2000. A model of normal fault interaction based on observations and theory. Journal of Structural Geology, 22: 865-879.

Gupta S, Cowie P A, Dawers N H, et al. 1998. A mechanism to explain rift-basin subsidence and stratigraphic patterns through fault-array evolution. Geology, 26 (7): 595-598.

Gupta S, Underhill J R, Sharp I R, et al. 1999. Role of fault interaction in controlling synrift dispersal patterns: Miocene, Abu Alaqa Group, Suez Rift, Sinai, Egypt. Basin Re, 11: 167-189.

Hamami M. 1999. Simultaneous effect of loading rate and confining pressure on the deviator evolution in rock salt. International Journal of Rock Mechanics and Mining Sciences, 36 (6): 827-831.

Handin J, Hager R V Jr. 1957. Experimental deformation of sedimentary rocks under confining pressure: Tests at room temperature on dry samples. Am Assoc. Petroleum Geologists Bull, 41: 1-50.

Hangx S J T, Spiers C J, Peach C J. 2010. Mechanical behavior of anhydrite caprock and implications for $CO_2$ sealing capacity. Journal of Geophysical Research: Solid Earth (1978-2012): 115.

Harding T P, Tuminas A C. 1989. Structural interpretation of hydrocarbon traps sealed by basement normal block faults at stable flanks of foredeep basins and at rift basins. AAPG, 73: 812-840.

Hart T. 1994. Calico Fault and Adjacent 1992 Surface ruptures near Newberry Springs, San Bernardino County// California Division of Mines and Geology Fault Evaluation Report, 238, California Geological Survey CD 2002-02.

Heard H C. 1960. Transition from brittle fracture to ductile flow in Solenhofen limestone as a function of temperature, confining pressure, and interstitial fluid pressure, in Rock deformation. Geol Soc America Mem, 79: 193-226.

Hesthammer J, Fossen H. 1998. The use of dipmeter data to constrain the structural geology of the Gullfaks Field, northern North Sea. Marine and Petroleum Geology, 15 (6): 549-573.

Hesthammer J, Fossen H. 2000. Uncertainties associated with fault sealing analysis. Petroleum Geoscience, 6 (1): 37-45.

Heynekamp M R, Goodwin L B, Mozley P S. 1999. Controls on Fault-Zone architecture in poorly lithified sediments, riogrande rift, New Mexico: Implications for fault-zone permeability and fluid flow. Faults and Subsurface Fluid Flow in the Shallow Crust, 113 (4): 27-49.

Hindle A D. 1997. Petroleum migration pathways and charge concentration: A three-dimensional model. AAPG Bulletin, 81 (8): 1451-1481.

Holland M, Urai J L, Van der Zee W, et al. 2006. Fault gouge evolution in highly overconsolidated claystones. Journal of Structural Geology, 28: 323-332.

Hooper E C D. 1991. Fluid migration along growth fault in compacting sediments. Journal of Petroleum Geology, 14: 161-180.

Hoshino K, Koide H, Inami K, et al. 1972. Mechanical properties of Japanese Tertiary sedimentary rocks under high confining pressures. Geology Survey of Japanese, 244: 200.

Howell J V. 1960. Glossary of geology and related sciences. Washington D C: America Geological Institute:

99-102.

Hunt J M. 1990. Generation and migration of petroleum from abnormally pressured fluid compartments. AAPG Bulletin, 74 (1): 1-12.

Indrevær K, Stunitz H, Bergh S G. 2014. On Palaeozoic-Mesozoic brittle normal faults along the SW Barents Sea margin: fault processes and implications for basement permeability and margin evolution. J Geol Soc, 171 (6): 831-846.

Ingram G M, Urai J L. 1999. Top-seal leakage through faults and fractures: the role of mudrock properties. Geological Society, London, Special Publications, 158 (1): 125-135.

Ingram G M, Urai J L, Naylor M A. 1997. Sealing processes and top seal assessment. Norwegian Petroleum Society Special Publications, 7: 165-174.

Jackson C A L, Rotevatn A. 2013. 3D seismic analysis of the structure and evolution of a salt-influenced normal fault zone: A test of competing fault growth models. Journal of Structural Geology, 54: 215-234.

Jackson C A L, Gawthorpe R O B L, Sharp A N R. 2002. Growth and linkage of the East Tanka fault zone, Suez rift: structural style and syn-rift stratigraphic response. Journal of the Geological Society, 159 (2): 175-187.

Jackson J, McKenzie D. 1983. The geometrical evolution of normal fault systems. Journal of Structural Geology, 5: 471-482.

Jamison W R, Steams D W. 1982. Tectonic Deformation of Wingate Sandstone, Colorado National Monument. AAPG Bulletin, 66 (12): 2584-2608.

Jarvie D M, Hill R J, Pollastro R M. 2005. Assessment of the gas potential and yields from shales: The Barnett Shale model. Oklahoma Geological Survey Circular, 110: 9-10.

Jiang Z, Chen D, Qiu L, et al. 2007. Source-controlled carbonates in a small Eocene half-graben lake basin (Shulu sag) in central Hebei Province. North China Sedimentology, 4 (2): 265-292.

Jung B, And G G, Boles J R. 2014. Effects of episodic fluid flow on hydrocarbon migration in the Newport-Inglewood Fault Zone, Southern California. Geofluids, 14 (2): 234-250.

Kennedy B M, Kharaka Y K, Evans W C, et al. 1997. Mantle Fluids in the San Andreas Fault System, California. Science, 278 (5341): 1278-1281.

Kim J, Berg R R, Watkins J S, et al. 2003. Trapping capacity of faults in the Eocene Yegua Formation, east sour lake field, southeast Texas. AAPG Bulletin, 87 (3): 415-425.

Kim Y S, Sanderson D J. 2005. The relation between displacement and length of faults: a review. Earth-Science Review, 68: 317-334.

King P R. 1990. The connectivity and conductivity of overlapping sand bodies//Buller A T. North Sea oil and gas reservoirs II. London: Graham & Trotman: 353-358.

Knipe R J. 1989. Deformation mechanisms-Recognition from natural tectonites. Journal of Structure Geology, 11: 127-146.

Knipe R J. 1992a. Faulting processes and fault seal//Larsen R M. Structural and tectonic modelling and its application to petroleum geology. Stavanger, Norwegian Petroleum Society: 325-342.

Knipe R J. 1992b. Faulting processes, seal evolution and reservoir discontinuities: An integrated analysis of the ULA Field, Central Graben, North Sea. London: Abstracts of the Petroleum Group meeting on collaborative research programme in petroleum geoscience between UK Higher Education Institutes and the Petroleum Industry, Geological Society.

Knipe R J. 1993a. Micromechanisms of deformation and fluid flow behaviour during faulting//Hickman S, Sibson R, Bruhn A G. The mechanical behavior of fluids in fault zones: USGS Open-File Report, 94-228, 301-310.

Knipe R J. 1993b. The influence of fault zone processes and diagenesis on fluid flow//Horbury A D, Robinson A G. Diagenesis and basin development. AAPG Studies in Geology, 36: 135-154.

Knipe R J. 1997. Juxtaposition and seal diagrams to help analyze fault seals in hydrocarbon reservoirs. AAPG Bulletin, 81 (2): 187-195.

Knott S D. 1993. Fault seal analysis in the North Sea. AAPG, 77: 778-792.

Kohlstedt D L, Evans B, Mackwell S J. 1995. Strength of the lithosphere: Constraints imposed by laboratory experiments. Journal of Geophysical Research, 100 (B9): 17587-17602.

Koledoye A B, Aydin A, May E. 2000. Three dimensional visualization of normal fault segmentation and its implication for fault growth. The Leading Edge, 19: 691-701.

Koledoye A B, Aydin A, May E. 2003. A new process-based methodology for analysis of shale smear along normal faults in the Niger Delta. AAPG, 87: 445-663.

Krantz R W. 1988. Multiple fault sets and three-dimensional strain. Journal of Structural Geology, 10: 225-237.

Langhi, L, Zhang Y, Gartrell A, et al. 2010. Evaluating hydrocarbon trap integrity during fault reactivation using geomechanical three-dimensional modeling: An example from the Timor Sea, Australia. AAPG Bulletin, 94 (4): 567-591.

Larsen P H. 1988. Relay structures in a Lower Permian basement-involved extensional system, East Greenland. Journal of Structural Geology, 10: 3-8.

Leeder M R, Gawthorpe R L. 1987. Sedimentary models for extensional tilt-block/half-graben basins//Coward M P, Dewey J F, Hancock P L. Continental extensional tectonics. Geological Society Special Publication, 28: 139-152.

Lehner F K, Pilaar W F. 1997. The emplacement of clay smears in synsedimentary normal faults: inferences from field observations near Frechen, Germany//Moller-Pederson P, Koestler A G. Hydrocarbon seals: importance for exploration and production. Norwegian Petroleum Society Special Publication, 7: 15-38.

Levorsen A I. 1954. Geology of petroleum. W. H. Freeman San Francisco, 236-238.

Liang W, Yang C, Zhao Y, et al. 2007. Experimental investigation of mechanical properties of bedded salt rock. International Journal of Rock Mechanics and Mining Sciences, 44 (3): 400-411.

Ligtenberg J H. 2005. Detection of fluid migration pathways in seismic data: implications for fault seal analysis. Basin Research, 17 (1): 141-153.

Lindsay N G, Murphy F C, Walsh J J. 1993. Outcrop studies of shale smears on fault surfaces. The geological modelling of hydrocarbon reservoirs and outcrop analogues, 113-123.

Lisk M, Brincat M P, Eadington P J, et al. 1998. Hydrocarbon charge in the Vulcan Sub-basin//Purcell P G, Purcell R R. The sedimentary basins of Western Australia 2. Proceedings of the West Australian Basins Symposium: 287-303.

Liu K, Eadington P. 2005. Quantitative fluorescence techniques for detecting residual oils and reconstructing hydrocarbon charge history. Organic Geochemistry, 36 (7): 1023-1036.

Liu K, Eadington P, Middleton H, et al. 2007. Applying quantitative fluorescence techniques to investigate petroleum charge history of sedimentary basins in Australia and Papuan New Guinea. Journal of Petroleum Science and Engineering, 57 (1): 139-151.

Lothe A E, Gabrielsen R H, Hagen N B, et al. 2002. An experimental study of the texture of deformation bands: effects on the porosity and permeability of sandstones. Petroleum Geoscience, 8 (3): 195-207.

Lunn R J, Shipton Z K, Bright A M. 2008. How can we improve estimates of bulk fault zone hydraulic properties? Geological Society London Special Publications, 299 (1): 231-237

Mann P, Hampton M R, Bradley D C, et al. 1983. Development of pull- apart basins. Journal of Geology, 91 (5): 529-554.

Manzocchi T, Walsh J J, Nicol A. 2006. Displacement accumulation from earthquakes on isolated normal faults. Journal of Structural Geology, 28: 1685-1693.

Marrett R, Allmendinger R W. 1991. Estimates of strain due to brittle faulting: sampling of fault populations. Journal of Structural Geology, 13: 735-738.

McDonnell A, Jackson M, Hudec M R. 2010. Origin of transverse folds in an extensional growth- fault setting: Evidence from an extensive seismic volume in the western Gulf of Mexico. Marine & Petroleum Geology, 27 (7): 1494-1507.

McKnight E T. 1940. Geology of area between Green and Colorado rivers, Grand and San Juan Counties Utah. U. S. Geological Survey Bulletin, 908: 147.

Mitra S. 1988. Effects of deformation mechanisms on reservoir potential in central Appalachian overthrust belt. AAPG Bulletin, 72: 536-554.

Morley C K. 1999. Patterns of displacement along large normal faults: implications for basin evolution and fault propagation, based on examples from east Africa. AAPG Bulletin, 83 (4): 613-634.

Morley C K. 2002. Evolution of large normal faults: Evidence from seismic reflection data. AAPG Bulletin, 86 (6): 961-978.

Morley C K, Wonganan N. 2000. Normal fault displacement characteristics, with particular reference to synthetic transfer zones, Mae Moh mine, northern Thailand. Basin Research, 12: 307-327.

Morley C K, Nelson R A, Patton T L, et al. 1990. Transfer zones in the East African rift system and their relevasnce to hydrocarbon exploration in rifts. AAPG Bulletin, 74: 1234-1253.

Morley C K, Gabdi S, Seusutthiya K. 2007. Fault superimposition and linkage resulting from stress changes during rifting: examples from 3D seismic data, Phitsanulok Basin, Thailand. Journal of Structural Geology, 29: 646-663.

Moustafa A M. 1976. Block faulting in the Gulf of Suez. Cairo, DeMinex- Cairo, 5th Egyptian General Petroleum Organization Exploration Seminar, 19.

Muraoka H, Kamata H. 1983. Displacement distribution along minor fault traces. Journal ofStructural Geology, 5 (5): 483-495.

Myrvang A. 2001. Rock Mechanics. Trondheim Norway University of Technology (NTNU).

Nelson R A, Patton T L, Morley C K. 1992. Rift-Segment Interaction and Its Relation to Hydrocarbon Exploration in Continental Rift Systems. AAPG Bulletin, 76 (8): 1153-1169.

North F K. 1985. Petroleum geology. Boston: Allen & Unwin, Chapter 16: 253-341.

Nygård R, Gutierrez M, Bratli R K, et al. 2006. Brittle- ductile transition, shear failure and leakage in shales and mudrocks. Marine and Petroleum Geology, 23 (2): 201-212.

Obert L, Duvall W I. 1967. Rock mechanics and the design of structures in rock. New York: Wiley.

Opheim J A, Gudmundsson A. 1989. Formation and geometry of fractures, and related volcanism, of the Krafla fissure swarm, northeast Iceland. Geological Society of America Bulletin, 101: 1608-1622.

O'Brien G W, Lisk M, Duddy I R, et al. 1996. Late Tertiary fluid migration in the Timor Sea: A key control on thermal and diagenetic histories. APPEA Journal (Australian Petroleum Production and Exploration Association): 399-427.

O'Brien G W, Lisk M, Duddy I R, et al. 1999. Plate convergence, foreland development and fault reactivation: Primary controls on brine migration, thermal histories and trap breach in the Timor Sea, Australia. Marine and

Petroleum Geology, 16: 533-560.

Paige R W, Murray L R, Roberts J D M. 1995. Field Application of Hydraulic Impedance Testing for Fracture Measurement. Spe Production & Facilities, 10 (1): 7-12.

Paola N D, Collettini C, Faulkner D R, et al. 2008. Fault zone architecture and deformation processes within evaporitic rocks in the upper crust. Tectonics, 27 (4): 1156-1178.

Paola N D, Faulkner D R, Collettini C. 2009. Brittle versus ductile deformation as the main control on the transport properties of low- porosity anhydrite rocks. Journal of Geophysical Research: Solid Earth (1978- 2012), 114 (B6): 221.

Peach C J, Spiers C J. 1996. Influence of crystal plastic deformation on dilatancy and permeability development in synthetic salt rock. Tectonophysics, 256 (1): 101-128.

Peacock A. 2000. Handbook of polyethylene: structures: properties, and applications. New York: Kluwer Academic Publishers- Plenum Publishers.

Peacock D C P. 1991. Displacements and segment linkage in strike- slip fault zones. Journal of Structural Geology, 13 (9): 1025-1035.

Peacock D C P, Sanderson D J. 1991. Displacements, segment linkage and relay ramps in normal fault zones. Structure Geology, 13: 721-733.

Peacock D C P, Knipe R J, Sanderson D J. 2000. Glossary of normal faults. Journal of Structural Geology, 22: 291-305.

Pei Y, Douglas A, Paton B. 2015. Knipe A review of fault sealing behaviour and its evaluation in siliciclastic rocks. Earth Science Reviews, 150: 121-138.

Perkins E D. 1961. Fault- closure type fields, southeast Louisiana. Gulf Coast Association of Geological Societies Transactions, 11: 177-196.

Petley D N. 1999. Failure envelops of mudrocks at high confining pressures. Geological Society, London, Special Publications, 158 (1): 61-71.

Pickering G, Bull J M, Sanderson D J. 1996. Scaling of fault displacements and implications for the estimation of sub- seismic strain. Geological Society, London. Special Publications, 99 (1): 11-26.

Pittman E D. 1981. Effect of fault- related granulation on porosity and permeability of quarts sandstones, Simpson Group (Ordovician), Oklahoma. AAPG Bulletin, 65: 2381-2387.

Pittman E D, Larese R E. 1991. Compaction of Lithic Sands: Experimental results and applications (1). AAPG Bulletin, 75 (8): 1279-1299.

Popp T, Kern H, Schulze O. 2001. Evolution of dilatancy and permeability in rock salt during hydrostatic compaction and triaxial deformation. Journal of Geophysical Research: Solid Earth (1978-2012), 106 (B3): 4061-4078.

Pratsch J C. 1997. Determination of exploration by migration pathways of oil and gas. Foreign Oil and Gas Exploration, 9 (1): 63-68.

Price L C. 1994. Basin Richness and Source Rock Disruption- a Fundamental Relationship. Journal of Petroleum Geology, 17 (1): 5-38.

Price R H. 1982. Effects of anhydrite and pressure on the mechanical behavior of synthetic rocksalt. Geophysical Research Letters, 9 (9): 1029-1032.

Ramsey J G. 1968. Folding and fracturing of rock. Geology, 56 (2): 152A-153A.

Ramsay J G. 1980. The crack- seal mechanism of rock deformation. Nature, 284 (13): 135-139.

Reeve M T, Bell R E, Duffy O B, et al. 2015. The growth of non- colinear normal fault systems: What can we learn from 3D seismic reflection data? Journal of Structural Geology, 70: 141-155.

Revil A, Cathles L M. 2002. Fluid transport by solitary waves along growing faults: a field example from the south Eugene Island Basin, Gulf of Mexico. Earth and Planetary Science Letters, 202 (2): 321-335.

Reynolds D J, Rosendahl B R. 1984. Tectonic expressions of continental rifting. Transactions of the American Geophysical Union, 65: 1116.

Rollet N, Logan G A, Kennard J M, et al. 2006. Characterization and correlation of active hydrocarbon seepage using geophysical data sets, an example from the tropical, carbonate Yampi Shelf, northwest Australia: Marine and Petroleum Geology, 23 (2): 145-164.

Rosendahl B R. 1987. Architecture of continental rifts with special reference to East Africa. Annual Review of Earth and Planetary Science, 15: 445-503.

Rosendahl B R, Kilembe E, Kaczmarick K. 1987. Comparison of the Tanganyika, Malawi, Rukwa and Turkana rift zones from analyses of seismic reflection data. Tectonophysics, 213: 235-256.

Rotevatn A, Fossen H. 2011. Simulating the effect of subseismic fault tails and process zones in a siliciclastic reservoir analogue: Implications for aquifer support and trap definition. Marine and Petroleum Geology, 28 (9): 1648-1662.

Rotevatn A, Fossen H, Hesthammer J, et al. 2007. Are relay ramps conduits for fluid flow? Structural analysis of a relay ramp in Arches National Park, Utah. Geological Society, London, Special Publication, 270: 55-71.

Rowan M G, Hart B S, Nelson S, et al. 1998. Three-dimensional geometry and evolution of a salt-related growth-fault array: Eugene Island 330 field, offshore Louisiana, Gulf of Mexico. Marine and Petroleum Geology, 15 (4): 309-328.

Rykkelid E, Fossen H. 2002. Layer rotation around vertical fault overlap zones: observations from seismic data, field examples, and physical experiments. Marine & Petroleum Geology, 19 (2): 181-192.

Sagy A, Brodsky E E, Axen G J. 2007. Evolution of fault-surface roughness with slip. Geology, 35 (3): 283-286.

Sample J C, Woods S, Bender E. 2006. Relationship between deformation bands and petroleum migration in an exhumed reservoir rock, Los Angeles basin, California, USA. Geofluids, 6 (2): 105-112.

Sanderson D J, Kim Y S. 2005. The relationship between displacement and length of faults. Earth Science Reviews, 68 (3-4): 317-334.

Schlische R W. 1991. Half-graben basin filling models: New constraints on continental extensional basin development. Basin Res, 3: 123-141.

Schlische R W. 1992. Structural and stratigraphic development of the Newark extensional basin, eastern North America: evidence for the growth of the basin and its bounding faults. Geological Society of America Bulletin, 104: 1246-1263.

Schlische R W. 1993. Anatomy and evolution of the Triassic-Jurassic continental rift system, eastern North America: Tectonics, 12, 1026-1042.

Schlische R W. 1995. Geometry and origin of fault-related folds in extensional settings. AAPG Bulletin, 79: 1661-1678.

Schlische R W, Young S S, Axkermann R V, et al. 1996. Geometry and scaling relations of a population of very small rift-related normal faults. Geology, 24: 683-686.

Schléder Z, Urai J L. 2005. Microstructural evolution of deformation-modified primary halite from the Middle Triassic Röt Formation at Hengelo, The Netherlands. International Journal of Earth Sciences, 94 (5-6): 941-955.

Schléder Z, Urai J L, Nollet S, et al. 2008. Solution-precipitation creep and fluid flow in halite: a case study of Zechstein (Z1) rock salt from Neuhof salt mine (Germany). International Journal of Earth Sciences, 97 (5): 1045-1056.

Schmatz J, Vrolijk P J, Urai J L. 2010. Clay smear in normal fault zones - The effect of multilayers and clay cementationin water-saturated model experiments. Journal of Structural Geology, 32: 1834-1849.

Scholz C H, Cowie P A. 1990. Determination of total strain from faulting using slip measurements. Nature, 346: 837-838.

Scholz C H, Anders M H. 1994. The permeability of faults//The Mechanical Involvement of Fluids in Faulting. US Geological Survey-Red Book LXIII, OF Report: 94-228.

Scholz C H, Sykes L R, Aggarwal Y P. 1973. Earthquake Prediction: A Physical Basis. Science, 181 (4102): 803-810.

Scholz C H, Dawers N H, Yu J Z, et al. 1993. Fault growth and fault scaling laws: Preliminary results. Journal of Geophysical Research: Solid Earth, 98 (B12): 21951-21961.

Scott D L, Rosendahl B R. 1989. North Viking graben: An East African perspective. American Association of Petroleum Geologists Bulletin, 73: 155-165.

Scott T E, Nielsen K C. 1991. The effects of porosity on the brittle-ductile transition in sandstones. Journal of Geophysical Research: Solid Earth (1978-2012), 96 (B1): 405-414.

Shipton Z K, Evans J P, Robeson V R, et al. 2002. Structure heterogeneity and permeability in faulted eolian sandstone: Implications for subsurface modeling of faults. AAPG Bulletin, 86: 863-883.

Shipton Z K, Evans J P, Thompson L B. 2005. The geometry and thickness of deformation-band fault core and its influence on sealing characteristics of deformation-band fault zones//Sorkhabi R, Tsuji Y, Faults, fluid flow, and petroleum traps: AAPG Memoir, 85: 181-195.

Shuster M W, Eaton S, Wakefield L L, et al. 1998. Neogene tectonics, Greater Timor Sea, offshore Australia: Implications for trap risk. Australian Petroleum Production and Exploration Association Journal, 38 (1): 351-379.

Sibson R H. 1977. Fault rocks and fault mechanisms. Geological Society of London Journal, 133: 191-231.

Sibson R H. 1978. Radiant flux as a guide to relative seismic efficiency. Tectonophysics, 51 (3): T39-T46.

Sibson R H. 1985. A note on fault reactivation. Journal of Structural Geology, 7 (6): 751-754.

Sibson R H. 1992. Implications of fault-valve behaviour for rupture nucleation and recurrence. Tectonophysics, 211 (1): 283-293.

Sibson R H. 1996. Structural permeability of fluid-driven fault-fracture meshes. Journal of Structural Geology, 18 (8): 1031-1042.

Sibson R H. 2000. Fluid involvement in normal faulting. Journal of Geodynamics, 29 (3-5): 469-499.

Sibson R H, Moore J M M, Rankin A H. 1975. Seismic pumping- a hydrothermal fluid transport mechanism. Journal of the Geological Society, 131 (6): 653 659.

Smith D A. 1966. Theoretical consideration of sealing and nonsealing faults. AAPG, 50: 363-374.

Smith D A. 1980. Sealing and non-sealing faults in Louisiana Gulf Coast salt basin. AAPG Bulletin, 64: 145-172.

Smith L, Forster C B, Evans J P. 1990. Interaction between fault zones, fluid flow and heat transfer at the basin scale//Newman S P, Neretnieks I. Hydrogeology of low Permeability environments. International Association of Hydrological Sciences selected papers in Hydrogeology, 2: 41-67.

Soliva R, Benedicto A. 2004. A linkage criterion for segmented normal faults. Journal of Structural Geology, 26: 2251-2267.

Soliva R, Benedicto A, Schultz R A, et al. 2008. Displacement and interaction of normal fault segments branched at depth: Implications for fault growth and potential earthquake rupture size. Journal of Structural Geology, 30: 1288-1299.

Sorkhabi, R, Tsuji Y. 2005. The place of faults in petroleum traps. AAPG Memoir, 85: 1-31.

Speksnijder A. 1987. The structural configuration of Cormorant Block IV in context of the northern Viking Graben structural framework. Geologie en Mijnbouw, 65: 357-379

Sperrevik S, Færseth R B, Gabrielsen R H. 2000. Experiments on clay smear formation along faults. Petroleum Geoscience, 6 (2): 113-123.

Sperrevik S, Gillespie P A, Fisher Q J, et al. 2002. Empirical estimation of fault rock properties. Norwegian Petroleum Society Special Publications, 11: 109-125

Spiers C J, Peach C J, Brzesowsky R H, et al. 1988. Long-term rheological and transport properties of dry and wet salt rocks. Commission of the European Communities, Luxembourg (Luxembourg) .

Spina V, Tondi E, Galli P, et al. 2008. Quaternary fault segmentation and interaction in the epicentral area of the 1561 earthquake (Mw = 6.4), Vallo di Diano, southern Apennines, Italy. Tectonophysics, 453: 233-245.

Steven L, Lorraine E, Martin S, et al. 1999. Vertical and lateral fluid flow related to a large growth fault, South Eugene Island Block 330 Field, Offshore Louisiana. AAPG Bulletin, 83 (2): 244-276.

Takahashi M. 2003. Permeability change during experimental fault smearing. Journal of Geophysical Research Solid Earth, 108 (B5): ECVI (1-15) .

Taylor W L, Pollard D D. 2000. Estimation of in situ permeability of deformation bands in porous sandstone, Valley of Fire, Nevada. Water Resources Research, 36 (9): 2595-2606.

Thomas M M, Clouse J A. 1995. Scaled physical model of secondary migration. AAPG Bulletin, 79: 19-59.

Thorel L, Ghoreychi M. 1996. Rock salt damage-experimental results and interpretation. Series on Rock and Soil Mechanics, 20: 175-190.

Thorsen C E. 1963. Age of growth faulting in southeast Louisana Trans Gulf Coast ASS. Geol Socs, 13: 103-110.

Torabi A, Berg S S. 2011. Scaling of fault attributes: A review. Marine and Petroleum Geology, 28 (8): 1444-1460.

Trudgill B, Cartwright J. 1994. Relay ramp forms and normal-fault linkages, Canyonlands National Park, Utah. Geological Society of America Bulletin, 106: 1143-1157.

Tvedt A B M, Rotevatn A, Jackson C A L, et al. 2013. Growth of normal faults in multilayer sequences: A 3D seismic case study from the Egersund Basin, Norwegian North Sea. Journal of Structural Geology, 55: 1-20.

Tveranger J, Braathen A, Skar T, et al. 2005. Center for Integrated Petroleum Research—Research activities with emphasis on fluid flow in fault zones. Norwegian Journal of Geology, 85: 63-72.

Villemin T, Angelier J, Sunwoo C. 1995. Fractal distribution of fault length and offsets: implications of brittle deformation evaluation—Lorraine Coal Basin//Barton C C, La Pointe P R. Fractal in the Earth Sciences. New York, London: Plenum Press: 205-226.

Vincelette R R, Beaumont E A, Foser N H. 1999. Classification of exploration traps//Beaumont E-A, Foster N H. Exploring for oil and gas traps. AAPG Treatise of Petroleum Geology, chapter 2: 1-42.

Wallace R E, Morris H T. 1986. Characteristics of faults and shear zones in deep mines. Pure and Applied Geophysics, 124: 107-125.

Walsh J J, Watterson J. 1987. Distributions of cumulative displacement and seismic slip on a single normal fault surface. Journal of Structural Geology, 9: 1039-1046.

Walsh J J, Watterson J. 1988. Analysis of the relationship between displacements and dimensions of faults. Journal of Structural Geology, 10: 239-247.

Walsh J J, Watterson J. 1991. Geometric and kinematic coherence and scale effects in normal fault systems//Roberts A M, Yielding G, Freeman B. The geometry of normal faults. Geological Society Special Publication, 56: 193-203.

Walsh J J, Watterson J. 1992. Populations of faults and fault displacement and their effects on estimates of fault-related extension. Journal of Structural Geology, 14 (6): 701-712.

Walsh J J, Watterson J, Heath A E et al. 1998. Representation and scaling of faults in fluid flow models. Petroleum Geoscience, 4: 241-251.

Walsh J J, Nicol A, Childs C. 2002. An alternative model for the growth of faults. Journal of structure Geology, 24: 1669-1675.

Wang H X, Fu X F, Liu S R, et al. 2018. Quantitative discrimination of normal fault segment growth and its geological significance: example from the Tanan Depression, Tamtsag Basin, Mongolia. Australian Journal of Earth Science, 65 (5): 711-725.

Wang H X, Wu T, Fu X F, et al. 2019. Quantitative determination of the brittle-ductile transition characteristics of caprocks and its geological significance in the Kuqa depression, Tarim Basin, western China. Journal of Petroleum Science and Engineering, 173: 492-500.

Watterson J. 1986. Fault dimensions, displacements and growth. Pure and Applied Geophysics, 124: 365-373.

Watts N L. 1987. Theoretical aspects of cap- rock and fault seals for single- and two- phase hydrocarbon columns. Marine and Petroleum Geology, 4 (4): 274-307.

Weber K J. 1997. A historical overview of the efforts to predict and quantify hydrocarbon trapping features in the exploration phase and in field development planning//Moller-Pedersen P, Koestler A G. Hydrocarbon seals: Importance for exploration and production. Norwegian Petroleum Society Specail Publication, 7: 1-13.

Weber K J, Daukoru E. 1975. Petroleum geology of Niger delta. Ninth World Petroleum Congress Transactions, 2: 209-221.

Weber K J, Mandal G, Pilaar W F, et al. 1978. The role of faults in hydrocarbon migration and trapping in Nigerian growth fault structure. Society of Petroleum Engineers, 10th Annual Offshore Technology Conference Proceedings, 4: 2643-2653.

Weeks L G. 1958. Habitat of oil and some factors that control it//Weeks L G. Habitat of oil. Tulsa, Okla: AAPG Special Publication: 1-61.

Wells D L, Coppersmith K J. 1994. New empirical relationships among magnitude rupture length, rupture width, rupture area, and surface displacement. Bulletin of Seismological Society of America, 84: 974-1002.

Wernicke B, Burchfiel B C. 1982. Modes of extensional tectonics. Journal of Structural Geology, 4: 105-115.

Whibley M, Jacobson T. 1990. Exploration in the northern Bonaparte Basin, Timor Sea-WA-199-P. Australian Petroleum Production and Exploration Association Journal, 30: 7-25.

White I C. 1855. The geology of natural gas. Science, 5: 521-522.

Wilhelm O. 1945. Classification of petroleum reservoirs. AAPG Bulletin, 29: 1537-1579.

Wilkins S J, Gross M R, 2002. Normal fault growth in layered rocks at Split Mountain, Utah: influence of mechanical stratigraphy on dip linkage, fault restriction and fault scaling. Journal of Structural Geology, 24: 1413- 1429.

Wilkins S J, Naruk S J. 2007. Quantitative analysis of slip- induced dilation with application to fault seal: AAPG Bulletin, 91: 97-113.

Willis D G. 1961. Entrapment of petroleum//Moody G B. Petroleum exploration handbook. New York: McGraw-

Hill: 6-68.

Withjack M O, Olson J E, Peterson E. 1990. Experimental Models of Extensional Forced Folds. AAPG Bulletin, 74 (7): 1038-1054.

Wong T, David C, Menendez B. 2004. Mechanical compaction. International Geophysics Series, 89: 55-114.

Xu, Niet-asmaniego A F, Li D. 2004. Relationship between fault length and maximum displacement and influenced factors. Earth Science Frontiers, 11 (4): 567-573.

Yang M, Zhou X, Wei G, et al. 2008. Segment, Linkage, and Extensional Fault- Related Fold in Western Liaodong Bay Subbasin, Northeastern Bohai Sea, China. Journal of China University of Geosciences, 19 (6): 602-610.

Yehuda B Z, Charles G S. 2003. Characterization of fault zone//Yehuda B- Z. Pure and Applied Geophisics: Seismic Waves and Fault Zone Structure. Berlin Heidelberg, Springer, 160: 677-715.

Yielding G. 2002. Shale gouge ratio— Calibration by geohistory//Koeslter A G, Hunsdale R, Hydrocarbon seal quantification. Norwegian Petroleum Society Special Publication: 1-15.

Yielding G, Needham T, Jones H. 1996. Sampling of fault populations using sub- surface data: a review. Journal of Structural Geology, 18 (2): 135-146.

Yielding G, Freeman B, Needham D T. 1997. Quantitative fault seal prediction. AAPG, 81 (6): 897-917.

Younes A I, Aydin A. 2001. Comparison of fault sealing by single and multiple layers of shale: outcrop examples from the Gulf of Suez, Egypt (abs. ). AAPG Annual Meeting Program, 10: 222.

Young M J, Gawthorpe R L, Sharp I R. 2000. Sedimentology and stratigraphy of a transfer zone coarse- grained delta, Miocene Suez rift, Egypt. Sedimentology, 47: 1081-1104.

Young M J, Gawthorpe R L, Hardy S. 2001. Growth and linkage of a segmented normal fault zone: the late Jurassic Murchison-Statfjord North fault, northern North Sea. Journal of Structural Geology, 23: 1933-1952.

Zhu W, Wong T. 1997. The transition from brittle faulting to cataclastic flow: Permeability evolution. Journal of Geophysical Research: Solid Earth (1978-2012), 102 (B2): 3027-3041.